JN254288

世界の環境問題

第11巻

地球環境問題と人類の未来

川名英之 著

緑風出版

\>> >目　次

世界の環境問題

第 11 巻　地球環境問題と人類の未来

目次

>>> 第1章 生命誕生から農耕開始まで―― 9
生命・人類誕生、オゾン層の不思議 10
気候変動と生物、人類の発展 16
>>> 第2章 世界人口の増加と食料・環境影響―― 25
地球は一〇〇億人を養えるのか 30
衰退に向かう漁業 42
>>> 第3章 人類の未来を脅かす地球温暖化―― 53

地球温暖化問題の発端と経過 54
温暖化による気温の急上昇 65
温暖化がもたらす深刻な水不足 72
海に培われる異常気象の起爆力 86
海面上昇は最も恐るべき温暖化災害 92

>>> 第4章 化石燃料・エネルギーと環境の歴史 105
化石燃料・エネルギーと現代文明 106
再生可能エネルギーの拡大 114

>>> 第5章 激減する森林と生物種、捕鯨問題 121
森林破壊の歴史的経過 122
森林を食い潰してきた人類 133
森林破壊と生物多様性喪失 136
四十年以上続く捕鯨問題 143

>>> 第6章 環境を破壊し続けた戦争・核実験―― 151
人類の歩みは戦争の連続 152
核兵器の実戦使用と核実験汚染 157
>>> 第7章 地球環境問題と国際環境政治の歩み―― 171
二つの国連環境会議 172
世界の環境政策を牽引するドイツとEU 181
地球温暖化防止の新枠組みづくり 188
環境思想の推移と環境保護運動 194
『沈黙の春』と『成長の限界』の衝撃 208
NGOの誕生と七十年の歩み 213
>>> 終章 現代文明崩壊の兆候と人類の未来―― 221
文明の崩壊を防ぐ手立てはないのか 224

>>>第1章

生命誕生から農耕開始まで

生命・人類誕生、オゾン層の不思議

相次いだ偶然・奇跡的出来事

地球と人類の歩みをひも解くと、人類はいくつもの奇跡的な出来事や偶然が重なって地球上に出現、進化を遂げて今日を築いたことがわかる。その偶然とは主に①生命の誕生、②太陽からの有害な紫外線を遮るオゾン層の形成、③人類の出現から現生人類（ホモサピエンス）に至るまでの奇跡的な進化——の三つである。三つの偶然のうちどれか一つ欠けても、その後の人類の発展はあり得なかった。偶然の重なりが今日の人類の進歩と文明発展の基盤を形作ったと言えるだろう。

そこで生命の誕生、オゾン層の形成、人類の出現から現生人類の出現までの奇跡的な進化を軸にして、人類と生態系・地球環境破壊の歴史をたどり、環境問題と人類の未来の関係について考えてみよう。

今から約四十六億年前、原始地球が誕生し、四十五億五千万年前、月が形成された。月が地球の衛星として地球の周りを回転するようになると、地球の自転速度が遅くなり、それまで六時間だった地球の自転速度が現在の二十四時間となった。後に誕生する地球上の生物は、この独特のシステムにより、一日二十四時間を単位とする生活を営むことになる。(1)

また、月の強力な引力によって地球の海が引っ張られ、潮の干満（潮汐《ちょうせき》）が起こった。

眞淳平著・松井孝典監修『人類が生まれるための12の偶然』（岩波ジュニア新書、二〇〇九年）は月が人類を含む生物の存在に及ぼした影響について、次のように述べている。[2]

「月が誕生し、つねに地球のそばで回っていたことは、地球やその環境に大きな影響を及ぼしました。月なしに、現在の私たちが存在しなかったことは、ほぼ間違いありません。月という存在は、地球が現在のような生命にやさしい環境を持ち、人類が生まれてくるための『偶然』でもあったのです」

その後、地球が冷えて大気中の膨大な水蒸気が大量の雨となって長い間、降り注いだ。このため推定四十三億年前に「原始の海」（熱い海）が出現した。海の誕生は、その後の地球の進化と生命の誕生に決定的に重要な役割を及ぼした。海が出現すると、当時の「原始大気」（主に水蒸気と二酸化炭素）中の大量の二酸化炭素が急速に海水に溶け込み、それが炭酸イオンとなって海水中のカルシウム、マグネシウム、鉄などのイオンと結合、炭酸塩となった。

太陽から地球に送られてくるエネルギーのうち、約三〇パーセントは反射されるが、残りは地表面と空気に吸収され、熱に変わる。地表面に吸収された熱は赤外線の形で再び大気中に放射される。しかし二酸化炭素やオゾン、メタン、フロン、亜酸化窒素などには赤外線を通過させずに吸収してしまう働きがある。これらの物質は、あたかも温室のガラスのように上空を覆って宇宙への熱の放出を封じ込め、地表の空気を暖める。この現象を温室効果、その原因となる物質を温室効果ガスという。

現在、起こっている地球温暖化は人間の活動によって引き起こされている現象だが、海洋が出現した頃の温暖化は全くの自然現象だった。温室効果を持つ大気中の二酸化炭素が大量に海水に吸収されて減った結果、気温が急速に低下した。しかし、大気中の二酸化炭素は、それでも現在よりは高かった。

今も謎の生命の誕生

海ができてから約三億年後の推定四十億年前、海で生命が誕生した。しかし海があっても、適当な温度が維持されていなければ生命は出現しなかっただろう。火星のように太陽からの距離が遠すぎると、水が凍りついて海にならない。金星には海があったと考えられているが、太陽に近すぎるために強烈な太陽光線が降り注ぎ、水が蒸発してしまった。水がなければ、生命は誕生しないし、生きることもできない。

地球は太陽からの距離が適当だったために、海水が適温に保たれ、生命誕生の環境が保持された。太陽と地球の間に適度の距離があったことは、考えてみれば偶然と言える事柄であった。距離が近すぎても遠すぎても生命の誕生、ひいては人類の出現はあり得なかった。

当時の地表や海洋には有害な紫外線が容赦なく降り注ぎ、生命が存在できる環境は海中だけだった。ただ当時の「原始の海」には生命に必要な有機分子（アミノ酸、核酸塩基、糖、脂肪酸、炭化水素など）が豊富に存在していたと考えられている。

この「原始の海」には多くの有機物、蛋白質類似の物質、核酸類似の物質、ホルムアルデヒドや青酸などの猛毒物質が存在した。海底から噴き出した硫化水素やメタンガスを含んだ熱水もあった。生命は、このような物質の多く含まれる海中で、どのように誕生したのか、今なおつまびらかになっていない。

ただ猛毒の元素から生まれた塩基や糖、マグマから噴き出したリン酸が次々につながり、生命の遺伝情報を伝えるリボ核酸（ＲＮＡ）ができたとの見方は早くからあった。リボ核酸からタンパク質ができること、塩基、糖、リン酸の三つはリボ核酸をつくる素材であることは一九九二年にわかった。このことから、これら三つの素材でつくられたリボ核酸が近くにあるアミノ酸を集めて蛋白質をつくり出し、この蛋白質とリボ核酸の間で藍藻《らんそう》植物（シアノバクテリア。体長は百分の一ミリメートルにも満たない細菌）、すなわち生命が誕生したと考えられている。

　こうして奇跡的に熱水の海中で生命が誕生し、地球は太陽系の中で生命の存在が確認されている唯一の惑星となった。

　生命が誕生しても、なぜ有毒な硫化水素が噴き出し、しかも四〇〇℃近い高温の熱水の海中で生物が生き延びることができたのかという疑問が生じる。この疑問に答えるのが、一九七七年、ガラパゴス島沖で発見された硫化水素の噴出する熱水鉱床やその後、大西洋の深海やマリアナ海溝などで熱水鉱床の近くには、たくさんの藍藻類（下等藻類）のバクテリアが今なお生き続けていることが確認されたことだった。太陽エネルギーの存在しない深海、それも高温の熱水鉱床近くでバクテリアが生き続けているという事実である。

　生命の誕生から四〜五億年後に当たる三十四億六千五百万年前に生きていた藍藻類と同じ種類の化石が一九七六年、米国・カリフォルニア大学のウイリアム・ショップ博士によってオーストラリア西部の町、マーブルバー郊外の鉱山跡地で発見され、生命誕生の事実を裏付ける証拠とされた。光合成を行なう最も古い生物の化石の発見である。調査の結果、ここはかつて海底だったこと、そして藍藻類は光合成を行なっていたことがわかった。

生態系の基盤オゾン層の形成

原始の海の中で奇跡的に生命が誕生した頃、原始地球の大気圏は厚い二酸化炭素（CO_2）の層で覆われ、大気中に水蒸気が大量に含まれていたと考えられている。酸素は存在しなかった。太陽から降り注がれる紫外線には波長の短い紫外線と、波長の長い紫外線の二種類がある。波長の短い紫外線はＤＮＡ（デオキシリボ核酸）を破壊する有害な紫外線で、これを浴びた生物は死んでしまう。この有害な紫外線も、海面下一〇メートル以上は届かず、生物は、ここで生息していた。

海の中で誕生した藍藻類は葉緑素を持ち、太陽のエネルギーを利用して光合成を営む機能を備えていて、海水中の二酸化炭素を吸収して酸素を吐き出す光合成作用を行なった。二十七億年前、この藍藻類が大量に発生、活発に光合成を行なったため、海水中の酸素が次第に増えて行った。この光合成作用こそ、後に植物とヒトを含む動物を生み出す根源的な要因となる。

最新の研究結果によると、地球史には二十二億年前と八億年から六億年前の二回、地球の全面が厚い氷に覆われ、海は一〇〇〇メートルの深さまで凍りついた全球凍結の時期があった。二回の全球凍結は、いずれも数百万年から数千万年にわたって続き、光合成を営む藍藻類は絶滅に近い状況に追い込まれた(3)。

だが二回の全球凍結の後は、いずれも火山活動に伴う大量の二酸化炭素の排出により、大気中の二酸化炭素濃度が現在の二十倍から三百倍に達した。その結果、超高濃度の温室効果ガスにより気温が急上昇し、陸地と海を厚く覆っていた氷がどんどん解けていった。厳しい寒さを耐え抜いた海中の藍藻類が爆発的に繁殖、その活発な光合成作用によって酸素が海中に急増した[4]。

温室効果を持つ二酸化炭素が減ると、生物の生息できる適度の気温と大気環境が奇跡的に生み出された。このような良好な大気環境が一七五〇年頃から始まった産業革命によって損なわれ始める。産業革命前、二八〇ｐｐｍだった二酸化炭素濃度は二〇一四年現在、四〇〇ｐｐｍに達し、地球温暖化による気温上昇のため、異常気象や海面上昇などが起こっている（後述）。

図1　オゾン層の役割

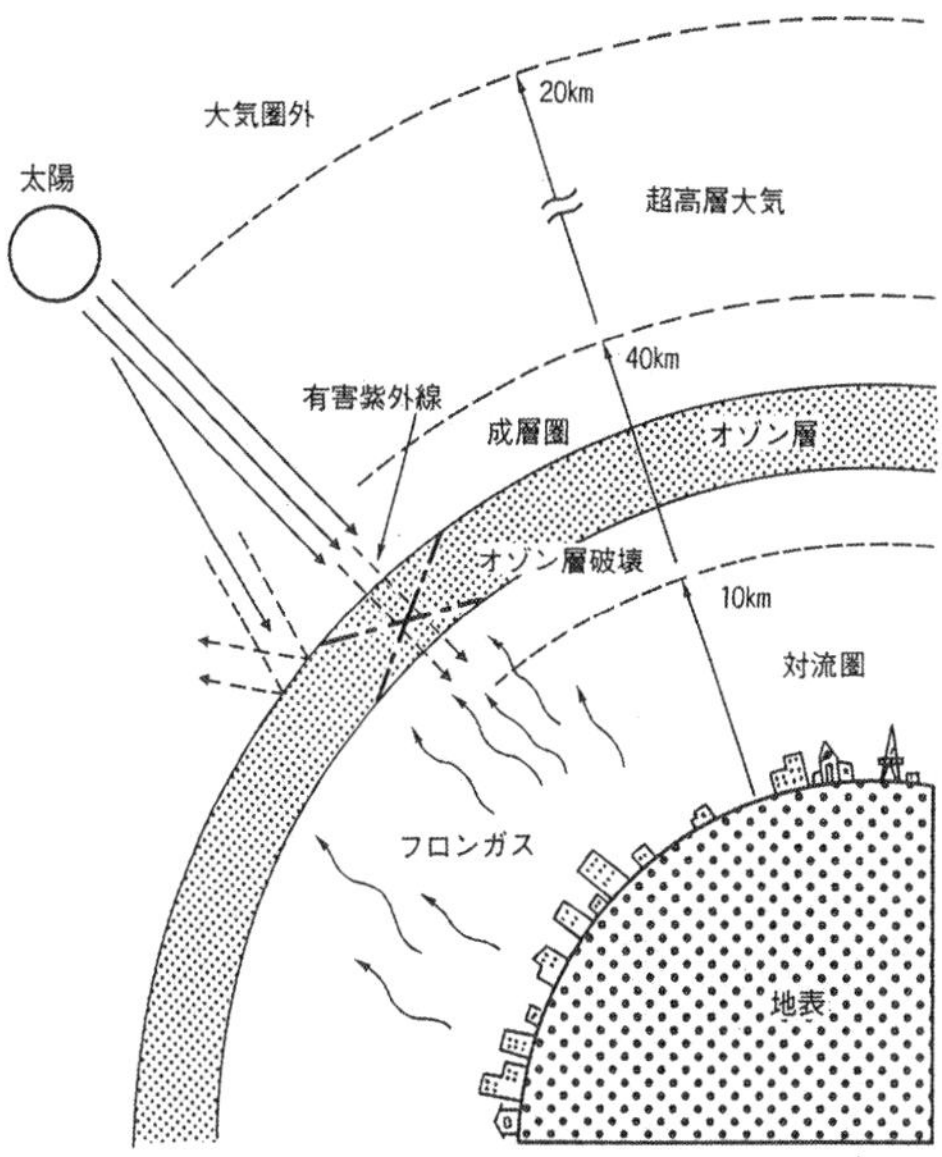

出所）環境庁資料

何億年にもわたる藍藻類の活発な光合成作用により、海中に充満した酸素は大気中に飛び出し、大気中の酸素濃度が増大した。酸素は太陽からの紫外線を浴びてオゾンに変化し、その量が二十億年前には現在の五分の一に増加、四億三千八百万年前には、高度約一〇～五〇キロメートルにオゾン層が形成された（図1を参照）。

太陽から送られてくる紫外線のうち、有害な紫外線は生物の細胞を傷つけ、皮膚ガンなどを発生させる。このオゾン層には有害な紫外線を捕えて地表に届かないように遮断するする働きがある。高層大気圏に形成されたオゾン層は生物の生命を守るバリアとしての役割を果たし、地球生態系を守る、かけがえのない基盤となった。オゾン層の形成がなければ、有害な紫外線が降り注ぎ、人間を含む生物がこの地球上に生きることはできなかった（図1を参照）。

気候変動と生物、人類の発展

生物の複雑化・大型化

二度目の全球凍結が終わった六億年前頃、急激な気候変動の影響で大量に酸素がつくられ、それが地球大気中に蓄積された。原核細胞は進化を続け、多様な種類のものが現われた。やがて生物の細胞の中に核となる細胞小器官（細胞核）が出現し、生体内で大量に生産され始め、細胞核を持つ生物、すなわち真核生物が現われた（図2を参照）。

真核生物の出現と同時に細胞と細胞など様々な結合組織をつなぐ役割をするコラーゲンという物質が合成された。コラーゲンは骨や軟骨の内部に詰め込まれ、骨や軟骨の弾力性を増すのに役立つほか、情報伝達の働きも担っている。コラーゲンの分子は、たくさんの炭素原子からなり、十分に合成されるためには、大量の酸素の供給が必要である。

この頃、大気中の酸素濃度は光合成生物の繁殖と活動により増加し、蓄積されていたから、コラーゲンはこの豊富な酸素を使ってどんどん増えていった。動物の体内では、このコラーゲンを基に様々

図２　地球大気中の遊離酸素の増加傾向と生物の進化

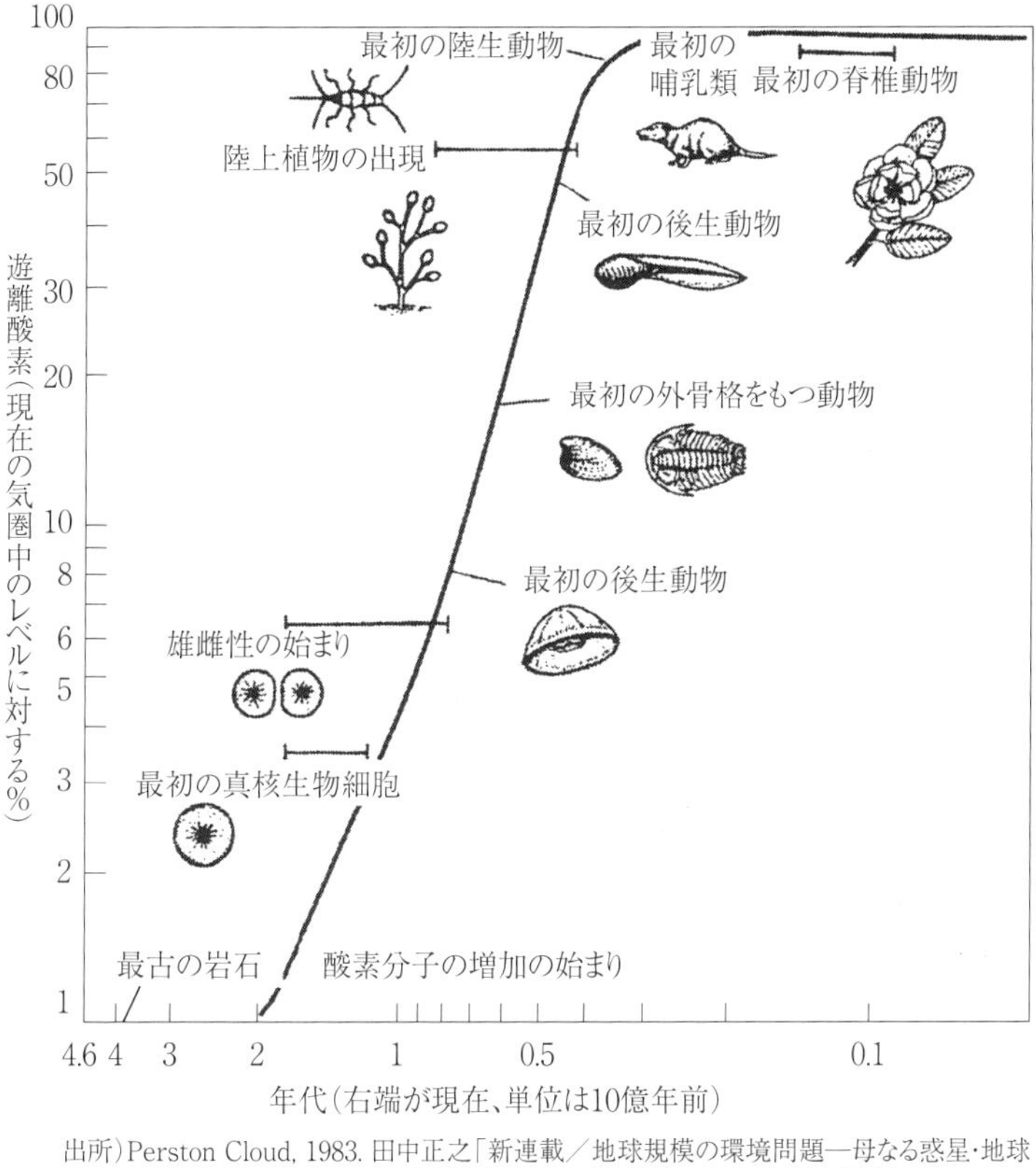

出所）Perston Cloud, 1983. 田中正之「新連載／地球規模の環境問題—母なる惑星・地球の成り立ちと進化」、『公害と対策』1991年9月号所収、公害対策技術同友会。

な組織ができ、その構造が大型化するとともに単細胞生物の多細胞化が促進された。こうして、生物の構造はより複雑化し、大型化していった[5]。そして十億年前、多細胞生物が出現した。

今日に見られる多細胞生物は全てこのコラーゲンの生産に成功した種の子孫であると考えられている。人の体は六〇兆個の真核細胞によって構成され、いわば真核細胞の集合体である[6]。人類誕生の、はるかなルーツは、全球凍結後の急激な気候変動と、これによる真核細胞とコラーゲンの出現に求められるだろう。

この頃、海の中の生物は急速に進化し、四億三千八百万年前頃、まず植物が海から陸上に進出、三億六千万年前頃、植物が上陸した（図2を参照）。動植物は陸上で大繁殖し、そのお陰で、人類が奇跡的な進化を遂げ、生物の頂点に立った。地球史と人類史は人類と野生動植物が地球生態系を構成する一員であることを教えている。

これについては、様々な捉え方がある。ノルウェーが生んだ世界的な哲学者で登山家でもあるアルネ・ネス（一九一二～二〇〇九）が一九七三年、「人間を含む全ての生物が平等である」として従来の経済成長と環境保全の両立を図る政策「ディープ・エコロジー」の概念を提唱、波紋を呼んだ。

ネスは著書『エコロジー、コミュニティー、ライフスタイル』（邦訳・『ディープ・エコロジーとは何か』（文化書房博文社刊）の中で「現在の地球環境問題は、近代以降、人間が自然に対して誤った態度を取ってきたことに由来する」と言い切り、要旨次のように呼び掛けた。

「人間と自然とはそもそも一体である。自然の中で、自然にささえられて生きる人間という、正しい世界観を我々が再発見することなしに、環境問題は決して解決しない。我々自身がまず変わる必要がある。我々は地域独自の自然に即したやさしいライフスタイルを模索していかなければならない」

偶然に訪れた温暖かつ安定した気候

地球の歴史をひも解くと、極寒の時代が何度も訪れていたことがわかる。今から約四億六千万年前（古生代・オルドビス紀中期）、約三億三千三百万年前（石炭紀中期）、そして新生代後期に厚さ三〇〇〇メートルを超える氷の堆積、すなわち大陸氷床が広域的に存在する氷河時代があった。氷河期と氷河期の間には気候が比較的に温暖な間氷期《かんぴょうき》と、非常に寒冷な氷期がしばしば襲った(7)。

過去六十五万年の気候の歴史を通じて、我々が現在、経験しているような、温暖で、しかも安定した気候が続いた時代は一度もなかったと言われている。約二百万年前から少なくとも四回の氷期があった。今から十六万年前から現在に至るまでの大気中の二酸化炭素の濃度と気温の変化を記録したのが、図3である。大気中の二酸化炭素濃度は科学者が南極で深さ三キロメートルを採掘し、氷の中の気泡から分析したもので、正確な数値である。

この図から明らかなとおり、十六万年前から約二万年間、氷河期が続き、十三万年前から急激に温暖化した後、再び寒冷化傾向をたどった。最後の氷河期は一万七千年前から始まったが、約一万年前、思いがけず、氷期が終わって温暖な気候に変わった。九千年から八千年前、北アフリカからアラビア半島、インド方面までの気候は温暖かつ湿潤で、現在のサハラ砂漠地帯のほぼ全域に植生が広がっていた。これは四十六億年の長い地球の歴史から見ると、偶然とも言うべき現象である。

この偶然のお陰で、人類は狩猟採集の生活から農耕生活に転換、ティグリス川とユーフラテス川に挟まれたメソポタミアを中心とする西アジアや地中海東岸地域で農耕生活を始めた。仮に、極寒の気候がさらに続いていたなら、人類は農業を営むことはできなかった。もちろん、現在のような高度の文明を築くことなどあり得なかった。(8) 紀元前二千年頃からメソポタミア地方に気候の乾燥化が始まり、砂漠化が進んだ。

図3から明らかなように、二酸化炭素濃度は産業革命から二百数十年間に劇的に増大し、それが現在、深刻な地球温暖化問題を引き起こしている。

人類の誕生・発展の奇跡と地球環境

最古の人類、すなわち最初のヒト科の生物がアフリカの大地溝帯周辺で二本の足で直立歩行するまでの進化を遂げたのは約四百万年前と言われる。この頃、チンパンジーに進化する類人猿と人類へ進化する猿人（最古の人類）が分岐した。直立二足走行がこの進化の分岐の決定的な岐路となり、約二十万〜十九万年前、アフリカでホモ・サピエンス（現生人類。新人）が出現した。

ホモ・サピエンスは二足歩行によって手が発達、脳が大型化した。その結果、道具を使っての狩猟・採集・漁労や火の利用が可能になり、生物の頂点に立った。十万年前頃、現生人類の多くが発祥の地アフリカ東部を後にして世界各地へ旅立った。(9)

ヨーロッパに到着したのは五万年前で、後にクロマニヨン人と呼ばれた。アジアに渡った現生人類はアジアの祖先モンゴロイドとなり、その一部が三万〜二万年前、当時地続きだったベーリング海峡を渡ってアメリカ大陸に渡り、アメリカ大陸の先住民となった。オーストラリアに到着したのは約四

図３　16万年前以降の気温と二酸化炭素（CO_2）濃度の変化

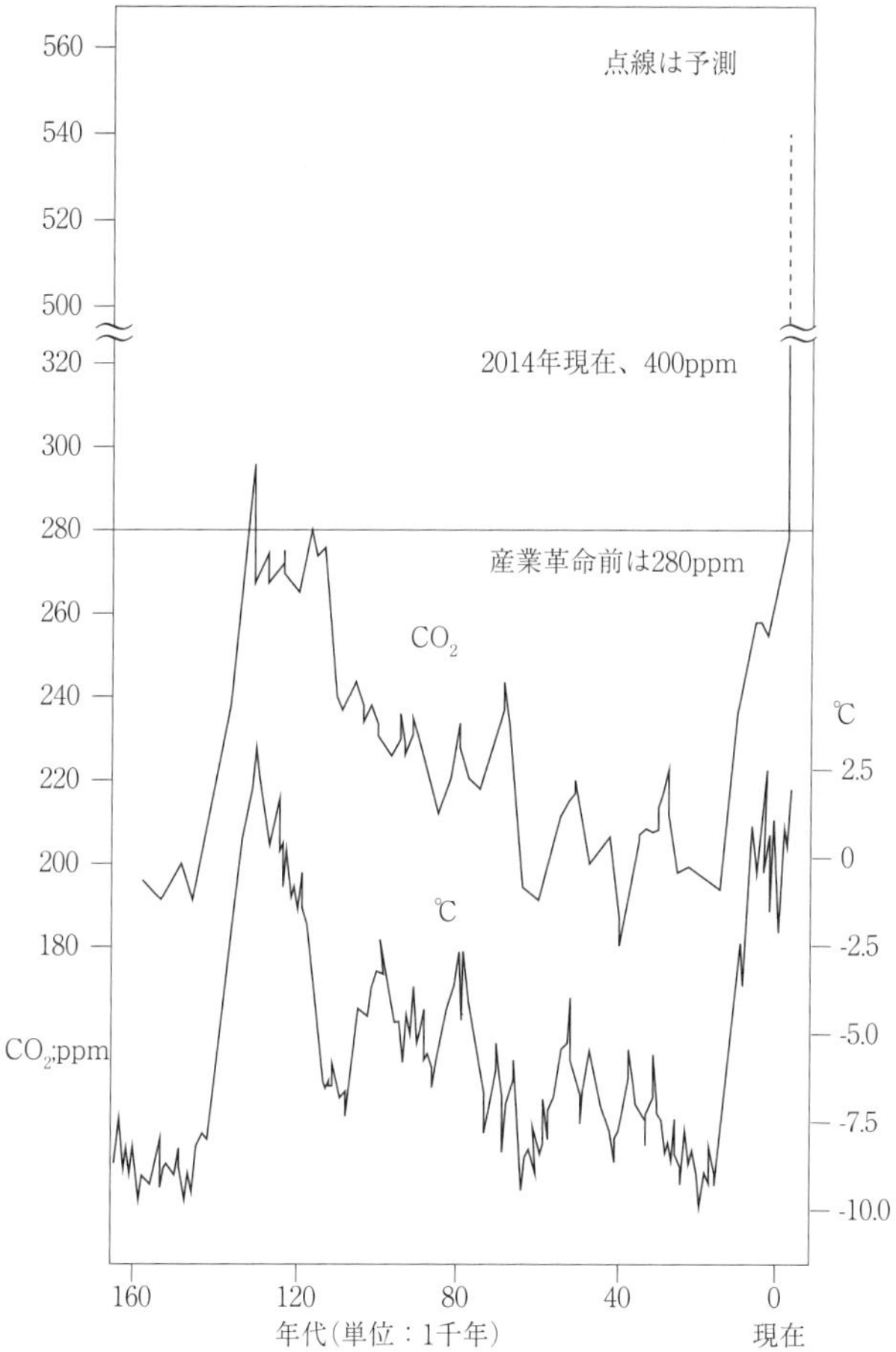

注）濃度は南極で深さ3キロメートルを採掘した氷の中の気泡から分析
出所）眞淳平著／松井孝典監修『人類が生まれる12の偶然』（岩波書店、2009年）、210頁の図を基に作成。

万年前である。
このように見てくると、藍藻類の光合成作用から動植物の繁殖・進化を経て人類の進化・発展に至る過程、すなわち地球史と人類の歩みには、いくつもの偶然の繰り返しがあり、その偶然が全て人類のその後の発展を切り開く契機となったことがわかる。これは自然の摂理による驚異の働きというべきものである。こうして人類は生物の頂点に立ち、今日の繁栄を謳歌することができるようになった。このような偶然が相次いで起きる確率は二度と再現できないほど低く、奇跡としか言いようのないものである。

人類は農耕開始以来、自らの便益や都合のために森林を伐採し、環境を破壊し続けた。最初の環境破壊がメソポタミアから地中海沿岸にかけて生い繁っていたレバノンスギの伐採による消失である[10]。

産業革命以降、環境破壊の規模は、それ以前とは比較にならないほど大規模なものとなった。今、人類の未来を暗くするほど深刻な影響を及ぼしている地球温暖化のルーツも、産業革命の時点から始まった化石燃料の利用拡大に求められる。自然の摂理で築かれた生態系を、その中で奇跡的に進化・発展した人類が破壊し、未来に暗い影を投げかけている。

一九八〇年代末頃から地球温暖化、オゾン層の破壊、熱帯雨林の急減、絶滅の危機に瀕している生物種の増加問題が顕在化し、地球環境問題が国際政治の直面する重要課題となった。最優先で取り組んだのがフロンによるオゾン層の破壊問題である。理由はバリアの役割を果たしている大事なオゾン層が希薄になると、有害な紫外線が地上まで達し、皮膚ガンなどの健康被害が多発するからである。

一九八五年五月、オゾン層が破壊されつつあるとの衝撃的な観測結果が発表され、国際社会がフロン規制を矢継ぎ早に打ち出し、オゾン層の破壊は何とか食い止められた（第7章に詳述）。国際社会が次に取り組んだのが、化石燃料の消費に起因する地球温暖化対策である。温暖化については第3章に詳説した。

ところで地球上に生命が誕生してから今日まで約四十億年が経過した。そして、人類が地球環境を破壊してきた一万年間は、生物の誕生以来の歴史の僅か三十九万分の一に過ぎない。仮に五千万年を一年として換算して見よう。すると、地球の年齢は現在、七十八歳の高齢者ということになる。そして、アフリカ大陸から旅立った人類が南米の先端に到達したのは八時間前。一万年前は今から僅か一時間四十分前に当たる。この一万年間の環境破壊が人類の築いてきた現代文明の存立さえ脅かしかねないレベルにまで大きくなった。我々は、その危機の時代に生きているのである。

『世界の環境問題』シリーズでは環境汚染の状況や地球温暖化による環境への影響、森林と生物種の減少、エネルギー生産とその環境影響、戦争・核兵器開発（核実験）の環境影響などを各国別に考察してきた。最終巻の本書では、これを踏まえて人類の築いてきた現代文明が環境破壊によって崩壊の崖っぷちに立つに至った地球環境劣化の経過をたどり、その現状について総括する。

>> >第２章

世界人口の増加と食料・環境影響

十二年ごとに一億人ずつ増加

人類がティグリス川とユーフラテス川に挟まれたメソポタミアに定住して農耕生活を始めた一万年前、世界人口は推定五〇〇万人だった。それが六千年前に八七〇〇万人、西暦元年に三億人、一八五〇年に一〇億に増えた。人類が地球上に初めて出現してから一〇億になるまでに要した年数は四百万年以上かかっている。

ところが、この後、世界人口が一〇億人ずつ増えるまでの年数が急速に短くなる。図4に示したとおり、一〇億から二〇億（一九三〇年）になるまでは八十年。三〇億人（一九六〇年）から四〇億人（一九七七年）になるまでは僅か十七年。この後、四〇億人～五〇億人（一九八七年）～六〇億人（一九九九年）、六〇億人～七〇億人（二〇一一年）にかかった年数は、いずれも僅か十二年である。こうして世界人口は一九五〇年から二〇〇〇年までの半世紀間に二・五倍、一九〇〇年から二〇一四年までの百十四年間では三・六倍に増えた。

過去の世界人口急増の原動力になったのが、発展途上国の年平均人口増加率の増加である。衛生状態の改善と進歩した医療の導入によって死亡率が低下したために人口増加率が増え、一九六四年の人口増加率は史上最高レベルの二・二パーセントとなった。しかし人口増加率は、これをピークにゆっくりと下降、一九九七年には年間一・四パーセントにまで下がった。

出生率が大幅に下がった「優等生国」は国内総生産（GDP）水準で見ても非常に貧しい国とされてきたバングラデシュである。バングラデシュは一九七〇年代に出生率（合計特殊出生率）が七人だったが、一九九六〜二〇〇〇年には三・三人、さらに二〇一一年には二・一一人にまで低下し、南アジアで最も人口増加率の低い国になっている(1)。

世界人口増加の伸びは二〇三〇年代から鈍化する見通しである。しかし鈍化するとは言っても、アフリカなどの人口増加圧力は、まだ強い。国連の『世界人口推計』二〇一二年改訂版によると、世界人口が一〇〇億人を突破するのは二〇六一年。二〇一〇年版では二〇八五年と書かれており、一〇〇億人突破の予測年が僅か二年間で二十年も前倒しされた。

世界人口が一〇〇億人を突破する年の前倒しは、近年の人口増加が再び勢いを増しつつあるためである。この予測どおりなら、食料、エネルギー資源などの不足や森林の減少、環境汚染、地球温暖化がそれだけ加速されることになるだろう。世界人口は環境に負荷を与えずにはいないからである。

国連の推計によると、世界人口は二一〇〇年に一〇九億人、二一一〇年には一一〇億人台に達し、その後初めてダウンし始めると見られる。将来は先進国で高齢化が進み、新興国でも社会衛生の普及や地域開発により寿命が延びるため、世界全体で高齢化傾向が続くと予測されている。

今後五二カ国で人口増加が続く

二〇一四年現在、世界人口の約六〇パーセントがアジアに、一五パーセントがアフリカに住んでいる。今後、人口増加が見込まれるのは、サハラ砂漠以南の三九カ国、アジア九カ国、中南米四カ国である。現在四二億人のアジアの人口は二〇五二年の五二億人をピークにして緩やかに減少し始める。

アジア諸国の中で、人口増加が際立つのはインド。インドの人口は二〇一一年、一一億人に増加し、世界人口の一八パーセントを上回った。二〇二八年には一四億五〇〇〇万人に増えて中国を追い抜き、インドが世界一の人口大国となる。その後、インドの人口は伸び続けて一六億人まで増えるが、中国は二〇三〇年以降に減少に転じ、二十一世紀末には一一億人にまで減ると予測されている。

アフリカの人口は今後もアジアの増加率の二倍以上の年率約二・三パーセント、サハラ以南のアフリカ諸国の合計特殊出生率は四・八人と高い。例えばナイジェリアの人口は二〇一一年十二月現在、一億六八〇〇万人。年間平均人口増加率は三・二パーセントと高い。このペースで進めば、二〇二〇年七月には二億二〇〇〇万人、二〇五〇年には世界第四位、二一〇〇年には第三位に躍進する。

タンザニア、ウガンダ、ナイジェリア、コンゴ民主共和国の人口は二〇一三年から二一〇〇年までにほぼ倍増、エチオピア、ウガンダは二〇五〇年までに人口が二倍以上に増加すると見られている。アフリカ全体の人口は二〇一二年の一〇億人から二一〇〇年には三六億人に急増すると国連は予測している。アフリカ、中東両地域の合計人口は二〇五〇年に世界人口の四分の一（二五・六パーセント）を占める。このため世界人口に占めるアジアの人口の割合は相対的に低下、二〇一〇年の五五・三パーセントから二〇五〇年に四二・五パーセントに低下する。世界で最も発展度が低いとされる国々の人口は、二〇一三年の八億九八〇〇万人から二〇五〇年には一八億人に倍増、二一〇〇年には二九億人に達すると予測されている。

開発途上国の人口が五九億人から八二億人に増えるのに対し、先進国は現在とほぼ同じレベルにとどまり、欧州の人口は二十一世紀末までに一四パーセント減ると見られる（図6を参照）。

開発途上国では人口の都市集中が強まり、都市が肥大化しつつある。世界には人口一〇〇〇万人を

図４　世界人国増加の推移（西暦1000年～2014年）

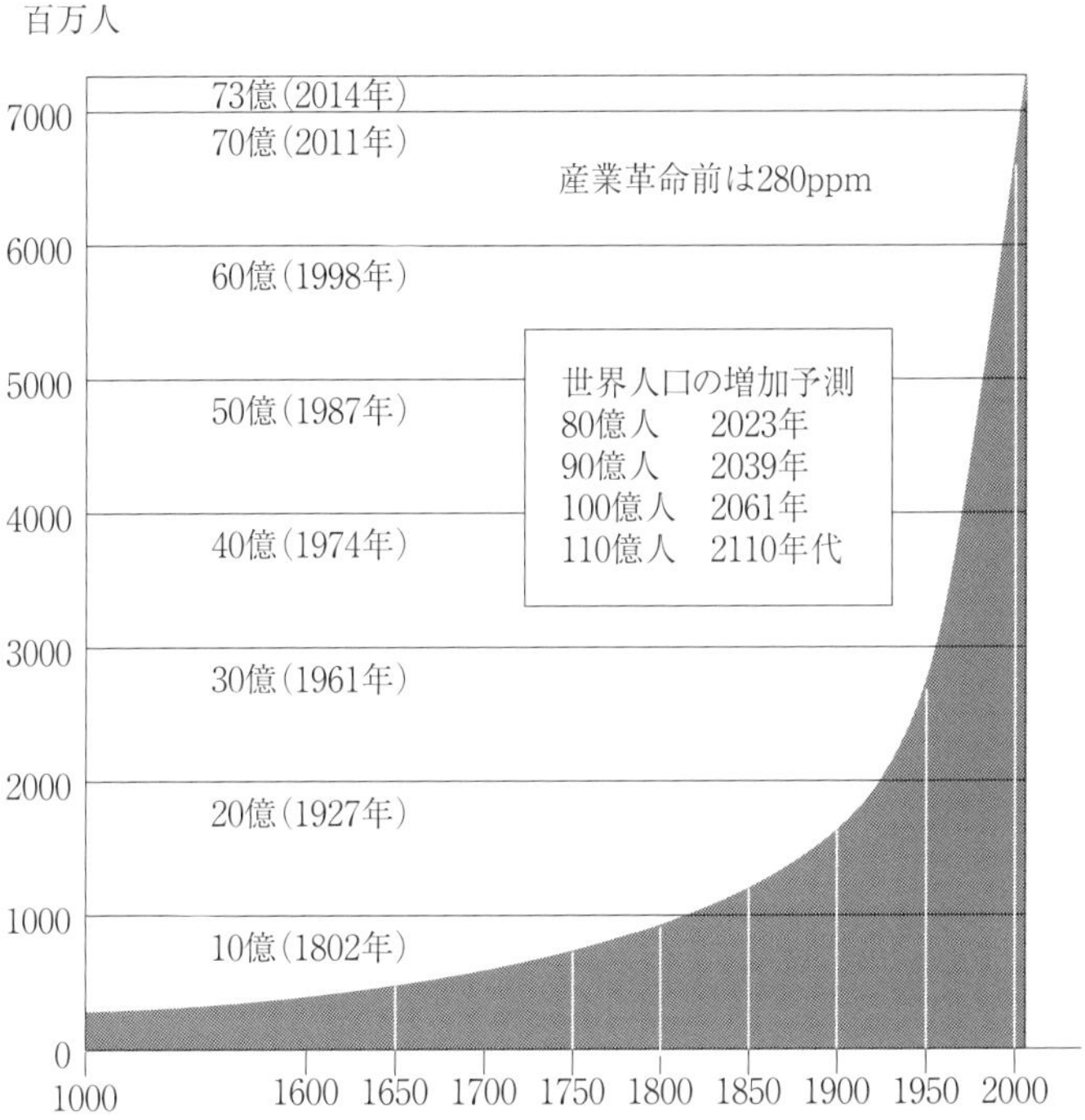

出所）国連が2013年6月、発表した『世界人口予測』のデータを基に作成。

人口爆発の続くインドの中でも人口最多の都市ムンバイの駅ホームの混雑ぶり。1995年7月11日、写す。(REUTERS SUN提供)

超える巨大都市が二〇、一〇〇万人を超える都市は四一四を数える。[2] 二〇一四年現在、世界人口の半分以上が都市に住んでいることになる。北京、メキシコシティ、テヘラン、コルカタ（カルカッタ）、バンコクなど人口が集中し、排出ガス規制の実施されていない自動車走行量が急増した大都市では大気汚染が深刻化している。

地球は一〇〇億人を養えるのか

耕作地拡大も単収増も望めない

農耕が始まってから一万年余。人々は森林や原野の開墾によって耕作地の面積を拡大し、灌漑によって乾燥地を耕作地に変えるなどの方法で耕作面積を増やしてきた。しかし耕作面積の拡大は行き詰まった。世界の穀物作付面積を見ると、一九五〇年の五億八七〇〇万ヘクタールから一九八一年には二五パーセント増の七億三二〇〇万ヘクタールに増加したが、これをピークに減少傾向を見せ、二〇〇〇年には六億五〇〇〇万ヘクタールに減ってしまった。減少の原因は耕地の非農業用地への転用や土壌浸食のための耕作放棄、他の農作物栽培への転用などのためである。

耕作面積が減少傾向にある中で、化学肥料投入や灌漑施設の整備、品種改良などより単収の増加を目指す努力が続けられた。その結果、世界の穀物生産量の単収は図5に示したとおり、一九六一年から二〇〇七年までの四十七年間に二・六倍に増加した。しかし穀物作付面積が減少しているうえに、世界人口が急増したために、生産量が増えても単収の伸び率（年間）は鈍化傾向をたどった。図5の下の「単収の伸び」に掲げたとおり、一九六〇年代前半から七〇年代前半までの五年平均の単収の伸び率は年二・八パーセントだったが、一九九〇年代前半から二〇〇四〜〇八年までの伸び率は一・四パーセントに半減した。

次に一人当たりの収穫面積を見ると、これも人口急増の影響で、一九六一年時点の二〇・六アールから四十六年後の二〇〇七年には一〇・六アールへ半減した（図5を参照）。二〇五〇年には七・〇アールに減ると予測されている。このため一人当たりの穀物生産量は一九八七年をピークに減少傾向をたどり、十三年後の二〇〇〇年には一一パーセントも減少した。(3)

国連食糧農業機関（FAO）は、今後三十年間に発展途上国における灌漑面積が一三パーセント、利用量が一四パーセント増やせると見込んでいる。しかし食料生産は地球の平均気温が上昇する見通しのなかで、増やせるという確かな材料はほとんどない。

耕地面積が増えなくとも、単位面積当たりの収穫量（いわゆる単収）が増加すればよいわけであるが、その単収は増やせるのだろうか。アフリカなどでは農民たちが化学肥料の投入量を増やし、技術を用いて既存耕地の単位当たり収量の増加に努めてきた。その結果、一九五〇〜九〇年に単位当たりの穀物収穫量が大幅に増えた。しかし価格の高い化学肥料の多量投入は経済的負担が大きいことなどから頭打ちになり、その後、単位当たり穀物収穫量は伸び悩み、今日に至っている。こうして農業国のイメージの強いサハラ以南の諸国でさえも、穀物類の輸入量が輸出を上回った。

世界的に見て、既存農耕地の生産性向上には限界があり、穀物収穫量の単収の増加を図ることは困難な状況にある。二〇一五年の世界人口は推定七三億人。二〇〇〇年以降、年平均九九〇〇万人ずつ増加、これに伴い穀物需要が増加傾向をたどっている。しかし穀物需要の増加に対応する有効な手立てが見つかっていない。このため将来、食料不足に悩む人口が増えていく見通しである。

農業は人々に食料を提供する役割を持つ。人口増加に伴う食料需要に応えるためには耕地を増やさなければならない。しかし耕地の二〇パーセントで土壌が劣化し、農作物を栽培できなくなりつつある。劣化する土地に直接依存している人口は世界人口の五分の一弱の一五億人にのぼるという[4]。土壌の浸食・劣化や土地の転用などにより、少なくとも今世紀前半には耕地の増加は望めない。

それどころか、減少する可能性が大きい。現に、中国では一九九八〜二〇〇八年の十年間に穀物の作付面積が一六パーセントも減少した[5]。食料生産の基になる耕地の拡大が壁に突き当たり、世界人口の増加に対応した食料需要に応えることができないのが現状である。

温暖化が変える食料生産地図

地球温暖化により農業生産が増える地域もある。ロシアのシベリアの一部地域、カナダ、中国北部

図5　世界の穀物の生産量、単収及び収穫面積の推移

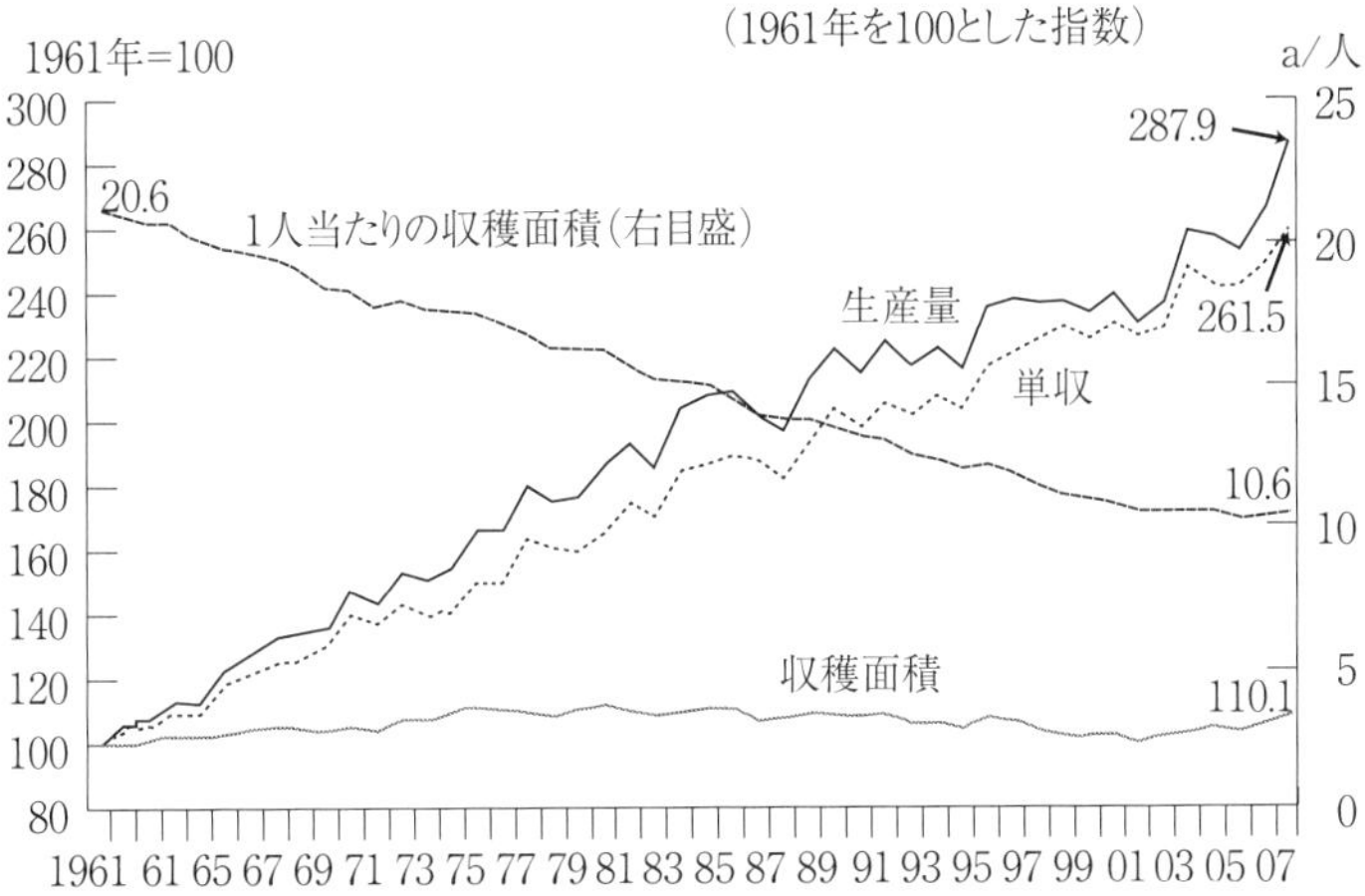

出所)国連食糧農業機関(FAO)"FAOSTAT", World Population Prospects : The 2008 Revision.

○単収の伸び

	1961〜65年	1971〜75年	1981〜85年	1991〜95年	2004〜08年
	1.44トン/ha	1.90トン/ha	2.39トン/ha	2.76トン/ha	3.37トン/ha
年率	2.8%	2.3%	1.4%	1.4%	

出所)国連食糧農業機関(FAO)"FAOSTAT"。

の黒龍江省、米国イリノイ、アイオワ州の「コーンベルト」の北からカナダとの国境にかけての地域では、生育条件である雨がある程度降れば地球温暖化によって穀物の収穫量が今より増える可能性がある[(6)]。

しかし世界的に見れば、地球温暖化によって食料生産が減る地域の方が増える地域よりも、はるかに多い。例えば、現在、稲作に適した東南アジアや日本などの穀倉地帯で気温の上昇により、収穫量が減少するなどの悪影響が生じる恐れもある。

冷涼な地域が温暖化によって農業生産地に転じる可能性のほかに、耕作地を拡大することは期待できないのだろうか。現在、残されている土地は耕作地としては条件の悪い土地ばかりで、今世紀末までに増える見通しの人口三割増に伴う食料需要に対応できるような適地の拡大は到底望めない。

例えば商業伐採された膨大な面積の熱帯林の跡地は広大な空き地として存在する。しかし熱帯林の跡地は総じて土壌がやせている。しかも土壌は耕作を行なえば、すぐに激しい浸食・流出が発生しやすい性質を持つ。ここを人口増加に伴う食料需要の供給地とすることはできないだろう。

増加する飢餓・栄養不良人口

飢餓と栄養不良・栄養失調および貧困は隣り合わせであり、飢餓の人口は栄養不良である。栄養不良は炭水化物、蛋白質、脂肪、ビタミン、ミネラルが不足したり、偏ったりすると起こり、罹患率や死亡率を高め、子どもの身体と知能の発達を妨げる。

栄養不良は国連食糧農業機関（ＦＡＯ）の報告書によると、世界の栄養不足人口の三分の二はバン

図６　世界人口と開発途上地域人口の推移

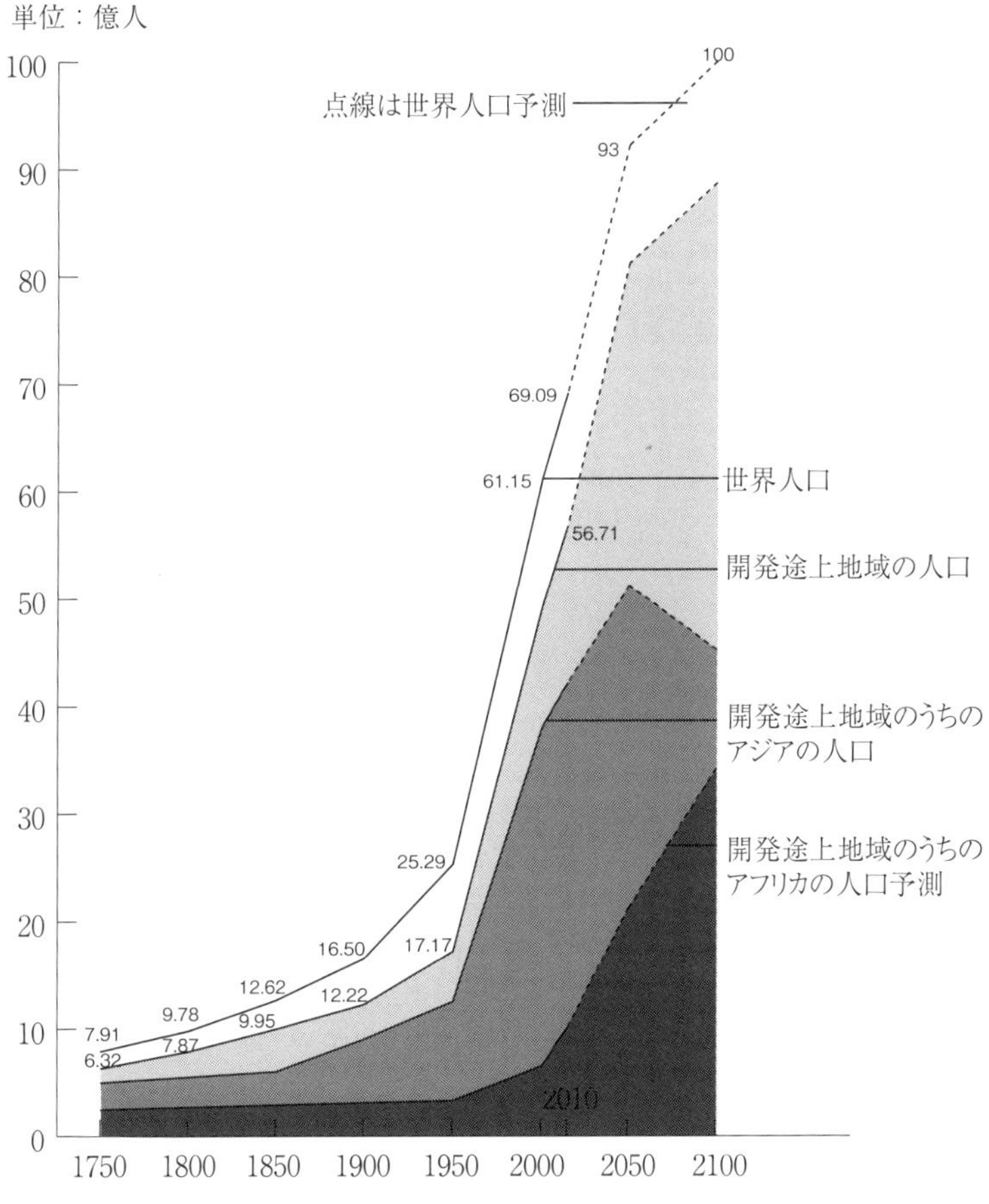

注）開発途上地域には後発途上地域が含まれる。
出所）世界人口基金編『世界人口白書　2011』日本語版（世界人口基金、2011年）45頁を基に作成。

グラデシュ、中国、コンゴ民主共和国、エチオピア、インド、インドネシア、パキスタンの七カ国に集中している。またサウジアラビア、シリア、イラク、ヨルダンなど人口が急増している中東諸国やアフガニスタンなどでも、年間の穀物消費量が増加し、慢性的な飢餓と栄養失調・栄養不足に悩まされている人が多い[7]。

世界で飢餓に苦しむ人の数は一九九六年から増加し始め、二〇一四年現在の飢餓人口は、世界人口八人に一人に当たる約八億四二〇〇万人。その大半がアフリカ中部と南アジアに集中している。飢餓人口の大半を占めているのが乾燥地帯と半乾燥地域のアフリカのサハラ砂漠以南（南アフリカを除く）、南アジア、中東である。飢餓は農村から都市に流入した人々で形成する都市貧困層に多く見られる。野放図な人口増加がもたらす飢餓人口の増加は地球環境問題のうち特に憂慮すべき現象と言える。

この三地域のうち、サハラ砂漠以南、およびサヘルに沿った地域の飢餓が特に懸念される。この地域では、地球温暖化が進行し、水不足が一層深刻になれば、穀物生産量が減少する見通しである。今でさえ地球温暖化に伴う降雨量の減少による灌漑用水や衛生的な飲料水の不足、人口の急増と都市化の進展による農地の減少や農業人口の減少などにより、食料の不足にあえいでいるのに、二〇〇九～二五年に、人口がさらに三億五〇〇〇万人増加すると予測されている。サハラ以南の地域で仮に干ばつが起これば、食料生産が激減して飢餓が発生・拡大し、大きな被害を生じる可能性が大きい。

現在、世界的に起こっている飢餓の特徴は、脆い生態系に大きな人口圧力が加えられた場合に起こる慢性的なものである。耕地が増える見込みがないのに、人口が野放図に急増し、干ばつや降雨量の著しい減少などにより生存に必要な最低限の食料が確保できないために起こる飢餓が、その典型である。

穀物の価格と供給・栽培の問題

二〇一三年に、世界で生産された約二七億八〇〇〇万トン（二〇一三年）の穀物（コメ、麦、トウモロコシが中心）のうち、トウモロコシは約一〇億トンだが、家畜の飼料やバイオエタノール（ガソリンに代わるエネルギー）に使用され、食料に充てられる量は四割強しかない。飼料やバイオエタノールに回される穀物が増えると、穀物価格が上昇し、低所得者層に飢餓を生み出す。穀物価格の高騰は飢餓人口の増加につながる。

食料の供給システムにも問題がある。毎年世界で生産されている穀物の全量が、世界に住む七二億人（二〇一四年）に平等に分配されていれば、一人当たり年間三二〇キログラム以上食べられるはずである。しかし食料供給システムが未整備なことや分配の仕方に問題があり、必要なところに必要なだけの食料が届かず、人口の爆発的な増加に対応する食糧供給の見通しも立っていない。これが飢餓の増加に拍車を掛けている。必要なところに必要なだけの食料を届けることができるようなシステムの確立が急務である。

サハラ砂漠以南のアフリカでは、植民地時代から限られた種類の農作物を栽培するモノカルチャー経済が今なお続いており、これが食料不足の一因になっている。例えばガーナはカカオだけを栽培する大農園（プランテーション）が、大きな資本を持つアグリビジネス企業によって経営され、ガーナは食料を自給できていない。カカオの価格がグローバル化の波を受けて他の生産地との激しい競争にさらされて低迷しているうえに、穀物生産が進まず、食料の自給ができない。このため食料不足が深刻化している。

国連の貧困・飢餓削減目標

貿易自由化の推進やＩＭＦの通貨政策、世界銀行による多国間援助などで世界的な経済状態の改善は図られたが、半面、経済がグローバル化し、貧しい国はいっそう貧しくなり、貧富の二極化が進んだ。国連開発計画（ＵＮＤＰ）の『人間開発報告　２０００年版』は低所得、栄養不良、不健康、教育の欠如などが重なり、一日一ドル以下で生活しているような人々を絶対的貧困層、一日二ドル以下で生活している人々を貧困層と呼んでいる。絶対的貧困にある人々は一九九五年の一〇億人から現在は一二億人を上回り、一日二ドル以下で生活している貧困層の人々の数は三〇億人にのぼると報告している。

二〇〇〇年九月、国連ミレニアム総会は①一日一ドル二五セント未満で生活する人口を一九九〇年に比べて半減させる、②飢餓に苦しむ人口の割合の半減、③安全な飲料水と衛生施設を利用できない人口の割合の半減──など八つの目標を「ミレニアム目標」（ＭＤＧＳ）と定め、この目標を二〇一五年までに達成する決議を一九三の全国連加盟国の合意を得て採択した。

国連がこの目標達成に取り組んだ結果、開発途上地域では一日一ドル二五セント未満で暮らす人々の割合が一九九〇年の四七パーセントから二〇一〇年には二二パーセントに低下した。

サハラ砂漠以南のアフリカ諸国の債務は現在、一九八〇年時点の二・四倍に当たる二〇〇〇億ドルにのぼっている。債務返済優先の構造調整のため、この地域の最貧困層の人々は今も世界の最貧困層の三分の一以上を占めている。

飢餓と貧困は隣り合わせである。世界銀行が貧困の削減に力を入れて取り組むようになったため、全開発途上国の輸出収入に対する債務返済額の割合は二〇〇〇年の約一二パーセントから二〇一一年には三・一パーセントにまで低下した。これは開発途上国にとって債務負担の軽減となり、貿易環境の改善にもつながった。世界銀行グループのジム・ヨン・キム総裁は「二〇三〇年までに極度の貧困をなくすための取組みを強める」と意気込んでいる。

国連食糧農業機関（FAO）が二〇一四年九月十六日、発表した報告書『世界の食料不安と現状二〇一四年』によると、世界の飢餓人口は過去十年間に一億人以上、一九九〇〜九二年以降では二億人以上減少したが、現在世界で約八億五〇〇〇万人（九人に一人に当たる）が飢餓に苦しんでいる。

二〇〇〇年に設定された「ミレニアム開発目標（MDG）」は飢餓人口の割合を二〇一五年までに半減することだが。現在までに六三の開発途上国がこの目標を達成しており、さらに六カ国で二〇一五年までに目標が達成される見込みである。「二〇一五年までの飢餓人口半減」という目標は手の届きそうなレベルに達した。

全世界の栄養不良者の割合も、一九九〇〜九二年の二三・二パーセントから、二〇一〇〜一二年の一四・九パーセントへと低下した。それでも世界では今も八人に一人が慢性栄養不良の状態にある。また全世界で飲料水として改良された水源を利用する人々の割合は一九九〇年の七六パーセントから二〇一〇年には八九パーセントに増加した。

人口一〇〇億は未来の危うさの警告

国連が二〇一三年六月十三日に発表した『人口推計二〇一二年改訂版』によると、「世界人口は二〇六一年に一〇〇億人の大台を突破し、二一〇〇年には一〇八億五〇〇〇万人に達する」という。一〇〇億人と言えば、今の世界人口の四割強に当たる二八億人を新たに抱え込むことを意味する。

人類社会が一〇〇億もの世界人口を養えるかどうかの決め手は、人間の生活・生存にとって最も基本的な要件である食料の確保が可能かどうかである。しかし先に述べたとおり、穀物の耕地面積も単位面積当たりの収穫も今後増やせる目処は現時点では立っていない。

国連人間環境会議が開かれた一九七二年六月頃、地球の環境保全が「宇宙船地球号」(スペースシップ・アース)の安全な航行に喩えられた。安全な航行の条件には、乗員、すなわち世界人口が過剰にならないことも含まれていた。七二年の世界人口は三八億台。それから今日までの四十二年間に人口が三四億も増えた。そのうえ、二〇六一年までに世界人口は最大一〇〇億に増えるという。

今の地球が一〇〇億もの膨大な人口を養っていくためには、食料の需要に見合う供給が確保されなければならない。ところが穀物生産のほか、漁業と牧畜業もまた世界人口の増加に見合うような漁獲量、畜産物の増産は困難な見通しである(後述)。地球環境の現状に目を転じれば、水不足を始め地球温暖化や森林破壊、環境汚染などに悩まされている。人間に喩えれば地球環境は重い疾患にかかって、疲弊しているような状況にある。

生物学者は生息地がある生物種の個体数を最大どれだけ抱え、養うことができるかを表わすとき、

「収容能力」という概念を用いる。人類は世界人口の規模、その人口の生存基盤である食料供給の可能性、資源の消費パターンなどから見て、今のペースで環境や生存基盤の悪化が進めば、地球の「収容能力」を大きく踏み超えてしまう恐れが多分にある。

人口の爆発的増加と、これに対応すべき食料供給の困難性とは一体であり、いずれも解決が極めて困難な問題である。このような状況の中で、今より二八億も多い一〇〇億もの人口を抱え込むならば、穀物供給が困難になるだけでなく、膨大な環境負荷によって「宇宙船地球号」そのものが航行不能になる恐れが多分にあり、人口学や環境学の専門家の多くがこのことに警鐘を鳴らしている。人口一〇〇億の世界の到来予測は、人類の未来の危うさを知らせる警告ではないだろうか。

根本的な解決策は人口増加を止めることかもしれない。しかし、仮に国際社会などが人口急増国に対して人口増加の規制措置を取れば、それは当該国の主権の侵害になる。当然、強い反発を招き、規制は失敗するだろう。国際世論も人々の意識も人口増加に規制を加えるところまで進んでいない。

この問題について、国際社会は一九九四年九月の国際人口開発会議（ＩＣＰＤ）で、子どもを産むか産まないかを女性自らが決定できることなど四つの基本原則を柱とする「リプロダクティブヘルス・ライツ」（性と生殖に関する全ての人々の生涯にわたる健康と権利）という概念で取り組むことで合意した。そして女性に対する普遍的な教育の提供、女性の権利、健康の保持などを盛り込んだ今後二十年間の行動計画を採択した。この行動計画の一部は国連のミレニアム目標と重なり、現在、目標の達成が図られている。

もし国際社会と途上国が「リプロダクティブヘルス・ライツ」の政策や、その他の方法で、途上国の人口を安定化することができなければ、人口急増国の多くは生態系全体が崩壊する危険に直面する恐れがある。

衰退に向かう漁業

乱獲による漁獲量の減少

二十世紀初頭、年間五〇〇万トンだった世界の海洋漁獲量は第二次世界大戦後の一九五〇年には四・四倍の二二〇〇万トン、一九八九年には十九倍の九五〇〇万トンに達した。海洋漁獲量は、この後、横ばいが続いていたが、九〇年に落ち込み始め、海洋漁業は現在、苦境にある。

世界の海洋漁業を衰退させている主要かつ直接的な衰退要因は乱獲・過剰漁獲である。漁業では網目を小さくして子どもまで根こそぎ取る漁法が取られている。乱獲によって衰退した漁業の典型はタラ漁である。長年の掠奪的な漁獲が続いていたカナダのタラ漁は一九九〇年代初め全面禁止された。二〇〇六年に解禁されたが、タラはまだそれほど増えていない。ヨーロッパのタラ漁も消滅に向かいつつある。

過剰な漁獲がいつまでも続けられれば、漁業資源が枯渇しかねない。危機感を強めた欧州連合（EU）の一〇カ国とノルウェーの環境担当相および科学者は一九九七年三月、「北海のタラ漁場が絶滅の危機に瀕している」と緊急警告を発した。カナダの研究者は「今の漁獲方法が続けられれば、半世紀後にはすべての漁業資源が枯渇する」と予測している。

人口の増加や各国の経済発展などにより、水産物需要は世界的に増大傾向にあるのに、世界一五の主要漁場のうち一一漁場で持続可能な数量を超える漁獲が続けられ、主要な魚種の七割近くが今なお減少傾向をたどっている。その結果、漁場の衰退が進み、中には事実上、崩壊したところもある。このため収入と食料の確保を漁業に依存している二億を超える人々の生活は脅かされている。

海洋漁業資源の利用については、国連食糧農業機関（FAO）の二〇〇八年版報告書が「漁業資源全体の一九パーセントが過剰漁獲、八パーセントが枯渇、一パーセントが枯渇から回復途上にある」としている。乱獲に近年の世界的な魚食の増加が加わって漁業資源が減少、魚の需給がひっ迫し、今後も海面漁業の生産量については大幅な増加が見込めないという見方が有力である。

国連食糧農業機関は、以上のことを一つのグラフにまとめている。図7がそれである。このグラフでは「過剰利用または枯渇状況」を「適正レベルを超えて漁獲されているか、既に資源が枯渇している」、「過剰漁獲」を「適正レベルの上限近くまで漁獲されており、これ以上の生産量増大の余地がない」、「枯渇から回復途上にある」を「適正レベルよりも漁獲が少なく、生産量増大の余地がある」という三つに言い改め、それぞれが一九七四年から二〇〇九年までどのような推移をたどったかを明らかにしている。

このグラフから、枯渇状態の資源と過剰保護の資源の二つが増加傾向をたどり、生産量増大の余地のある資源が年を追って減少していることがはっきりと読み取れる。

今後、水産資源を持続的に利用していくためには、各国による水産資源管理の一層の強化が求められている。

魚介類の供給量は年に約九九〇〇万人ずつ増え続けている世界人口に対応して増やす必要がある。だが海洋漁獲量は停滞し続け、魚介類の供給量は不足している。漁獲による供給量の不足を補っているのが養殖業で、その生産量は現在、四割に達しているが、決して十分ではない。養殖は今後なお増加する見通しである。(8) しかし養殖用に稚魚を大量に捕獲すると、親魚に育っていく天然魚が激減し、漁業資源の持続的確保が困難になるおそれがある。

激減するマグロ資源

マグロ資源が大幅に減少した原因も乱獲である。乱獲には魚群を取り巻き、一網打尽に捕獲する巻き網漁や巨大なトロール網漁（底引き網の一種）、魚群の通る水流を横断する網を張る流し網漁などの漁法が使われ、魚群を見つけるためにはエレクトロニクス魚群探知器や飛行機が使われた。過剰な漁獲が続いたため、世界のマグロ資源量は、この半世紀で三分の一に激減した。

日本人にとって、マグロは人気のある魚。世界の生産量の四分の一から五分の一を消費してきた。日本のマグロ漁獲量は一九五四年、水産庁が水産物を缶詰にして米国の市場に輸出する政策を打ち出して以来、増加の一途をたどった。

かつて巻き網で捕らないなどの暗黙のルールが守られてきた時期もあるが、一九九〇年代に入ると、日本が主に漁獲している太平洋のクロマグロ漁業で巻き網漁によって乱獲する業者が出現、日本のマグロ漁獲量は一時的な増大後、一九九四年から減り始めた。二〇一三年八月、日米の科学者らでつくる「北太平洋まぐろ類国際科学委員会」は「マグロの資源量は過去十五年間で三分の一以下に減少し、

図7　世界の海洋生物資源の利用状況

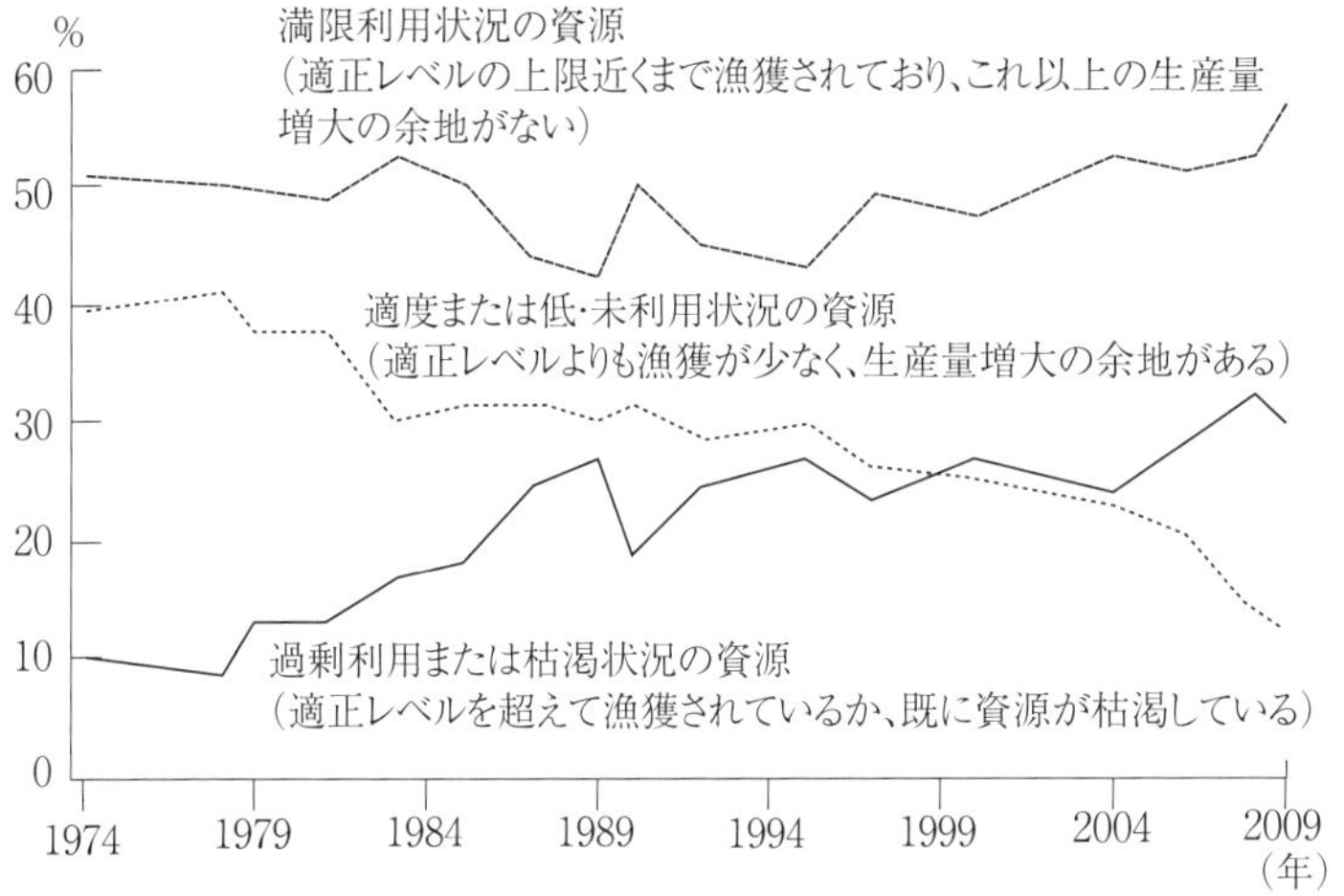

出所）国連食糧農業機関（FAO）、The State of World Fisheries and Agriculture (SOFIA) 2012.

過去最低水準となった」と警鐘を鳴らした。

それでも日本のマグロ漁獲量は二〇一一年現在、世界の総漁獲量（一九一万トン）の一割弱に当たる約二〇万トンと多い。漁獲量の減少を補おうと、外国で育てた養殖マグロの輸入が増え、輸入量は日本のマグロ消費量の四割強を占めている。漁業資源が激減しているのはマグロだけではない。ニホンウナギは絶滅危惧種に指定され、マイワシやマサバなども減少した。いずれも乱獲が減少の大きな原因である。

マグロは大西洋でも乱獲によって急減し、二〇〇七年、大西洋でとれるマグロの総漁獲量を二〇一〇年までに二〇パーセント減らす「大西洋マグロ類保存国際条約」が締結された。これも乱獲によって減少したマグロ資源を保護するためだった。

一方、ノルウェーは漁業の存続を目指し

て沿岸漁業や遠洋漁業に対し、船ごとの漁獲割当て制度を導入、科学的な調査を基に、毎期、漁民を交えて自主的に割当数量を決め、乱獲を規制している。[9]

三〇キログラム未満の未成魚の乱獲により、太平洋クロマグロの親魚の資源量は二〇一二年に過去最低の約二万六三二四トンにまで減少した。国際的な懸念が強まるなか、二〇一三年十二月の年次会合では翌一四年の未成魚の漁獲量を二〇〇二〜〇四年の平均値から一五パーセント以上減らすことを決めた。

「中西部太平洋まぐろ類委員会」の小委員会から調査を委託された海洋学者グループの報告書によると、太平洋クロマグロの親魚は未成魚の乱獲で減り続け、二〇一六年に南アフリカで開催されるワシントン条約締約国会議で太平洋クロマグロが絶滅危惧種に指定される可能性がある。

世界最大のマグロ消費国日本は危機感を強め、二〇一四年九月四日の「中西部太平洋まぐろ類委員会」の小委員会では漁獲量を過去の実績の半分に減らすことを提案、合意した。二〇一五年から適用し、十年後に成魚を約六割増やす計画である。[10]

国連食糧農業機関（FAO）と世界銀行が二〇〇八年十月にまとめた報告書によると、マグロ漁獲を含む世界の海洋漁業では、①乱獲や違法な漁業などの過剰な漁獲圧力、②水産資源の減少に伴う操業コストの増加——により、毎年五〇〇億ドルの経済的損失（潜在的経常利益と実際の利益との差額）が発生している。

この問題解決の方法について、報告書は乱獲や違法な漁業の中止が最も重要な解決策と指摘、「漁獲能力の削減に向けた漁業政策を改革すれば、水産資源の回復が促され、漁業者の生産性と収益性が向上するため、損失の大部分が回収できる」と述べている。

魚介類は重要な蛋白質供給源

魚介類が人間の食生活に占める役割は穀物供給と比べれば低い。しかし魚類が食肉と並ぶ動物性蛋白質の供給源として重要であることは、発展途上国でも先進国でも同じである。魚介類が動物性たんぱく質摂取量に占める割合を見ると、アジアが二一パーセントでもっとも多く、アフリカの一九パーセントがこれに次ぐ。日本は二〇パーセント。バングラデシュ、カンボジア、インドネシアなどのアジア諸国と赤道ギニア、仏領ギアナ、ガンビア、ガーナ、シエラレオネなどのアフリカ諸国では五〇パーセントという高い割合を占めている。

世界的に見ると、魚介類は全たんぱく質摂取量の五・六パーセント、動物性蛋白質消費量の一六パーセントを占めている。海洋漁獲量の減少は人々の動物性タンパク摂取不足につながりかねない[11]。

需要増に追いつかない畜産物

これまで穀物生産と海洋漁業の将来に明るい展望を持てないことを見てきた。もう一つの重要な食料である畜産物の生産はどうだろうか。人は畜産物を食することにより、植物性食料からの摂取が難しい必須微量養分を得ることができる。世界全体として、人は畜産物から蛋白質の二五パーセント前後(先進国では四七・八パーセント)を供給され、畜産物からのカロリーは総摂取カロリーの平均一二・九パーセント、先進国では二〇・三パーセントを得ている。

食肉の生産量の動向を見よう。国連食糧農業機関（FAO）の資料によると、一人当たりの牛肉と羊肉の合計生産量は一九七二年から二〇〇〇年までの二十八年間に一五パーセントも減っている。この間、畜産物の生産量は増えてはいるのだが、世界人口が約三八億五〇〇〇万人から約六〇億八〇〇〇万人へと六三パーセントも増加したために、一人当たりの生産量が減少したのである。

次に世界の食肉（牛肉、豚肉、鶏肉の合計）生産量は今世紀に入ってから、どう推移したのか。米国国務省の資料によると、二〇〇〇年から二〇一二年までに、その生産量は二八・六パーセント、増加した。ただ、この十二年間に世界人口は約六〇億八〇〇〇万人から約七一億六〇〇〇万人へと一八パーセント増えた。このため、一人当たりの生産量の増加は、それほど多くない。

食肉の需給状況はどうか。二〇一二年の世界の食肉生産量は二億五三二〇万トン、消費量は二億四九〇〇万トンで、いずれも二〇〇〇年に比べて三割近く伸びている。消費量の伸び方は国によって大きな違いがある。二〇〇〇年から二〇一二年までの十二年間における主要国の一人当たり食肉消費量の増加状況を見ると、ベトナムの一〇〇パーセントを筆頭に、南アフリカ三八・八パーセント、韓国三三・七パーセント、ブラジル三二・七パーセントなど高い伸び率である。一部品目のデータの不足で、正確な伸び率がわからないが、インド、インドネシア、マレーシアの伸び率も相当に高いレベルであることは間違いない。

注目されるのは経済成長著しい中国（二〇一五年四月現在の人口は約一三億七〇〇〇万人）とブラジルの食肉消費の動向である。中国とブラジルの一人当たり年間食肉消費量は図8に示したとおり、一九八〇年から二〇一二年まで右肩上がりに増え続けた。中国の一人当たりの食肉消費量は一九八〇

図8　各国の1人当たり年間食肉消費量の推移

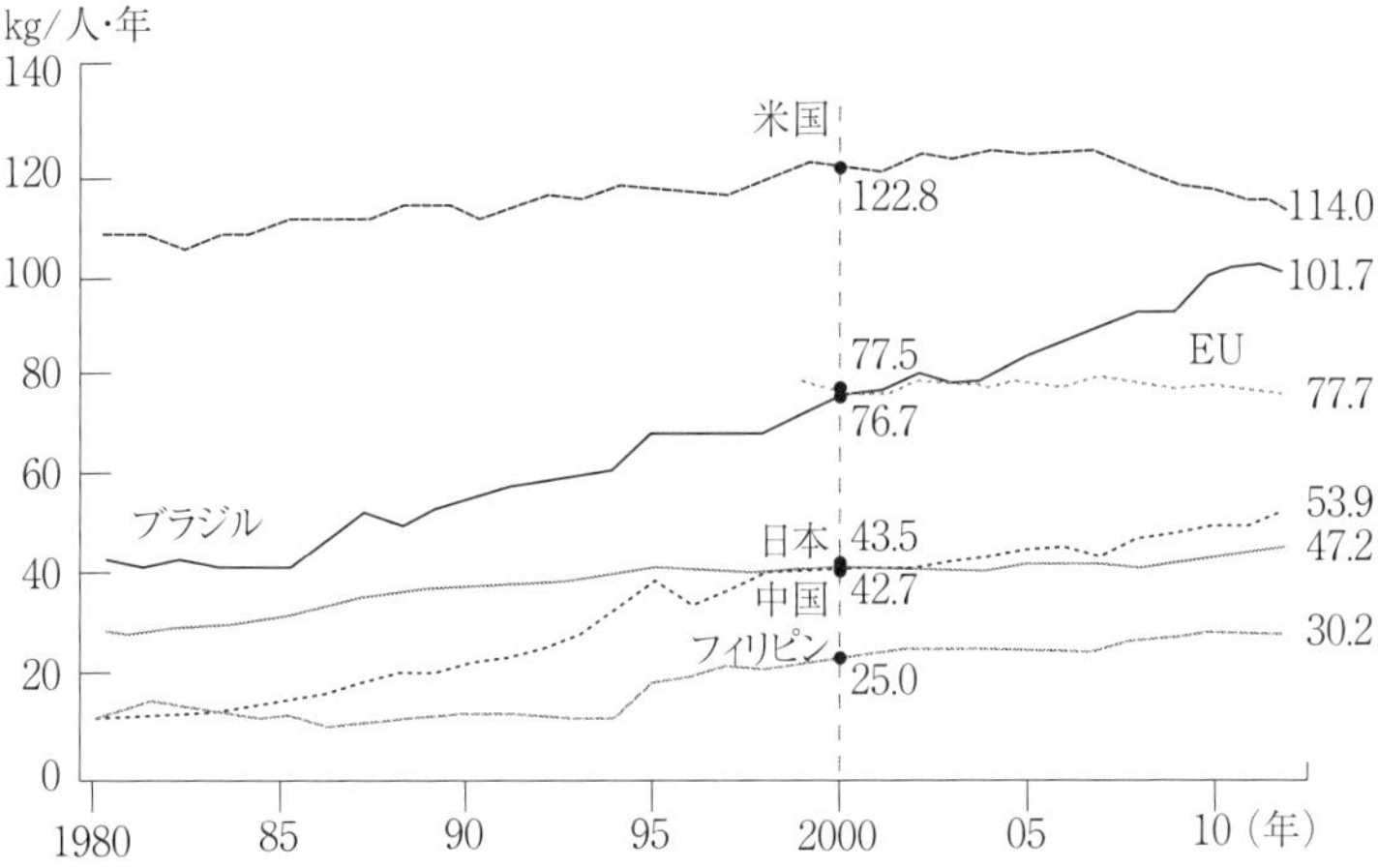

出所）米国国務省資料および国際通貨基金（IMF）の公表資料を基に作成。

年に約一〇キログラムと少なかったが、二〇一二年には五四キログラムへと三十二年間に五・四倍、ブラジルも四一キログラムから一〇一キログラムへ増加した。

今後、食肉消費量の大幅な拡大が見込まれるのは、経済成長に伴い、生活水準が向上しつつある新興国インド、インドネシア、マレーシアなどである。中所得国の段階に入りつつある中国は既に消費量の拡大ベースは鈍化し始めたが、拡大は、まだ続くと見られる。東南・南アジアの新興国や中国の一人当たりの食肉消費量がさらに伸びれば、世界の食肉需給は、ますます不均衡になる。

地球温暖化が牧畜の制約要因に

国連食糧農業機関は二〇一一年に公表した報告書「世界の畜産２０１１」の中で、世界の食肉消費量は世界人口の増加と発展途上国の生活水準の向上（所得の増加による）により、二〇五〇年までに現在の水準から七三パーセント、乳製品の需要は五八パーセント増えると見込んでいる。同機関は『世界食糧農業白書２００９』の中で、世界の食肉生産量を二〇〇九年時点の二億三〇〇〇万トンから二〇五〇年には二倍の四億六〇〇〇万トンに増やしたいとしている。

確かに、家畜の生産量は東アジア、東南アジア、中南米で急増している。しかし世界全体で見ると、牧畜には様々な制約があり、食肉生産は伸び続ける需要に追い付くのが精一杯で、二〇五〇年までの生産量倍増など到底、実現できそうにない。

数ある制約の中で、最も大きいのが地球温暖化による制約である。地球温暖化の進行に伴い、乾燥・半乾燥地域、とくに低緯度の放牧地帯では、気温の顕著な上昇と降雨量の減少に過放牧が加わって牧草が育たず、これが畜産物の生産増加を妨げる大きな原因になっている。サハラ砂漠以南のアフリカの放牧地造成面積の伸びが鈍いのは、このためである。

しかも森林の開墾による放牧地の増加は地球温暖化への悪影響や生物多様性の劣化をもたらす。また牛の腸内発酵や牛や豚の厩肥《きゅうひ》から排出される温室効果ガスの亜酸化窒素（N_2O）は地球温暖化に加担している。

放牧による牧草で飼育している牛肉生産には、環境上の制約に加えて飼料の供給が不足するという問題がある。一般に、肉を一キログラム生産するのに必要な飼料は牛の場合は一一キログラムと多いが、豚肉では七キログラム、鶏肉では四キログラムで済み、コストが安い。

牛肉の生産が需要に追い付かない場合、飼料供給難や放牧地への環境上の制約のない鶏肉生産が牛肉生産の代替となる可能性がある。既に世界の牛肉の主要生産国である米国（生産一一一三万トン）、ブラジル（九九二万トン）などでは牛肉生産が減り、代わりに鶏肉生産が伸び始めている。

急増続く新興国一人当たりの年間食肉消費量とは対照的に、米国の一人当たり年間食肉消費量は二〇〇七年をピークに減少し始めた（図8を参照）。その米国の食肉生産には異変が起きている。異変とは牛肉の生産量が減り、代わりに鶏肉の生産量が増えていることである。このため米国の鶏肉生産量は二〇一四年に一七二八万トンで、世界で最も多かった。第二位は中国（一二七〇万トン）、第三位はブラジル（一二六八万トン）だった。二〇一四年の世界最大の豚肉生産国は中国。これにEU二八カ国や米国などが続いた。

>> >第3章

人類の未来を脅かす地球温暖化

地球温暖化問題の発端と経過

一九八八年に国際政治問題化

大気中の二酸化炭素（CO_2）濃度は二〇一四年四月、四〇〇ｐｐｍを超えた。産業革命が本格化した一七七五年頃、二七七ｐｐｍだったから四四パーセントの大幅上昇である。この間、温暖化は徐々に進んでいた。温暖化が地球環境に際だって大きな影響を及ぼし始めたのは一九九七年以降（図9を参照）。二酸化炭素濃度の増大に伴い、気温が産業革命以前と比べて〇・八五℃上昇した。

その結果、南極や北極、高山の氷が急速に解け、海面が上昇しつつある。また少雨・乾燥地帯の降雨量が温暖化によって一層減少し、農業用水・飲料水の不足が食料生産に悪影響を与えている。不足する灌漑用水を賄うため、地下水を大量に汲み上げて使っているが、地下水の水位が低下し、新たな問題が起こる恐れもある。生物種の急減やサンゴ死滅海域の増加も地球温暖化が原因である。温暖化が、このように深刻化するまでの経過を見る。

二酸化炭素濃度の増大は産業革命が始まった一七五〇年代から始まった。一九五八年からハワイの観測所で計測されているが、地球温暖化と二酸化炭素濃度の増大が結びつけて論じられるようになったのは、一九八八年に米国中・西部を襲った記録的な大干ばつからである。

その直接的なきっかけは、世界的に著名な気象学者ジェームズ・ハンセン米国航空宇宙局（ＮＡＳＡ）ゴッダード研究所教授が八八年六月、上院エネルギー自然資源委員会の公聴会で気温上昇経過の

図9　地球の地上気温の変化と将来予測(1000〜2100年)

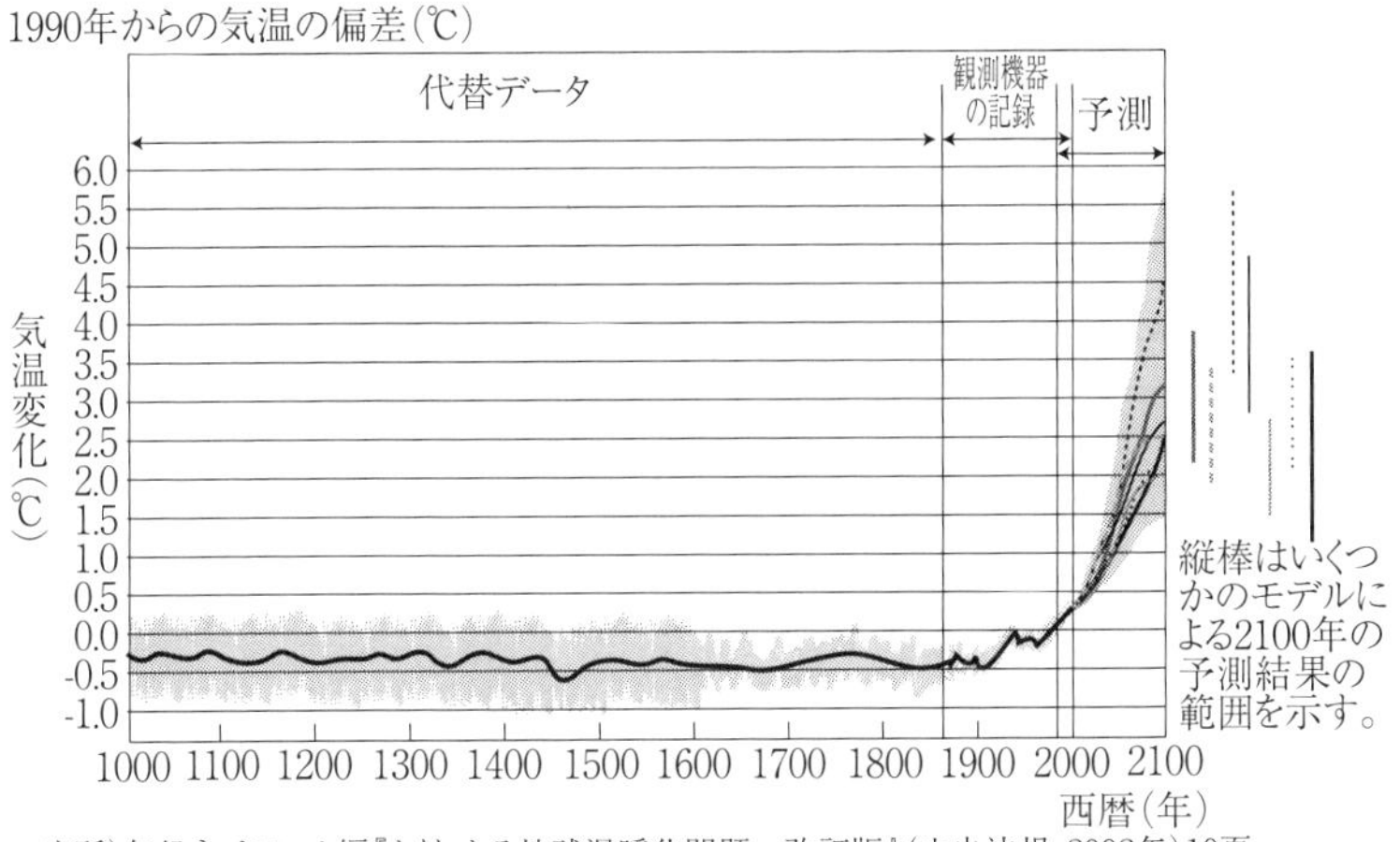

出所)気候ネットワーク編『よくわかる地球温暖化問題　改訂版』(中央法規、2002年)10頁。

分析などを基に米国中・西部の記録的な大干ばつについて次のように証言したことである(1)。

「われわれのコンピュータ・シミュレーションによれば、温室効果は異常気象を起こし始めるのに十分なほど大きくなっている。最近の異常気象、とりわけ暑い気象が地球温暖化と関係していることは九九パーセントの確率で正しい。私見では温室効果は今や気候を変えつつある」

一九八八年九月の国連総会は、この年までに燃え上がった地球温暖化、オゾン層の破壊、熱帯雨林の急減、砂漠化の進行、生物多様性の喪失など山積する地球環境問題への取組みが中心議題となった。効果的な対処方策を講じなければ、地球環境は危機的状況になるというのが、国際社会の一致した考え方であった。

九月二十七日、ゴルバチョフ・ソ連大統領の新思考政治の外交面を担うシェワルナゼ外相が国連総会本会議で、国際社会が地球温暖化の解決に真剣に取り組むよう呼びかけ、大きな反響を呼んだ[2]。

「現在は、われわれの環境に対する脅威が確実に迫っている初めての時だろう。通常の軍事手段を用いた国レベルや世界レベルの安全保障という伝統的な考え方は今や完全に過去のものとなった。環境破壊による破局が迫るなかで、イデオロギー的世界の二極化という対立の図式は退けられる」

シェワルナゼは、こう述べた後、二つの提案をした。その一つは地球環境問題に対処するため、国連人間環境会議二十周年に当たる一九九二年六月、環境をテーマとする大規模な国際会議を開催すること、もう一つはＵＮＥＰ（国連環境計画）を、国連の中の最重要組織である安全保障理事会並みの機関に強化・格上げすることであった。シェワルナゼ外相の提案を機に、国連環境会議開催の機運が高まった。

気候変動枠組み条約づくりの経過

一九八九年に入ると、オランダ、ノルウェー、フランスの三人の首相が地球温暖化を防ぐための条約づくりを提唱、三月十日、「地球大気に関する首脳会談」（ハーグ）が二四カ国の参加を得て開かれた。会議では地球温暖化を防ぐための方策について協議、討議の末、温暖化防止に有効な対策を可能になるよう基本的な条約（地球温暖化防止条約）などの検討に着手すべきであるという合意が成立、「ハーグ宣言」にこれを盛り込んだ。

五月の国連環境計画（ＵＮＥＰ）管理理事会（ナイロビ）は地球温暖化に対処する枠組み条約を早期に制定、「気候変動に関する政府間パネル」（ＩＰＣＣ）が中間報告をまとめる一九九〇年十月頃から条約づくりの外交交渉に着手することを決議した。十二月の国連総会本会議で、一九九二年六月にブラジルのリオデジャネイロで「環境と開発に関する国連会議」（通称・地球サミット）を開催することが決定された。

国土が低地のオランダは温暖化により海面上昇の被害を受ける恐れがあるとして温暖化防止対策に熱心に取り組み、十一月、UNEPと世界気象機関（WMO）の協力を得て「大気汚染と気候変動に関する環境相会議」をオランダのノールトヴェイクで開いた。この会議で、オランダは二酸化炭素の排出削減について要旨次のような提案をした。

「先進国は二〇〇〇年より遅くない時期までに二酸化炭素の排出を現状レベルに安定させる必要性を認識し、二〇二五年までに二酸化炭素の排出を二〇パーセント削減する案の実現可能性を検討することに合意する」

このオランダ案を基に討議と各国意見の調整が行なわれ、その結果、合意が成立し、次のような趣旨の「ノールトヴェイク宣言」が採択された[3]。

(1) 先進国は国連の「気候変動に関する政府間パネル」（IPCC）および一九九〇年十月の第二回世界気候会議で検討されるレベルで、できるだけ早期に温室効果ガスの排出を安定化させることなどに合意する。多くの先進国は遅くとも二〇〇〇年までに温室効果ガス排出の安定化を達成すべきである。

(2) 発展が十分でない先進国は、発展に応じた削減目標を設定する。

(3) 開発途上国には技術的、財政的支援が必要である。

(4)　気候変動に関する枠組み条約は遅くとも一九九二年までに締結する。

注目の第二回世界気候会議が一九九〇年十月二十九日から十一月三日まで、一二〇カ国・国際機関の出席を得てジュネーブで開かれた。会議では、八月に合意されたIPCCの報告書を基に科学的な見地から先進諸国が温室効果ガス排出を安定化するための努力目標について検討した。その結果、「先進国は二〇〇五年までに二酸化炭素の二〇パーセント削減を目指すべきである」との合意が成立した。

UNEPを始め、世界の環境関係機関による「気候変動枠組み条約」づくりが九二年六月の「環境と開発に関する国連会議」での調印を目標に、精力的に進められ、九二年五月九日、「気候変動枠組み条約」が採択された。

「地球サミット」と温暖化対策

一九九二年六月三日、「環境と開発に関する国連会議」（地球サミット）がリオデジャネイロ郊外のリオ・セントロ国際会議場で始まった。冒頭、挨拶に立ったガリ国連事務総長は次のように述べた。(4)

「人類は地球上の他の生物とともに共存する。このため経済成長のあり方を根本から見直す必要に迫られている。この地球に住む人々全員の行動がなければ我々の目標を達成することはできない。リオ精神とも言うべき会議の精神が世界中に広がり、我々が常に子どもたちの未来と地球について考えるようになるべきである」

次に二十年前の「国連人間環境会議」（ストックホルム会議）の際も事務局長を務めたモーリス・ストロング「地球サミット」事務局長がこう演説した。

史上最初の大規模な環境問題の国際会議、ストックホルム会議（国連人間環境会議）から20周年を記念して開催された「地球サミット」（環境と開発に関する国連会議。リオデジャネイロ）の開会式。国連加盟国178カ国中、172カ国が参加、NGOを中心に約4万人が集まった。1992年6月3日、筆者写す。

「ストックホルム会議から二十年間の世界は多くの問題を積み残したままだった。『アジェンダ21』は人類がかけがえのない地球を後世に伝えるための英知であり、避けて通れない道でもある。『アジェンダ21』を実現するための国際協調が、傷ついた地球を再生させる道であると信じる。政府と国民の実行力が試される」

ストロングの言う「アジェンダ21」は環境保護と経済開発の目標を統合し、持続可能な開発の概念を基に環境を保全していこうという行動計画で、最も高い政治的レベルで合意された。

「地球サミット」は一七二カ国の政府・地域代表と八国連機関代表が参加し、史上最大の国連会議となった。会期中、大多数の政府代表が代表演説の中で「持続可能な開発」に基づく環境政策の重要性を指摘した。

「持続可能な開発」は日本の提案で設置された国連の特別委員会「環境と開発に関する世界委員会」（委員長・ブルントラント・ノルウェー元首相）が一九八七年二月、提言した地球環境保全に関する考え方である。これは、一言でいえば現在の世代は将来の世代が享受する経済的、社会的利益を損なわない形で、環境を利用していこうというもので、「地球サミット」の場で環境保全の基本的な理念として認められ、今もキーワードとなっている。

「地球サミット」では気候変動枠組み条約、生物多様性条約の調印が始まり、森林保護のための森林原則、開発と環境に関するリオデジャネイロ宣言が採択された。気候変動枠組み条約は「地球サミット」で調印が始まり、会議の期間中、米国を含めて一五五カ国が条約に署名した。

条約の発効に必要な五〇カ国が九四年三月二十一日までに批准、発効し、九七年に開く第三回締約国会議（京都会議）で加盟各国の一定の期限を設けた削減目標値を盛り込んだ議定書の採択を目指すことになった。

温暖化防止交渉の難航

九七年十二月一日、京都会議が始まった。米国の政府代表団は「温室効果ガスの排出量を、最大で二〇一〇年までに一九九〇年レベルに安定化させる」という「ゼロ削減案」を引っ下げて会議に臨んだ。条約批准権を持つ議会上院が七月二十五日、米国の経済に悪影響が出る場合には、米国は京都会議で採択される温室効果ガス削減文書に署名すべきではないことなどを盛り込んだ議案を全会一致で採択したためである。

リオデジャネイロ国際会議場で1992年6月3日から始まった「地球サミット」の気候変動枠組み条約の署名。中央は署名するコロル・ブラジル大統領。右端はガリ国連事務総長。（毎日新聞社提供）

米国がゼロ削減の主張を譲らず、京都会議の審議の膠着状態が続いていた十二月八日、アル・ゴア副大統領が政府専用機で急きょ来日、先進国間の話し合いの場に出席した。ゴアは米国が温室効果ガスの削減目標値を五～七パーセントに設定することを認める代わりに、排出権取引制度を導入するよう提案、先進諸国の合意を取り付けた。これにより、十日夕、目標値が米国七パーセント、日本六パーセント、EU八パーセントと決まった。(5)

京都議定書は一九九七年十二月に辛うじて採択されたが、この後の条約の細則を決める交渉も長引き、条約が発効したのは二〇〇五年二月十六日だった。気候変動枠組み条約の調印開始（一九九二年六月の地球サミット）から各国の具体的な削減目標の設定（一九九七年十二月の京都議定書採択）まで五年、目標設定から温室効果ガス削減の諸規則などの決定、関係国の批准を終えて条約の発効（二〇〇五年二月）までに八年。結局「環境と開発に関する国連会議」（略称・地球サミット）での調印開始から発効までに十二年八カ月を要したことになる。

地球温暖化防止対策はオゾン層保護対策と対照的に、多くの先進各国が主要な原因物質である二酸化炭素の削減を経済成長の足かせになると受け止めた。「国益にならない」として削減に消極的な国が多く、このために削減交渉は難航を極めた。

「京都議定書」の目標は二酸化炭素（CO_2）など六種の温室効果ガスを二〇〇八年から二〇一二年までの約束期間中に先進国締約国全体で一九九〇年比五パーセント以上削減することとされ、各国ごとに削減目標が設定された。しかし、温暖化防止対策が本格化するまでの十二年八カ月もの間、有効な削減策が取れなかった。その影響は大きく、一九九〇年代後半から南極や北極、山岳氷河の融解が急ピッチで進行し始めた。

一九九七年一月、ペルー沖から中部太平洋赤道域にかけて海面水温が高くなるエルニーニョ現象が始まり、翌九八年夏まで世界各地に異常気象が頻発した。その結果、高い海水温に弱いサンゴが白化現象を起こして広範な海域で死滅、東南アジアやオーストラリアでは乾燥のために葉に油分を含むユーカリなどの樹木の多い森林で大規模な火災が発生した。

米国とカナダの京都議定書離脱

京都議定書発効前の二〇〇一年三月二十八日、ブッシュ米国大統領が「京都議定書には反対である」として、議定書からの離脱を宣言した。大統領に就任して三カ月後のことである。米国は世界で最も多量のエネルギーを消費する国。米国の一次エネルギー消費量に占める化石燃料の割合を供給源別に見ると、二〇一二年の場合、石油三七パーセント、石炭二〇パーセント、天然ガス三〇パーセントである。

化石燃料の大量消費により、米国の二酸化炭素排出量が世界の総排出量に占める割合は経済成長に連動して増え、一九九〇年の二二パーセントから二〇〇〇年には二四パーセントに増加した。二〇〇八年九月のリーマンショックにより経済が低迷すると、二酸化炭素排出量が減少、二〇〇九年には一七・九パーセントに低下した。二〇一〇年、景気回復に伴い、排出量も再び増加したが、その後二年連続で排出量が減少、二〇一二年の排出量は一九九四年以来の最低水準に達した。

経済活動が拡大し、国内総生産（ＧＤＰ）が増加したのに、二酸化炭素の排出量が減少したのは、石炭消費が激減し、天然ガスと風力がそれに代わったことが大きな影響を及ぼしている。このほか自動車の買い換えで燃費のいい車が増え、移動に必要な燃料が減少したことも影響している。

条約発効の六年十ヵ月後に当たる二〇一一年十二月十二日、カナダ政府が京都議定書からの離脱を発表した。京都議定書では二〇〇八〜一二年の五年間平均値で、削減目標を国ごとに決めている。達成できなかった場合、罰則として次の削減義務の期間で超過分の一・三倍の排出量が上乗せされる仕組みもある。カナダの離脱は、今後の削減義務を負わないだけでなく、現行の義務まで放棄し、途上国支援の仕組みなどを含めた議定書のすべてからの脱退である。

カナダが京都議定書を離脱した主要な原因は、カナダ政府が積極的に推進してきた天然資源タールサンドの開発により、多量の二酸化炭素を排出したためである。ノルウェーもタールサンドから石油を生産しているが、ここではカナダと違って独自の技術を基に二酸化炭素の排出量を六五パーセント削減している。カナダはタールサンド開発により二酸化炭素が急増しても、ノルウェーのような排出削減対策は何ら実施しなかった(6)。

その結果、二〇〇五年には二酸化炭素の排出量が一九九〇年比三二・七パーセントも増加した。二〇〇七年四月、カナダのベアード環境相は京都議定書の目標である「一六パーセント削減」について「議定書の目標達成は経済的負担が大きすぎ、期限の二〇一二年までに達成することは不可能」として、新しい温暖化対策を発表したが、その四年八カ月後の二〇一一年十二月、議定書からの離脱を決めた。

オーストラリアは一九九七年十二月に採択された京都議定書により温室効果ガスを八パーセント削減するよう求められたが、ハワード保守連合政権（自由党、国民党）は同議定書を批准しなかった。二〇〇二年と二〇〇七年に大干ばつがオーストラリアを襲い、その原因が地球温暖化の影響であるとする見方が有力になり、温暖化防止対策を取らないハワード政権に対する批判が強まった。二〇〇七年十二月の総選挙では野党の労働党が勝利し、党首のケビン・ラッド首相が京都議定書に署名、対策に着手した。

二〇一三年九月の総選挙で、トニー・アボット自由党党首の率いる保守連合が勝利した。同政権は二〇一四年、「再生可能エネルギーによる発電を二〇一〇年までに二〇パーセント前後に拡大する」としてきた労働党政権の目標を大幅に引き下げ、代わりに資源の豊富な石炭や天然ガスを燃料とする火力発電重視の政策に転換した。このため二酸化炭素の排出量が増加した。

温暖化による気温の急上昇

気温一℃上昇ごとの被害状況

二〇一四年四月十三日、ベルリンで開かれていた国連の「気候変動に関する政府間パネル」(IPCC)の第一～第三の各作業部会が温室効果ガス削減策に関する新しい評価報告書(第5次報告書の一部)をまとめ、全文を公表した。IPCCは、まず「温室効果ガスの排出をこのまま放置すれば、二一〇〇年の世界の平均気温は産業革命以前に比べて摂氏三・七～四・八℃も上昇し、気候変動によって地球環境に重大な影響(激変)を及ぼす恐れがある」と判断、今世紀末の世界の平均気温は最大で四・八℃、海面は同八二センチメートル(上昇幅は二六～八二センチメートル)上昇する」と予測した。

報告書によると、世界の温室効果ガス排出量は石炭、石油などの化石燃料の使用によって増加し、二〇一〇年には二酸化炭素(CO_2)換算で四九五億トンとなった。これは産業革命前の排出量と比べて推計約一・四倍である。一方、大気中の二酸化炭素の濃度については、世界気象機関(WMO)が二〇一四年九月九日、「二〇一三年の地球の年平均濃度は一九八四年の測定開始以来、最高値の三九六ppm(一ppmは百万分の一)を記録した」と発表した。

二〇一四年四月十日、米国海洋大気局はハワイ島マウナロア観測所(標高三三九七メートル)で測定している大気中の二酸化炭素濃度が初めて四〇〇ppmを超えたと発表した。二酸化炭素濃度は産業革命前の一七五〇年、二八〇ppmと推定され、過去二百六十四年間に間に一・四三倍増加したことになる。IPCCは『第4次報告書』の中で、地球温暖化の原因が人為的な温室効果ガスの排出によって起こる確率は「九九パーセントを超える」と記述し、この見解が定着している。

IPCCは環境の激変を避けるためには一八五〇年の産業革命以降、今世紀末までの平均気温の上昇を二℃未満に抑える必要があると判断した。気温上昇を二℃未満に抑制する必要性をIPCCが強調する理由は何か。これを説明するためにIPCCは報告書の中で、平均気温が一℃上昇するごとに、環境や農業生産などに現われる影響を分析している。

分析によると、平均気温が一℃程度上がると、熱波や干ばつ、洪水が増え、死者や病気になる人が増加する。半面、高緯度地域では穀物の生産性が上昇する。気温が二℃上昇すると、乾燥地帯では渇水や干ばつがひどくなり、砂漠化が進み、食料・水不足などに悩まされ、難民となって移動する人が増える恐れがある。また動物や植物の種の絶滅するリスクが増し、被害が目立つようになる。

気温上昇が三℃を超えると、食料生産が大幅に低下し、沿岸湿地の三〇パーセントが失われる。気温が四℃を超えると、四〇パーセントを超える生物種が絶滅の危機にさらされるなど生態系に甚大な影響が現われる。対策強化の場合と対策を取らない場合の違いを示したのが九八頁の表4である。

地球温暖化がもたらす主な被害は次のとおりである（表1を参照）。

(1) 南極や北極圏、高山の氷を解かし、これに海水の膨張が加わって海面が上昇する。その結果、大陸沿岸の低地や河口・デルタ地域、サンゴ礁からなる島しょ国は水没の危機にさらされる。

(2) もともと降水量が少なかった地域では、ますます降水量が減少、半乾燥地域や乾燥地域では干ばつが発生しやすくなる。熱帯と亜熱帯、特に亜熱帯の大部分の地域では、気温の上昇に水不足

表1　IPCC第5次報告書が指摘する主な温暖化影響

- 海面上昇や高潮で低地沿岸部・島しょ被害
- 洪水の発生により大都市部で起こる被害
- 異常気象による電気や水道などの機能停止
- 熱波による都市部などでの死亡や健康被害
- 干ばつなどによる食料供給システムの崩壊
- 水不足で農作物が減産、農民・牧畜民に被害
- 海洋生態系の損失により漁業に悪影響
- 陸域や内水生態系と生物多様性の喪失

が加わり、農作物の生産量が減少する。このような地域では灌漑農業や生活用水の不足を地下水の汲み上げに頼らざるを得ないが、過剰な汲み上げは地下水の枯渇を招く恐れがある。

(3)　降水量の多かった地域では豪雨が頻発、洪水被害や土砂災害が頻発する。台風、サイクロン、ハリケーンは大型化し、甚大な被害を発生させる。

(4)　気温の上昇による暑さのために熱中症患者、死者が増加する。また動物や昆虫、飲料水の媒介による感染症（マラリア、コレラ、エボラ熱、テング熱など）の罹患者が増加する。

ＩＰＣＣは、このような環境の激変を避けるためには一八五〇年の産業革命以降、今世紀末までの平均気温の上昇を二℃未満に抑える必要があると判断した。

ＩＰＣＣは、この目標を達成するための具体的な削減対策を提言した。その対策とは、「二〇五〇年時点の世界の温室効果ガス排出量を二〇一〇年比で実質的に四〇～七〇パーセント削減し、今世紀末までにほぼゼロか、それ以下にする必要があるというものである。気温の上昇を二℃未満に抑制するためにＩＰＣＣの報告書は主に次の三つの対策を提唱した。

(1) 当面は石炭火力発電所を天然ガス火力発電所に転換する。
(2) これと併行して太陽光発電や風力発電などの再生可能エネルギーや原子力発電といった低炭素エネルギーの比率（現在、一七パーセント）を二〇五〇年までに三～四倍に拡大する。
(3) 交通、建物、産業分野での省エネ技術の普及を促進する。

二〇〇七年の第4次報告書では原発を温室効果ガス削減のための重点技術と位置づけ、将来のシェア拡大を見込んでいたが、今回の報告書では「安全性や使用済みの放射性廃棄物など未解決の問題がある」とリスクを強調、従来と比べて位置づけが大きく変わった。

IPCCは「今世紀末二℃未満」の目標を達成するための具体的な削減対策を二〇一四年三月、提言した。その対策とは、「二〇五〇年時点の世界の温室効果ガス排出量を二〇一〇年比で実質的に四〇～七〇パーセント削減し、今世紀末までにほぼゼロか、それ以下にする必要があるというものである。二〇一四年三月時点の濃度は既に四〇〇ppmを超えており、IPCCは「四〇〇～四四〇ppmの二酸化炭素濃度レベルが継続すると、気温は二・四～二・八℃上昇する」と予測している。仮に年二ppmずつ濃度が増加すれば、早くも二〇三九年に四五〇ppmを超えてしまう計算。産業革命前から今日までに既に〇・八五℃上昇しているので、「上昇限度」とされる二℃まであと一・一五℃しか残されていない。今世紀末に四五〇ppm未満に抑制する目標の達成は相当に厳しいと見なければならない。

報告書は仮に、温室効果ガス排出量削減が遅々として進まず、世界の温室効果ガス排出量が二〇三〇年に五五〇億トンを超えた場合、大気中の二酸化炭素を未開発の技術を用いて除去する対策が必要になり、この場合は対策の費用が余計に掛かるとした。

石炭・石油は温暖化の「主犯」

現在、世界のエネルギー需要の約八五パーセントが化石燃料で賄われている。化石燃料には石炭、石油、タールサンド（二〇〇三年、カナダ産のタールサンドが石油と同類と認められた）、シェールガスなどがある。

石炭や石油などの化石燃料の消費は今も増え続け、二酸化炭素が気温を上昇させ、温暖化の主要な原因となっている。化石燃料の使用は太古の昔に原始生物が長時間かけて固定し地中深く閉じ込められた二酸化炭素を大気中に戻してしまったことになる。

化石燃料の燃焼により世界中で排出される二酸化炭素の総排出量は二〇一二年に史上初めて三四五億トン（炭素換算）に達した。一七五〇年から二〇一一年までに人間活動により排出された二酸化炭素の累積総量は三七五ギガトン（同。一ギガトンは一〇億トン）。化石燃料の燃焼は温室効果ガス排出総量の九割を占めている。

化石燃料のうち、二酸化炭素の排出量が最も多いのが、石炭の燃焼である。世界の石炭消費量は年間七〇億トン以上にのぼる。石炭は価格が安いために火力発電の燃料として多用され、世界の電力の四割を供給している。このため石炭火電からの二酸化炭素排出量は多く、全石炭火電の二酸化炭素排出量合計は電力部門からの排出総量の七割以上を占めている。

石炭火電については、デンマーク、ニュージーランドが既に新規建設を禁止し、ハンガリーは二〇一〇年、カナダ・オンタリオ州は二〇一四年までに全廃した。スコットランドは二〇二五年までの全廃目標に沿って段階的に削減している。

米国と中国は、二酸化炭素を多く出す石炭を多く使ってきた。米国は、二〇〇七年頃まで削減対策に力を入れず、炭素排出量を増加させてきた。二〇〇〇年の米国の一人当たり炭素排出量は五トンで、世界最大。中国の排出量の二倍を超える。

一方、中国の石炭消費量は経済成長に伴い、増加の一途。その消費量は二〇〇〇年の一四・一億トンから年平均九・二パーセントずつ上昇、二〇一〇年には三三・九億トン。このため中国の二酸化炭素排出量は二〇一二年時点で世界の総排出量三五六億トンの二九パーセントを占め、トップとなった。二番目が米国の一五パーセント。ちなみに欧州連合（EU）は一一パーセント、インド六パーセント、ロシア五パーセント、日本四パーセントだった。インドはロシアを抜き、中国、米国、欧州連合（EU）に次ぐ世界第四位の二酸化炭素排出国となった。

石油や石炭を使い続けると、地球温暖化が進行する。二酸化炭素の排出量を大幅に減らさなければ、現代文明が崩壊する恐れさえ出てきたため、化石燃料からの脱却が急務とされている。今後、人類社会が化石燃料に代わる、頼るべきエネルギー資源は環境影響を生じないうえ、無尽蔵の太陽光、風力、バイオマス、地熱などの再生可能エネルギーや水素エネルギーしかないと見られ、今世紀初め頃から再生可能エネルギーの拡大政策が世界的に取られるようになった。また、再生可能エネルギーが確保できるようになるまでの繋ぎの期間は石油、石炭と比べて二酸化炭素排出量の格段に少ない天然ガスを利用する機運になっている。

米国のシェールガス革命

今世紀初め、米国で地下数百〜数千メートルの層にある硬い岩盤の頁岩《けつがん》に含まれているシェールガスを取り出す技術が急速に進み、その生産が本格化した。シェールガスはガス田から採取される従来型の天然ガスとは異なり、頁岩（シェール層）から採取される新しい天然ガス。シェールガスを燃やした時、排出される二酸化炭素は石油に比べてかなり低い。これを燃料とした火力発電所の二酸化炭素排出量は石炭火力発電所の半分で済むと言われる。

シェールガスの生産が本格化すると、火力発電所などで石炭からシェールガスへの燃料転換が急速に進み、米国の発電関連の二酸化炭素排出量は二〇〇七〜二〇一二年の五年間で四億五〇〇〇万トン減少した。二〇一四年六月、米国のオバマ大統領が「火力発電所からの二酸化炭素排出量を二〇二〇年までに二〇〇五年比で一七パーセント、二〇三〇年までに同三〇パーセントそれぞれ削減する」と発表した。

米国環境保護庁（ＥＰＡ）は、この目標を達成するため新規の石炭火力発電所の認可を事実上、凍結するとともに、二酸化炭素の排出量の多い石炭火力発電所約一〇〇〇施設を対象に、州ごとに排出量の上限を設定、排出総量を大幅に減らす計画を進めた。シェールガスの生産拡大により、米国では同じ期間中に、三〇〇カ所のウインド・ファームが稼働、風力発電容量が二万一〇〇〇メガワット増えた。だが代替エネルギーの利用や省エネルギーを強力に推進しても、当面は石炭火力や石油火力による電力生産を縮小しながら続ける見通しである。

シェールガスの生産拡大により、二〇一四年十月までに全米で約五〇万人を超える雇用を生んでいる。ただシェールガスの採掘については、生産過程で地下水が汚染される恐れがあるとの批判があり、激しい論争も起きている。

温暖化がもたらす深刻な水不足

農業の発展を阻む降水量の減少

地球温暖化は地球環境に様々な悪影響をもたらすが、とりわけ人類に深刻な影響をもたらすのは水不足である。地球温暖化が進んでいるため、ヒマラヤ山脈と青海・チベット高原に蓄えられている膨大な量の山岳氷河は今、加速度的な勢いで融解してガンジス川、プラマプトラ川、インダス川、メコン川、タンルウィン川、長江、黄河、イラワジ川の八河川に注いでいる。

これらの大河流域では灌漑農業が発達している。灌漑農業がアジアに集中しているのは、山岳氷河の融解水が八河川の流域で農耕に利用されているためである。国連の「気候変動に関する政府間パネル」（IPCC）は今のペースで温暖化が進行すれば、やがてここに源流を持つアジアの八つの大河川の水の流れが激減すると予測した。将来、ヒマラヤ山脈と青海・チベット高原の氷河の融解が進み、八河川の水量が減少して流域の農民が川の水を農業用水に利用できなくなった場合には、食料生産が困難になり深刻な問題に発展することは間違いない。飲料水にも事欠く地域が出るだろう(7)。

このような事態はヒマラヤとチベットに限らず、アルプス山脈、アンデス山脈、ロッキー山脈など全世界の山岳氷河の関係流域で起こる。地球温暖化が進行して気温が大きく上昇すれば、山岳氷河が解ける。例えばペルーのアンデス山脈の氷河は温暖化が今のペースで進めば、二〇二〇年代に消滅すると見られている。[8]

山岳氷河の融解水が流入する河川の下流流域で農業を営んでいる人は世界人口の四〇パーセントを超える。この融解水が流入している河川の水量が減れば、下流の農業従事者と農業に直接、深刻な影響をもたらす。

これを受けて、レスター・ブラウンは大型コンピューターを使って温暖化が引き起こす海面上昇や農業への影響について試算、その結果に基づき次のように予測、深刻な水不足を引き起こさないためには二酸化炭素の排出量を二〇二〇年までに八〇パーセント削減する必要があるとした。

(1) グリーンランドの氷床が全て解けると、米を生産しているアジアの河川デルタや、世界の沿岸地にある都市のほとんどは、水面下に沈んでしまうだろう。

(2) 二〇二〇年までに二酸化炭素の排出量を八〇パーセント削減しなければ、IPCCの予測どおり穀倉地帯の農業が大打撃を受け、大量の環境難民が出る。

山岳氷河の融解が進んで起こる河川流域農業地帯の水不足は、海面上昇による都市の水没と並んで、地球温暖化がもたらす最も恐るべき脅威である。

温暖化・水不足で減る穀物生産

地球上の水の九七・五パーセントが海水で、淡水は二・五パーセント。河川や湖など人が利用しやすい淡水は〇・〇一パーセントしかない。この僅かな淡水を農業用水七、工業用水二、生活用水一の割合で使っている。このうち農業用水について見よう。

古来、農家は灌漑農業に必要な水を河川からの引水か地下の帯水層からの汲み上げのどちらかで利用し、農作物を栽培してきた。田畑に水を引く灌漑農地の面積は数千年前、メソポタミアで人類が農耕生活に入ったときから増加の一途。一九〇〇年までに四八〇〇万ヘクタール、一九五〇年までにその二倍近い九四〇〇万ヘクタール、そして二〇一四年現在は約二億六〇〇〇万ヘクタールにまで増加した。

世界の灌漑農地は現在、耕地面積全体の一七パーセント。世界で生産されている食料の約四〇パーセントがこの灌漑農地で生産されている。

穀物を一トン生産するためには水が一〇〇〇トン必要と言われる。二十世紀後半の五十年間に人口増加と、これによる灌漑面積の増加などから水需要は三倍に増え、水不足が世界的に深刻化した。水さえあれば人口増加に伴う農産物の増産が可能になるが、水がなければ農業そのものが成り立たない。水は人が生活するうえで最も大事な資源の一つである。

ところが農業に欠かせない降水が地球温暖化で減少し始めた。国連の「気候変動に関する政府間パネル」（IPCC）が二〇一四年三月三十一日に公表した第5次評価報告書（一部）は地球温暖化の進行により乾燥地域や亜熱帯地域では降水量が一層減少し、飲料水や農業用水が不足すると予測している。IPCCは、この報告書の中で、「地球温暖化の進行で気温が一℃上がるごとに食料生産が受ける打撃が大きくなる」と次のように指摘している。

(1) 十八世紀半ばの産業革命当時より気温が二℃上昇した場合、温帯、熱帯地域で小麦、コメなどの穀物生産量が減る。
(2) 四℃以上上昇すると、世界的な食料危機を招きかねない。
(3) 気温が四℃を超えると、後戻りできない環境の激変が起こる恐れがある。

IPCCは今世紀末までに二℃以下に抑える必要があると強調しているが、今のペースで温室効果ガスが排出されていけば、気温が上昇し、降水量が今よりさらに減少して穀物の生産量が減ると見なければならない。地球温暖化による水不足は人口爆発と密接不可分。降水量が減少する中で人口が急増するため、水不足がますます厳しい状況になる。

二〇一四年現在の水不足国に分類されているのはアフリカ、アジア、中東、中南米の三四カ国。国連環境計画(UNEP)が二〇〇七年十一月に公表した報告書『第4次地球環境概況』(GEO4)は世界全体で二〇二五年までに水不足になる人の数を一八億人と推定した。

世界の人口は現在、年間約九九〇〇万人ずつ増えており、人口増加に伴う食料需要増に対応するためには農地の拡大が必要である。しかし既に農耕に適した土地はほとんどが農地に転換されてしまい、新たな耕地の増加は困難になっている。半乾燥地など水の不足しているところでは、肝心の灌漑用水が確保できないために耕地を増やせない。

今後人類の未来にとって最大の脅威になるのは耕地不足よりも温暖化による水不足である。これからの農業生産は耕地不足と水不足というダブルの制約を受け、人口増加に伴う食料需要に応えられない恐れが多分にある。

地下水全面依存の危うさ

河川水は河川から遠く離れたところでは利用できない。しかも地球温暖化の進行で降雨量が減少する地域が多く、世界的な水不足が広がっている。このため地下帯水層から汲み上げた水を灌漑に利用する地域が急増した。

ワールドウォッチ研究所の推定によると、現在、地下帯水層から汲み上げられている地下水の量は世界全体で一六四〇億立方メートルにのぼっている。

二〇一四年現在の水不足国三四カ国全体の穀物貿易量は世界の穀物貿易量全体のおよそ四分の一に当たる。どの国も、降水量が減り、年間の河川流量も減っているため、灌漑用水の不足を補うために地下水を過剰に汲み上げている。

二〇一三年現在、帯水層から過剰に汲み上げている国は中国、インド、米国、イラン、パキスタン、メキシコ、サウジアラビア、シリア、イラク、イエメンなど約一八カ国を数える。(9) このうち地下水が過剰に汲み上げられている代表的な国は中国、インド、米国の三カ国。これら三カ国の合計穀物生産量は世界の半分を占める。

汲み上げ量が最も多い国はインドで、全体の六三パーセントに当たる一〇四〇億立方メートル。中国は一八パーセントの三〇〇億立方メートル、米国は一四〇億立方メートル、北アフリカは一四〇億立方メートル、サウジアラビアは六〇億立方メートルである。以下に米国、中国、インド、中東の順で、水不足の実態を見る。

地下水を大規模に汲み上げて行なう代表的な農業の地が米国中西部、ロッキー山脈東側に位置するオガララ帯水層を利用した穀倉地帯である。カンザス、オクラホマ、テキサスなど八州の地下には、ロッキー山脈から流れ込んだ雪解け水が溜まり、琵琶湖の一五〇杯分、四兆トンの地下水を持つ巨大な帯水層がある。ここでは地下水を汲み上げ、トウモロコシや小麦などの穀物を生産している。オガララ帯水層で生産される穀物は全米の穀物生産量の一五パーセントを占めている。

オガララ帯水層は基本的には、新たな水が流れ込まない「化石帯水層」で、降水による新たな水の補給がないまま過剰な地下水汲み上げが続けられている[10]。この穀倉地帯の一部地区では既に水位が約三〇メートルも低下したところがあり、枯渇の兆候とされている。二〇二〇年以降は現在の水需要に対応できなくなり、二〇五〇年頃までには水不足でグレートプレーンの小麦栽培の灌漑農地面積を半分に減らさざるを得なくなると見られている。

オガララ帯水層は世界の地下水利用による穀倉地帯の中で、地下水の枯渇が最も深刻な状況にあり、灌漑農業に見切りをつけ、この地を去る農民も出て、テキサス州とカンザス州では灌漑面積が大幅に縮小している[11]。

日本は二〇一四年の食料自給率がカロリーベースで三九パーセント、食料のうち穀物の自給率（飼料用を含む。重量ベース）は二九パーセントと低い。オガララ帯水層の地下水を利用して栽培された穀物を米国から輸入している。仮に地下帯水層の枯渇などのために農作物の栽培ができなくなれば、米国からの輸入に頼っている日本は食料が不足して混乱が生じる恐れがある。食料自給率の低い韓国、台湾も同様のリスクを負っている。

中国北西部で地下水枯渇化の兆候

中国では降水量の八〇パーセントが長江流域や、それ以南の南部に集中し、北部の降水量はごく少ない。このため中国の一人当たりの水資源は世界平均の四分の一である。中国の華北地方では降雨量がごく少ないのに、全国の穀物収穫量の四割近くを生産している。この穀物栽培に必要な膨大な量の灌漑用水の大半を北部では地下水の汲み上げによって得ている。

中国北西部（人口約三億人）は、内陸深く入るにつれて寒暖の差の大きな大陸性気候となり、雨量も少なくなる。中国北西部の降水量の分布をみると、新疆ウイグル自治区、内モンゴル自治区、甘粛省西部、寧夏回教自治区の大部分は二〇〇ミリ以下。ところによっては一〇〇ミリに達しない、ひどい乾燥地帯もある。

黄河の上流・中流域では一九九四年に温暖化による気候変動が顕著に現われ、それ以来、年間降雨量の非常に少ない年が続いている。灌漑用水に黄河の水を使える地域は限られているため、帯水層から汲み上げた水を灌漑用水に使うしか方法がない。降水量が減った分だけ、地下水の汲み上げ量が増える傾向にある。降水量の減少傾向に連動するかのように、中国西部や北部では気温が上昇し、これに伴って降水量が減少傾向をたどるという悪循環に陥っている。

ＩＰＣＣが地球温暖化と中国北部地域の降雨量に及ぼす影響との関係について行なったシミュレーションの結果によると、降水量の少ない中国華北平原では、温暖化に伴い、降水量がさらに減少する傾向にある。華北平原では年平均一・五メートルずつ地下水位が低下しているが、農民たちは雨水によってほとんど涵養されない地下深部の帯水層からも、地下水を大量に汲み上げ、それを灌漑用水として使っている。その結果、華北平原の心臓部に当たる河北省では、深い帯水層の平均水位が年に三メートル近くも低下し、浅いところにある帯水層はほぼ枯渇していることが、二〇一〇年に発表された地下水調査結果報告書でわかった[12]。

穀倉地帯の華北平原で地下水枯渇が広がり、灌漑農業が成り立たなくなったとき、中国の食料供給にどのような影響が出るのだろうか。想像を絶する事柄である。

インド、豪州、米国の地下水依存

ガンジス平原に位置するインド・パンジャブ州は年間降水量が日本の三分の一以下の五〇〇ミリメートルしかない。このため地下水を大量に使用してインドの小麦の二二パーセント、コメの一二パーセントを生産して全国有数の穀倉地帯となっている。この地方の地下水位は過剰な汲み上げにより年平均一～三メートル低下し、井戸は次々と涸れ、それを補うためさらに井戸を深く掘るという悪循環に陥っている。

インドでは、帯水層に降水によって涵養される水の量の二倍以上を汲み上げているところが少なくない。過剰な汲み上げにより、地下水源が全て枯渇し、農業は全て降雨に頼るしか方法のない地域が出てきている[13]。農業用水を汲み上げすぎ、地下水が大規模に枯渇する事態になれば、インドの穀物収穫量は二五パーセント以上、減少するという試算もある。仮に地下水が枯渇する事態が発生すれば、大混乱が生じ、インドは確実に食料輸入国に転落する。

灌漑農業における世界の地下水使用総量は毎年推計一六〇〇億トン。これはナイル川の年間流量の二倍に相当する。穀物を一トン栽培するために必要な水は約一〇〇〇トンと言われている。降水量の減少に加えて、地下水の過剰な汲み上げにより、近年、地下帯水層の水位が急速に低下して水不足が穀物栽培の制約になっている耕地が増えている。

地球温暖化の影響でオーストラリア、アフリカのサハラ砂漠以南、米国中西部、中国北部、中東、北アフリカ、中央アジア、米国中部、オーストラリアなどでも降水量が減っている。降水量の減少などにより水不足になる人の数は二〇五〇年には四〇億人にのぼると専門家は予測している。現に、降水量の乏しい農業地帯では、灌漑用水に地下水を汲み上げて使用、過剰な汲み上げで地下水の水位が低下しつつある。そればかりか地下水への塩分混入や地盤沈下などの被害が起こっている地域もある。

過剰な汲み上げが長く続けば、将来的には地下水が枯渇し、深刻な食料不足が起こる恐れがある。水不足の実態をオーストラリア、アフリカのサハラ砂漠南縁以南、米国中西部について具体的に見よう。

オーストラリアでは二〇〇二年、〇六年、〇七年と三回、南部で記録的な大干ばつが発生、小麦生産が大打撃を受けた。二〇〇六年の大干ばつの原因は地球温暖化によってインド洋上で発生した乾いた空気が上空の気流によって運ばれてきたものである。この年、南西部の降雨量は一九五〇年代の半分しかなかった。

レスター・ブラウンは『地球白書2002年版』の中で「灌漑用水は、世界的にきわめて重要とされているおよそ一〇〇〇カ所の湿地のうち、半分以上に枯渇の脅威を与えている」と書いている。仮に地下水が過剰な汲み上げにより枯渇する事態になれば、地下水に頼っている世界各地の灌漑農業が重大な影響を受けるのは、もちろんだが、その農業地帯の農産物を大量に輸入している国も食料輸入難に陥る恐れがある。

穀物や野菜、畜産物の生産には多量の水が必要。例えば小麦一キログラムの生産には約一トンの水が必要である。畜産物の生産にも家畜の飼料などで多量の水を使う。多量の水が使われた穀物や野菜、畜産物の輸入は同時に多量の水を輸入していることを意味している。輸入穀物、畜産物、野菜を国内で栽培・飼育した場合に必要な水の量を仮想水（バーチャル・ウォーター）と言う。

日本は先述のオガララ帯水層で生産される穀物を中心に、米国から世界一多量の穀物を輸入している。東大生産技術研究所の沖大幹教授らの研究グループが、主要穀物五種と畜産物三種に絞って、その生産に必要な仮想水の総量を試算したところ、年間六二七億トンにのぼった。それらの輸入は間接的に水の輸入と同じである。日本で生産する場合に使われる水の総量は五七〇億トンなので、産物の輸入による間接的な水（仮想水）の輸入量は、それをはるかに上回る量である。食料自給率が低い日本はオガララ帯水層などの穀倉地帯の地下水の枯渇化傾向がより強まり、穀物生産が激減すれば、穀物輸入の抜本的な見直しを迫られる。代わりに大量の穀物を日本に輸出してくれる国はどこなのか。海外の灌漑用水の枯渇が日本にとって重大かつ深刻な問題となることは間違いない。

中東地域、サハラ以南の水不足

地下帯水層から汲み上げに頼っている地域では農業生産の収穫を多くするために過剰な汲み上げに走りがちである。過剰な汲み上げが続いたために、地下帯水層が枯渇した国がサウジアラビアである。

サウジアラビアは一九七三年、他のアラブ諸国とともに原油の輸出禁止措置を実施した後、多額の補助金を付けて灌漑農業による小麦生産を始めた。原油を輸入してきた国々が輸出禁止への対抗措置として穀物輸出を禁止することを恐れたからである。

サウジアラビアは地下水を利用して小麦の自給自足を続けたが、二〇〇八年初め、地下水のほとんどが枯渇したことに気づき、二〇一六年までに小麦の生産をやめることを決めた。サウジアラビアは過剰な汲み上げが地下帯水層を枯渇させ、それが穀物の収穫に大きな影響をもたらすことを、身をもって示した最初の国である。[14]

エジプトからモロッコまでの北アフリカ諸国と西南アジアの国々（以上、中東地域）も地球温暖化が進めば、今より降水量が少なくなる見通しである。「地球温暖化に関する政府間パネル」（IPCC）は中東地域を降水量の減少する中緯度地域の中心と位置付けている。

広大なこの中東地域の水需要は人口増加と産業の発展に伴い、今後も平均年率三パーセント近い伸び率で増え続け、二〇五〇年までに今より五〇パーセント増加すると予測する専門家もいる。アフリカ全体で見ると、一八カ国に住む約三億人以上の人々が二〇二五年までに水不足に直面すると予測されている。

とりわけ、水不足の深刻化する地域がサハラ砂漠南縁以南。ここでは温暖化が今のペースでさらに進めば、水不足に直面する人口が二〇五〇年までに二〇〇〇年初めと比べて二九パーセント増加すると予想されている。国際研究機関「国際食料政策研究所」（IFPRI）の予測によると、サハラ砂漠以南では地球温暖化の進行による降雨量の減少などで穀物生産量が減少、価格も高騰するため、二〇五〇年時点では子どものカロリー摂取量が低減するという。

世界人口は今世紀末までに三〇億人近く増加する見込みだが、その大半はサハラ砂漠以南や中東、南アジアなど地下水位が既に低下している地域で増加する。これらの地域では人口増加に伴い、水需要が増えるため、水不足が一層深刻化すると見られている。

温暖化で死者二〇万の大紛争

地球温暖化は大規模な紛争の種にもなる。サハラ砂漠の南に位置するスーダンのダルフール地方で死者が二〇万人も出たダルフール紛争の原因は、実は温暖化だった。この地方では温暖化の影響で乾燥化が進み、一九九七年頃からの二十年間に降水量が四〇パーセント程度減少した。この地方では非アラブ系黒人の農民とアラブ系の遊牧民が混在、かつて農民たちがアラブ系遊牧民と水を共有していた。しかし温暖化が進行して干ばつが深刻化すると、非アラブ系の農民たちが農地の周りに柵をめぐらし、遊牧民の放牧や水の利用を拒んだ。これがきっかけで、農民と遊牧民の間に紛争が起こったのである。

二〇〇三年、非アラブ系の農民が武装蜂起した。これに対しアラブ系遊牧民側は民兵組織を動員、農民を大量虐殺した。以来〇七年までの四年間の大規模な紛争で少なくとも死者二〇万人、家からの退去を強いられた人が二〇〇万人を超えた。潘基文《パン・ギムン》国連事務総長は、「本質的な問題は肥えた土地が足りないことである」と指摘、「灌漑、農作物の栽培を進める一方、医療や教育、衛生状態の向上に取り組むことが必要である」と述べた[15]。

ダルフールの紛争は地球温暖化による干ばつで食料と水が不足したために起こったが、アフリカには、ソマリアやコートジボワール、ブルキナファソなど、これと同様の問題を抱える国が少なくない。温暖化の進行に人口圧力が加われば、サハラ砂漠以南を始めとする乾燥地帯では、将来、食料と水をめぐる紛争が増える恐れがある。

地球温暖化が紛争の原因になり、紛争がやがて大規模な内戦に発展したケースはスーダンのダルフール地方に留まらない。中東・シリアのハブール川沿岸地域でも起こった。

米国海洋大気局の調べによると、地中海沿岸地域では一九七〇年代半ば以降、二〇一四年までの約四十年間に地球温暖化の進行に起因する干ばつが著しく進行した。

二〇〇六年、シリアのユーフラテス川支流ハブール川が地球温暖化で干上がり、流域一帯が干ばつに襲われた。地中海沿岸諸国のうち特に干ばつの影響が深刻化だったのが、シリアを中心とする一帯だった。

シリアの干ばつは二〇一〇年まで四年間続き、二〇〇万を超える住民が飢えと貧困に苦しみ、うち一〇〇万を超える人々が土地を追われて難民や国内避難民となった。当時、スーザン・ライス米国大統領補佐官（国家安全保障問題担当）は「シリアの干ばつは過去四十年間で最悪」と指摘、干ばつが政情不安の原因になることを危惧していた。

深刻な干ばつによる極度の貧困と飢えが四年間も続いたのに、アサド政権は何の対策も実施しなかった。それればかりか、同政権は抑圧的な政治を行なった。このため国民の間に不満やストレスがうっ積、きっかけがあれば、それがいつでも爆発しかねない危険な状況になっていた。

二〇一一年三月、シリア南部の町、ダラーの学校で十代の少年たちが校舎の壁に「民衆はバッシャール・アサド政権の崩壊を求める」と落書きをした。これに激怒した警察は一五人を逮捕、拷問した。抗議デモは治安当局の弾圧を受けたが、インターネットが媒体となり、全国で数万人規模に広がり、市街戦に発展した。やがて市街戦は内戦にエスカレートし、国連難民高等弁務官事務所の報告（二〇一四年八月二十九日）によると、登録されただけでもレバノン、ヨルダン、トルコなどの諸外国に逃れた難民は三〇〇万人を超えた。シリアの国内避難民の数は二〇一四年二月現在、六五〇万人以上と推計されている。

国連安全保障理事会は二〇一一年十月四日、アサド政権に対し人権侵害と暴力を即時停止するよう求める欧米とアラブ諸国共同の決議案を提出した。この決議案には一五カ国中、一三カ国が賛成したが、ロシアと中国が拒否権を行使し、否決された。武力弾圧の停止を求める決議案は、その後も二〇一二年十月、一三年二月、同年七月の三回提出されたが、いずれもロシアと中国の拒否権行使により、葬り去られた。

二〇一五年七月現在、シリアではアサド政府軍、反アサド自由シリア軍、IS（イスラム国）軍、アルカイダ系のアル・ヌスラ戦線などが入り乱れて戦い、トルコは反アサド軍を、サウジアラビア、米国、EUは反IS軍と反アサド軍を支援して、それぞれ戦闘を続けている。

地球温暖化の進行により、乾燥地帯や半乾燥地帯の降雨量は一層、少なくなり、干ばつが深刻化するという見方が有力である。スーダンのダルフール地方やシリアで起こったような大規模な紛争・内戦が将来、政治的抑圧や経済政策の失敗を機に続発する危険性は多分にあるだろう。

海に培われる異常気象の起爆力

頻発する異常気象のメカニズム

地球温暖化は地球上の気温を全体的に上昇させ、様々な影響をもたらしている。数多くの影響のうち、代表的なものが異常気象災害の頻発と海面上昇の二つ。異常気象は、なぜ起こるのか。地球温暖化により上昇した気温が海水の温度を高め、高まった海水温が異常気象を引き起こす原因となる。

地球温暖化がもたらす異常気象は、降水量がもともと多い地域では一層、降雨量が増えて集中的な豪雨（いわゆるゲリラ豪雨）やスーパー台風を発生させ、逆に降雨量の少なかった地域では、ますます降雨量が減って干ばつ被害を激化させるという二極化現象である。

このためハリケーン（西インド諸島やメキシコ湾など）、サイクロン（インド洋、ベンガル湾）、台風（アジア大陸、日本列島、フィリピン）などの熱帯低気圧の発生回数が増加したうえに、その規模が大型化・強力化している。例えば北大西洋におけるハリケーンの発生回数は一九〇五～一九三〇年の年平均六回から一九九五～二〇〇五年には二倍強の一五回に増えた。

二〇一二年四月、日本の気象庁気象研究所と「海洋研究開発機構」の共同研究チームはシミュレーションによる予測をまとめ、「地球温暖化の影響で、最大風速五四メートルの最強クラスの台風が今世紀末には十～二十年に一回程度、日本の本州沿岸に接近する可能性がある」との予測を発表した。この予測の翌年に当たる二〇一三年十一月、フィリピンのルソン島などを最大瞬間風速一〇五メートルの台風30号が襲い、激甚な被害をもたらし、予測を裏付ける形となった（後述）。

海水温の上昇は、どのようにして干ばつを引き起こすのだろうか。日本の「海洋研究開発機構」の研究チームが二〇〇二年と二〇〇六年にオーストラリアで発生した大干ばつの原因やメカニズムを研究、その結果、重要なことが明らかになった。海洋研究開発機構は「背景には海があるはずだ」とにらんで干ばつ発生直後から原因究明に取り組み、インド洋の海水温の変化を巨大なスーパーコンピューターを使って解析した。その結果、次のことが明らかになった。

まずインド洋の東側の高い海水温が西の海に広がると、西の海では温かい海水が蒸発して大きな雨雲を形成する。そのうえ空気の上昇によって、東からの温かい風を呼び込むため海水温も上昇、雨雲が異常に発生してインド洋上で大雨が降る。大量の降雨の後、空気が乾燥し、この空気が上空の気流に乗って東南方向へ運ばれてオーストラリア辺りで下降、その結果、干ばつが発生したのである[16]。

二〇〇六年八月から十二月にかけてアマゾン地域を記録的な大渇水が襲った。その原因は大西洋の赤道付近の海水温が温暖化で例年と比べて二℃高くなったためだった。海水温が高いため大西洋上に上昇気流が発生、大量の雨が降った。降雨で水分を失うと、空気が乾燥、この乾燥した空気が下降気流に乗ってアマゾンを襲い、アマゾンは雨の降らない乾燥した状態が続いた[17]。

異常気象災害の死者、二十年間で五三万人

二〇一三年十一月十四日、ドイツに本部を持つ環境NGO「ジャーマン・ウオッチ」が、地球温暖化で増加が見込まれる洪水や熱波などの被害を一九九三〜二〇一二年の過去二十年間に被った国々と、

その順位を公表した。これによると、表3に掲げたとおり、被害の大きかった一位〜一〇位の十一カ国（一〇位が二カ国）中、九カ国が低所得国と中低位国が占め、所得の少ない開発途上国が先進国の排出した温室効果ガスによる地球温暖化の被害を受けている構図が浮き彫りになった。

また、この二十年間に世界で発生した洪水、暴風、熱波、寒波は全部合わせて約一万五〇〇〇件。これらの被害で死亡した人は五三万人を超え、損害は二五〇兆円を超えた。地球温暖化の影響が現われ始めた一九九一年から二〇一三年までの二十二年間に発生した大洪水を表2に掲げた。温暖化と大洪水との因果関係は正確にはわからないが、温暖化によって引き起こされた大洪水が少なくないことは間違いない。一九九〇年代から二〇一五年七月末までに発生した主な異常気象を先述のメカニズムの説明を含めて整理すると、次のとおりである。

(1) 中国の南部と東北部で大洪水

一九九八年八月、中国の南部と東北部で大洪水が発生した。南部の長江流域では四十四年ぶりの大洪水となり、甚大な被害が発生した。また東北部の黒竜江《ヘイロンチャン》、松花江《ソンホワチャン》などの主要河川が氾濫。死者四一五〇人、直接的な経済損失二五五〇億九〇〇〇万元（約三兆八二六三億円）[18]。

(2) 欧州で猛暑による死者一万数千人

二〇〇三年夏、欧州では高気圧が一体化して居座り、フランスや南欧で四〇℃を超える猛暑が続いた。このため熱中症などの罹患者が多発、高齢者を中心に欧州全土で五万二〇〇〇人以上が死亡した[19]。

表2　1991年〜2013年の世界の大洪水・暴風など

国	災害の種類	発生年	死者（人）	被災者（人）	損害（米ドル）
バングラデシュ	洪水	1991	14万	—	—
フィリピン	洪水	1991	6000	—	—
米国	洪水	1992	65		265億
中国	洪水	1996	2700	1億	—
チェコ、ポーランド、ドイツ	洪水	1997	100	21万	50億
中米	洪水・暴風	1998	1万	670万	60〜70億
カリブ海	洪水	1998	4000	60万	100億
スーダン	洪水	1998	1400	33万8000	900万
パキスタン	洪水	1998	1000	2万5000	—
インド北部、	洪水	1998	3250	3600万	—
バングラデシュ	洪水	1998	1300	3100万	2億2300万
韓国	洪水	1998	400	18万8000	8億6800万
中国	洪水	1998	4150	1億8000万	300億
パプア・ニューギニア	高潮	1998	2200	9119	—
ベネズエラ	洪水	2000	3万	—	—
米国	洪水（カトリーナ）	2005	1836	5500	81億
ミャンマー	洪水	2008	13万8400	—	—
ホンジュラス	洪水	2008	30	67万6000	—
タイ	洪水	2011	446	230万	4000億
フィリピン	高潮・暴風	2013	6200（不明1700）	1600万	9億5100万
米国	洪水	2013	数百	1万	20億

出所）国際赤十字社・赤新月社連盟の『世界災害報告1999』などのデータを基に作成。

表3　1991年〜2013年の22年間気象災害被害国

1位	ホンジュラス	8位	ドミニカ共和国
2位	ミャンマー	9位	モンゴル
3位	ハイチ	10位	タイ
4位	ニカラグア	同	グアテマラ
5位	バングラデシュ	22位	中国
6位	ベトナム	31位	米国
7位	フィリピン	97位	日本

出所）ジャーマンウォッチの試料

(3) オーストラリアで干ばつ相次ぐ

二〇〇二年、二〇〇六年、二〇〇八年とオーストラリアで干ばつが頻発した。かつて干ばつは二十年に一度だったが、六年間に三度も干ばつを経験したことになる。この干ばつ被害を機に、オーストラリアは二〇〇七年十二月、京都議定書に加盟、温暖化防止対策を実施した。

(4) 米国の中・西部で大干ばつ

二〇〇五年八月、巨大ハリケーン「カトリーナ」が発生、米国東南部のフロリダ、ルイジアナ、ミシシッピー、アラバマの各州に甚大な被害が発生した。[20]

(5) 二〇〇六年八月から十二月にかけて大西洋の海水温が異常に上昇、アマゾン地域で記録的な大渇水が発生、アマゾン川の水位が五～一〇メートル低下して干上がり、一部の熱帯雨林の樹木が枯死した。

(6) 二〇一二年、米国・中西部で大干ばつが発生、トウモロコシ、大豆に大被害。オーストラリアも干ばつに見舞われ、小麦の生産が一時、平年の半分以下にまで減少。同年十月、巨大ハリケーン「サンディ」が東海岸を襲った。関係行政機関がハリケーン「カトリーナ」(二〇〇五年八月)の被害経験に学び、事前に住民を避難させるなど周到な被害防止対策を実施した。死者は一八三人。被害額は八兆円。ブラジルでも大干ばつで、サトウキビ、コーヒー豆が不作となった。

(7) 二〇一三年、世界各地で異常気象

一月十二日、オーストラリア中部で観測史上最高の四九・六℃、八月七日、中国・上海市でも観測史上最高の四〇・八℃をそれぞれ記録。日本の夏も記録的な猛暑が襲い、ゲリラ豪雨も多発

地球温暖化に起因する高さ数メートルの高潮（台風30号）のため、死者4460人(国連人道問題調整事務所発表)、家屋損壊24万3600戸が出たフィリピン・レイテ島の災害現場。2013年11月22日、写す。(毎日新聞社提供)

した。この年六月にはドイツとオーストリアで大洪水が発生した。

(8) フィリピンでスーパー台風・激甚被害

二〇一三年十一月、台風30号がフィリピンのルソン島やサマール島、パナイ島などを直撃した。この台風の上陸直後の中心気圧は八九五ヘクトパスカル。最大風速は八七・五メートル、最大瞬間風速は実に一〇五メートル。上陸した台風としては観測史上、例を見ない「スーパー台風」である。

気圧が一ヘクトパスカル下がれば、海面が一センチメートル持ち上げられると言われ、そのためにレイテ島に激甚な高潮被害をもたらした。高潮と暴風により六〇万戸の住宅が徹底的に損壊され、フィリピン総人口の一割に当たる約九六七万人が被災、六二〇〇人が死亡した（写真を参照）。台風30号は発生時期が季節外れのうえに、巨大で、通常の台風のルートから見ると、かなり南にずれていた。これらの異常は、いずれもフィリピン東海上の海水温度が高く、このために高気圧が勢力を張り巡らせていたことが原因である。台風30号がフィリピンのルソン島などに激甚な被害をもたらした十一月十一日、ワルシャワでは国連気候変動枠組み条約の第一九回締約国会議（COP19）が開かれていた。フィリピン政府のナデレブ・サニョ代表は「わが国は異常気象により、大惨事に見舞われた」と言い、温暖化対策の具体的な進展を訴えてハンガーストライキに入った。

(9) 米国と欧州で異常気象

二〇一四年一月、英国では二百五十年ぶりの大雨で大洪水が発生、被害額は二〇〇〇億円を超えた。米国中部から東海岸にかけては記録的な寒波に襲われ、各地でマイナス三〇℃以下を記録、ナイアガラの滝が凍結した。ニューヨークでは大雪に見舞われた。米国西海岸では大干ばつが発生、農業は大打撃を受けた。異常気象の原因は偏西風の流れ方の異変にあるとする見方が有力である。

海面上昇は最も恐るべき温暖化災害

低地は水没の危機

世界の気温は一八八〇年から二〇一四年までの百三十四年間に〇・八五℃上昇した。このため南極や北極圏のグリーンランドの氷床、ヒマラヤ、アルプス、アンデスなど世界の高山の氷が地球温暖化の進行により、今急ピッチで解け、これに海水の膨張が加わって海面が上昇している。北極圏のグリーンランドの氷床の年平均減少量は一九九二〜二〇〇一年までの三四ギガトンから、二〇〇二〜二〇

図10　海面上昇や高潮の被害が予測される世界の大都市、島嶼国、沿岸地帯

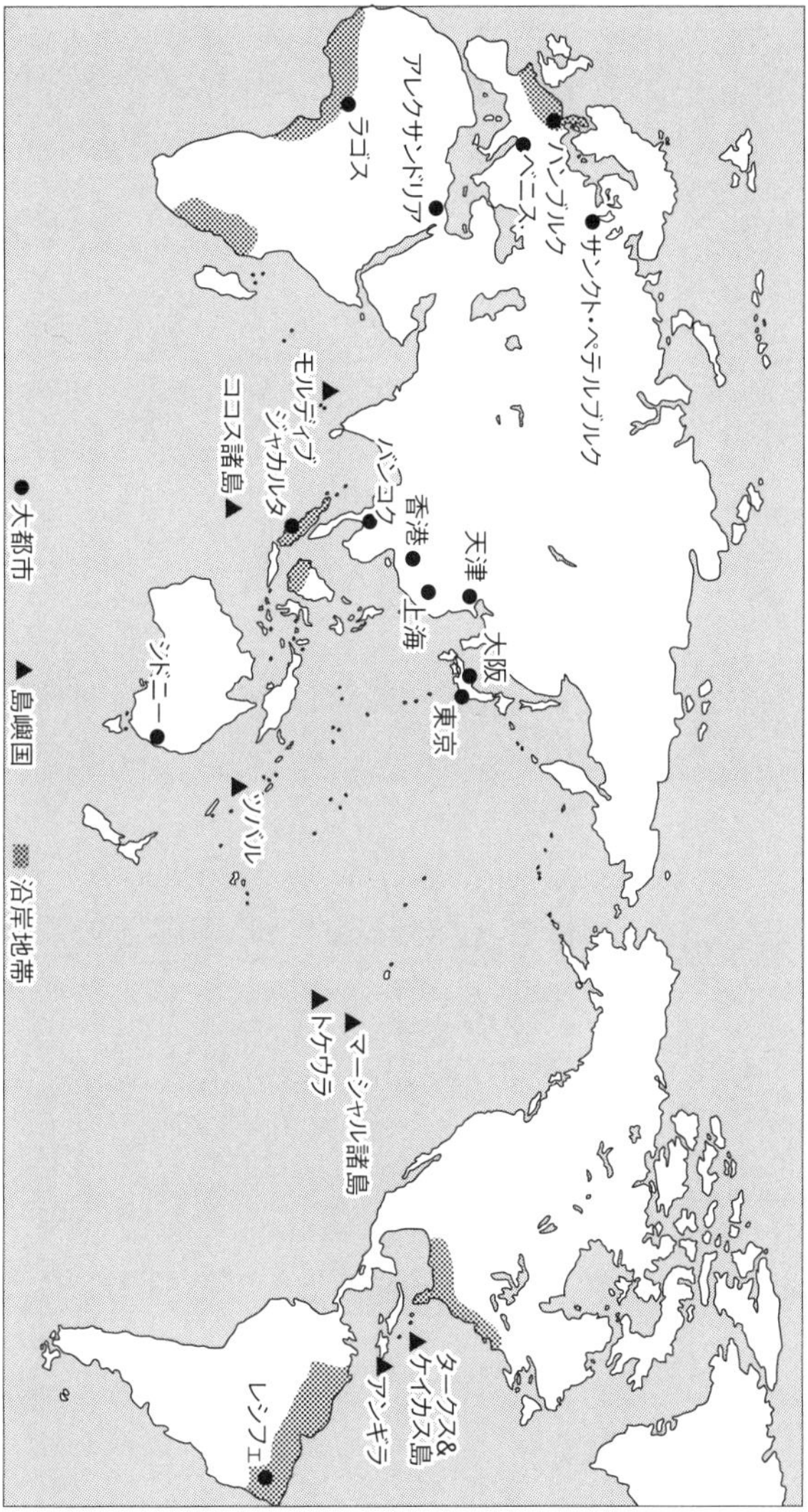

出所）国際赤十字社・赤新月社連盟『世界災害報告1999』。

一一年には六・三倍に当たる二一五ギガトンになった。

ヨーロッパに近いロシア北部では永久凍土地帯の気温が一九七一年から二〇一〇年までに二℃上昇、このため永久凍土が解けて面積が減っている。四十年間に二℃も気温が上昇した地域は、地球上で他に例がないと見られる。

海洋における海水面が上昇すると、海抜一~二メートルの大陸沿岸低地・河口付近やサンゴ礁からなる島国は水没するか、水没はしないものの、高潮によって大きな被害を被る（図10を参照）。ここでは海面上昇の現状と予想される被害について見よう。

二〇一四年三月、「気候変動に関する政府間パネル」（IPCC）が公表した第5次報告書の第1作業部会報告によると、南極の氷床の年平均減少量は一九九二~二〇〇一年までの三〇ギガトン（一ギガトンは一〇億トン）から、二〇〇二~一一年には一四七ギガトンに四・九倍も増えた。

南太平洋にあるサンゴ礁と環礁合わせて九島、国土面積二六平方キロメートル（三宅島のほぼ半分）の島国ツバルは平均標高が僅か一・五メートルで、既に大潮の際の異常出水では床上浸水被害が起こっている。ツバルを始め、インド洋に浮かぶ一一九〇のサンゴ礁の島々からなるモルディブ共和国、バングラデシュのデルタ地帯、アジアの大河川の河口デルタ地域などは、今のペースで海面が上昇すれば、今世紀後半には水没の危機にさらされると見られている。

海面が最大八二センチ上昇か

地球温暖化は南極、北極、高山の氷を解かすだけでなく、海水を熱膨張させる。その結果、海水面

地球温暖化による海面の上昇で水没が心配されているオーストラリアのサンゴ礁の島。（REUTERS SUN提供）

が上昇する。先述したとおり、ＩＰＣＣが二〇一四年三月、公表した第1作業部会の第5次報告書は、気温が今後八十数年間に四・八℃も上がると、海水面は最大八二センチメートル上がるとしている。二〇〇七年の第4次報告書の予測した海水上昇の最大数値は五九センチメートルだったが、今回の予測はそれより二三センチメートルも大きい数値に改訂された。

ＩＰＣＣの報告書によると、二十世紀の百年間に世界の海面水位は一七センチメートル上昇した。一年当たりの上昇幅は一・七ミリメートル、一九九三年から二〇一〇年までの十七年間の上昇幅は五・四センチメートルで、一年当たり三・二ミリメートル。このことから、一九九〇年代初め以降、海面上昇量がそれまでと比べて、急増したことがわかる。

ＩＰＣＣの報告書を待つまでもなく、南太平洋にあるキリバス共和国（人口・約一〇万三〇〇〇人)、ツバル(同・約九〇〇〇人)、インド洋のモルディブ共和国(同・約三四万人)では海面上昇による海岸浸食や洪水被害、井戸水の塩分濃度の増加が起こっている。

モルディブは一一九〇のサンゴ礁の島々からなり、平均海抜は一・五メートルと低い。一九八七年四月の異常高潮では、首都があるマレ島の約半分が冠水、大被害を受けた。アブドル・ガユーム大統領(在任期間・一九七八~二〇〇八)は一九九二年六月、ブラジルで開かれた国連環境開発会議(地球サミット)の代表演説で次のように訴えた。

「私たちの島では十五年前から海面上昇が急速に進んでいる。ここ数年で被害はさらに悪化した。モンスーンのたびに波はどんどん高くなり、嵐は激しさを増している。サンゴでつくった防波堤は完全に破壊されてしまった。二十年後には、おそらくこの島は消えてしまうだろう」

モルディブは二〇一五年八月現在、消えてはいない。しかし水没の危機は確実に迫っている。モルディブ政府は塩害で使えなくなった井戸水の代わりに、安全な飲料水を輸入するなど海面上昇関連費用に国内総生産(GDP)の二七パーセントを当てている。また三五の島からなるキリバスでは、二島が一九九九年に水没。同年二月、フィジーのナイラティカウ大統領はキリバス政府に対し「キリバスが水没した場合には全キリバス人の移住を受け入れる」と表明した。ソロモン諸島のサンゴ礁の島、タロ島(海抜二メートル未満)の住民約一〇〇〇人は水没被害を避けるため二〇一四年八月、チョイスル島に段階的に移住することを決めた。

気候変動に関する政府間パネル(IPCC)が海面上昇について発表してから二カ月後の二〇一四年五月十二日、米国航空宇宙局(NASA)が南極西部の氷床融解による海面上昇に関する新たな研究結果を発表した。ＮＡＳＡは過去四十年間、南極で続けてきた観測の結果、南極西部の氷床が近年、急速に解け出し、遅くとも数百年後には完全に消滅する可能性が高いと判断、その研究結果を公表した。そうなると、北極圏の氷も高山の氷河も相当に解けるだろう。いま始まっている海面上昇が将来、大変な事態に発展する恐れのあることを示唆している。

海面上昇が生む膨大な「気候難民」

世界中の全氷床が解けた場合、海面の上昇幅は少なくとも一・二メートル、最大で五メートル前後に達するという[21]。最大上昇幅の半分二・五メートル上昇したとしても、全世界の被害は想像を絶する大きな規模になる。南極・北極の氷と高山の氷河の融解と海水の膨張が引き起こす海面上昇は、地球温暖化が環境にもたらす様々な影響中、最も恐るべきものの一つである。

米国の公共政策シンクタンク「新アメリカ安全保障センター」は「戦略と国際関係学センター」と共同で執筆した報告書の中で、地球温暖化がもたらす影響について鋭い警告を行なった。「新アメリカ安全保障センター」は二〇〇七年に設立され、二〇〇九年一月に発足したバラク・オバマ政権の国防次官（政策担当）にフレールノア、国務次官補（東アジア・太平洋担当）にキャンベル、広報担当国防筆頭副次官補にプライス・フロイドを送り込んだ安全保障問題専門の気鋭の政策立案集団である。

その警告は次のように指摘している。

「極端な気候変動の起きる未来にとって、これと比べられる唯一の状況と言えば、冷戦が最高潮に達した時期、米ソの核戦争後の世界はどうなるかを考えた時である」

表4　温室効果ガス削減対策　シナリオ別の結果比較

今世紀末の予測	国際目標達成を目指した対策強化のシナリオ	対策を取らないシナリオ
産業革命後の気温上昇	2℃ 未満の可能性が大きい	3.7℃ ～ 4.8℃
温室効果ガスの濃度	450ppm	750 ～ 1000ppm
温室効果ガスの排出量（2010年比）	ゼロか、それ以下	1 ～ 3倍弱
対策のコストと消費への影響	消費拡大率は0.04 ～ 0.14ポイント鈍化	なし（対策の遅れは中・長期でコスト増）

出所）IPCC第3次作業部会の第5次評価報告書を基に筆者が作成。

『壊れゆく地球　気候変動がもたらす崩壊の連鎖』の著者スティーヴン・ファリス（ジャーナリスト）は、この報告書の記述から受けた衝撃について、「人類がかつて体験したことのない大崩壊の時期に突入しかけているのかもしれない」と書いている[22]。

自然災害や環境破壊によって住む場所を奪われる、いわゆる環境難民の数は近年、急増し、政治や戦争などにより国を逃れた難民の数を上回った。環境難民のうち、今後激増が予想される要因は地球温暖化と、それに伴う海面上昇、異常気象などである。地球温暖化評価の第一人者と言われるトム・ダウニングがストックホルム研究所の同僚のキルスチン・ドウとともに書いた『温暖化の世界地図』によると、世界人口の四〇パーセントは海岸から約一〇〇キロメートル未満の地に住んでいる。このうち海抜一メートル未満の地に住んでいる人は推定約一億人という。海抜がこのように低い地域に住む人々は将来、温暖化（気候変動）が原因の環境難民、すなわち「気候難民」となる恐れがある。「気候難民」は二〇五〇年までに一億五〇〇〇万人にのぼると予測されている。

バングラデシュの国土面積は北海道の二倍。この地に一億三〇〇〇万人が暮らしている。バングラデシュの南部はガンジス川とプラマプトラ川の巨大なデルタ地帯で、国土の八割が標高九メートル以下の低地。河川は網の目のように走り、頻繁に氾濫するうえ、海面上昇とサイクロンの大型化により陸地が波に削り取られている。

ベンガル湾の海面が一メートル上昇すると、バングラデシュの国土面積の一五パーセントが水没、約二六〇〇万人が難民となると見られている。一九九一年五月の大型サイクロン襲来の際には高潮と洪水が重なって死者が二〇万人を超えた。このためバングラデシュの国民は温暖化により海面が上昇しつつある現状に脅威と不安を抱いている。国内には海面上昇による被害を防ぐために防潮堤を建設すればよいという声もあるが、乏しいバングラデシュの財力では膨大な工事費のかかる防潮堤の建設など到底、できない。

エジプト沿岸も、バングラデシュと同様、低地。海水面は二〇五〇年には八〇センチメートル近く上昇すると予測されている。仮にこのような大幅な上昇が起これば、エジプトでは、全農地の一五パーセントが消滅、約八〇〇万人が環境難民となると見られている。

中国の沿岸地域の大部分は海面から一メートル以下。沿岸部の人口密度はバングラデシュのほぼ二倍あり、中国の国内総生産（ＧＤＰ）の四分の一を生産している。海面上昇による影響が最も心配されているのが人口の密集している大都市上海である。上海は一九二〇年代から地盤沈下が始まり、これまでに三メートル近く沈下した。ＩＰＣＣの予測どおり、海面が上昇すれば上海は水没する恐れがある。

六世紀に干潟の上に造られた人工都市ベネチアは地球温暖化による海面上昇に百年で一三センチメートルの地盤沈下が加わって水位が上がり、年数十回、冠水している。水没を避けるため、幅二〇メートルの可動式水門七九基を建設する壮大なプロジェクトが二〇一六年完成を目指して進められている。この可動式水門の機能が注目されている。

不気味な深層海流の水温上昇

南極を起点に北上する深層海流が北大平洋で温かい海水と混じりあって表層海流となり、太平洋・インド洋・大西洋を経て南極に戻る長大な循環海流に今、地球温暖化による異変が起こりつつある(図11を参照)。日本の「海洋研究開発機構」が観測船を使って太平洋の水深四〇〇〇メートルを超える深層海流の海水温を調べたところ、〇・〇〇五℃から〇・〇〇一℃上昇していることがわかったのである。

この深層海流は地球の気温を一定に保ち、気候と生態系を保持するうえで重要な役割を果たしてきた。ヨーロッパは緯度から見る限り、もっと寒いはずなのに実際は温かい。これは温かい表層海流が大西洋を流れているお陰である。氷河期が終わりに近づいた一万二千年前、気温の急上昇により北米大陸の氷河が解け、大量の真水が一気に大西洋に流出した際、この深層海流が止まってしまい、気温が低下した。このことは深層海流が本来、低いはずの高緯度の気温を一定に保つ重要な役割を果たしている証拠である。

東京大学大気海洋研究所の渡部雅浩准教授は二〇一四年八月二十八日放送のNHK制作テレビ番組「巨大災害　地球大変動の衝撃」の中で、「地球温暖化で生じた熱が地球最大の海、太平洋で深海に吸収され、そのために気温の上昇がこのところ止まっている」と衝撃的な研究結果を発表した。気温上

図11　深層海流と表層海流のルート

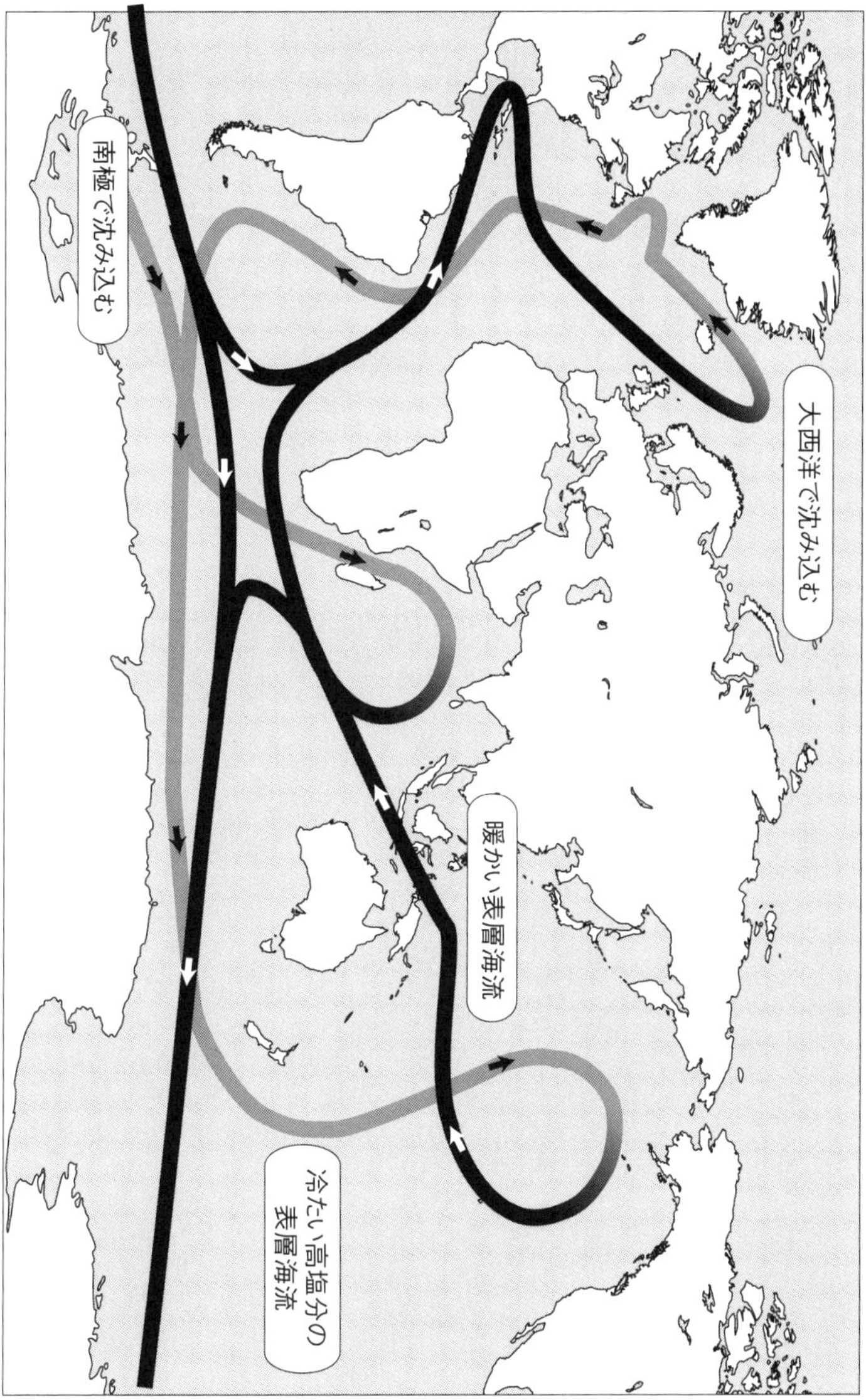

昇は、いつまで止まっているのか。渡部は次のように語った。

「赤道域の海水温が平年より低く、南北の中緯度で高い時、深海が熱を吸収しやすいことがわかった。なぜ、そうなるのか、わかっていない。深海は間もなく熱を吸収しにくくなり、気温が上がる。少なくとも十年くらいの間に再び気温の上昇が急になるだろう」

「気候変動に関する政府間パネル」（IPCC）第1作業部会の第5次報告書も一九九二年から二〇〇五年までの期間、水深三〇〇〇メートルから海底までの深海の海水温度が温暖化により上昇した可能性が高いと書き、「最も大きな温暖化は南極海で観測された」としている。

渡部教授は気温上昇が停滞しているのは一時的な現象で、やがてきっと急上昇するとみている。常識的に見ても、気温上昇が止まったとは考えられない。地球温暖化の防止効果が上がらず、温暖化がさらに進めば、渡部教授の予想どおり、深海の海水温は今よりもっと急速に上昇し、それが気温の上昇を招き、生態系に大きな影響が出る恐れがある。海水温は異常気象を引き起こす発生源であり、原動力でもある。深海の温度の着実な上昇は将来、大きな気候変動を引き起こす不気味さを孕《はら》んでいる。

海水がCO_2を吸収して酸性化

海は二酸化炭素を吸収する機能を持っている。大気中二酸化炭素濃度が急増し、海水中に溶け込む量が増えたために海が吸収する二酸化炭素は増える一方である。その吸収量は二〇〇〇年の時点では世界の炭素排出量の三分の一に当たる約二ギガトンであった。海に取り込まれた二酸化炭素の一部は大気に戻るが、残りは深海に沈み込み、海洋堆積物となる。二〇〇〇年頃の海洋堆積物は約一五〇〇万ギガトン（一ギガトンは一〇億トン）である。

　こうして海は二酸化炭素を吸収し続けてきたために、海水の水素イオン指数（pH）の値が低下し、弱酸性に変わった。地球温暖化は海面を押し上げただけでなく、海水を酸性化したのである。第5次報告書によると、海面付近の海水の水素イオン濃度（pH。酸性度の指標）は産業革命以前から今日までに〇・一低下した。これは水素イオン濃度が二六パーセント増加したことを示している。

　海水の酸性化が進むと、炭酸カルシウムが海中に溶け出しやすくなり、サンゴは骨格をつくれなくなるなど海の生物に被害が出る。サンゴは地球温暖化で海水温が上昇したために現在、白化現象を起こして消えつつあるが、これに海水の酸性化による悪影響が加わり、今世紀半ば頃までには熱帯や亜熱帯に分布するサンゴはほとんど死滅すると見られている。[23]

　レーチェル・カーソンは『沈黙の春』や『海辺』などの著作の中で、「海が自ら生んだある生命体の活動のために危機にさらされている」と指摘、「危機はむしろ生命そのものにおよぶのである」という趣旨のことを書いた。

　この言葉は、一九六〇年代前半、カーソンが人間の活動による海水の有害物質汚染を批判したものである。その海が今、気温上昇の原動力になって地球温暖化を促進し、さらに水質の酸性化によって生態系に被害を与えつつある。こう考えると、海は今、カーソンの時代とは全く異なる形で、しかも、はるかに巨大な力で自らを危機にさらすと同時に、人類の築いた文明そのものを崩壊に導きかねない状況にある。カーソンの言葉は今の時代にも当てはまる鋭い警告である。

＞＞＞第４章

化石燃料・エネルギーと環境の歴史

化石燃料・エネルギーと現代文明

現代文明を築いた石油

一七五〇年代末頃、英国で産業革命が起こり、十八世紀、欧州大陸に広がった。一七七六年、ジェームズ・ワット（一七三六～一八一九）が蒸気機関を実用化すると、石炭がその燃料として大量に使用され、強大な動力を生んで産業革命が推進され、人類が工業文明を築く端緒となった。

石油は古くから使われていたが、産業に利用されたのは一八五九年八月の米国ペンシルベニア州ドレーク油田における機械掘りの成功と、これを受けてジョン・ロックフェラーが石油精製業に乗り出したことの二つがきっかけである。ロックフェラーは一八六五年二月、石油精製会社の権利を得るオークションに勝って石油精製事業に着手、この時から近代石油産業が始まったと言われている[1]。

石油を精製することにより、天然ガス、ガソリン、灯油、軽油、重油、潤滑油、アスファルトなどが製品として得られる。石油精製事業の普及により、石油利用が急速に進み、一九二〇年代には自動車産業と石油産業が手を携えて急成長を遂げ、石油は天然ガスとともに石炭をエネルギー源の首座から追い落とした。石油は産業とモータリゼーションの動力源、都市生活の動脈となって現代文明を発展させた。

石油の力は、それだけではなかった。石油は軍艦、軍用機などの燃料でもあったから、二十世紀半ばから後半にかけて死活的な戦略資源となった。二十世紀前半にはベネズエラやインドネシアが石油の輸出地に加わり、第二次世界大戦の後期に、中東で新たな良質の大規模油田が相次いで発見された。

当時、石油は戦争の帰趨を決する重要な戦略物資だった。米国と英国が中東石油の権利獲得のためにしのぎを削った。こうして中東は世界最大の石油輸出地域となった[2]。

石油は多国籍企業を生んで国際経済の分野を支配し、国家戦略や世界政治とも深く関連、時には国際情勢を左右した。石油資源をめぐる争いが戦争の原因になったのは、その例である。例えば、石油資源を持たない日本は東インド諸島の石油資源を獲得しようとしたため米国との対立を深め、米国は日本への石油供給を停止し、英国、中国、オランダと提携して日本に対抗した。その結果、日本は対米戦争を決意、一九四一年十二月八日、真珠湾の米海軍基地を奇襲攻撃した。太平洋戦争勃発の最大の動機は石油だった[3]。

一九四一年六月、ヒトラー率いるナチス・ドイツは独ソ不可侵条約を破ってソ連に侵攻、独ソ戦が始まったが、侵攻の目的の一つはコーカサス油田の占領だった[4]。

東西両陣営の冷戦が終焉した一九八九年以降も、経済競争や地域対立、民族紛争が国家間紛争の焦点になっている。一九七三年十月、第四次中東戦争が勃発、翌七四年にかけてアラブ石油輸出国機構（OAPEC）が原油生産の段階的削減やイスラエル支持国への石油禁輸を実施し、ペルシャ湾岸産油六カ国が原油価格を引き上げたために石油危機が発生、世界的な不況をもたらした。いずれの場合も、石油が国家戦略・国際政治の戦略商品となっている。

新興国の膨大なエネルギー需要

エネルギーが今も、国の経済成長のカギを握っていることは変わらない。エネルギー需要は今後、目覚ましい経済成長を遂げつつある中国やインド、ブラジル、インドネシアなど新興国を中心に拡大し続け、石油消費量が増大する見通しである。

中国の二〇一一年の人口は一三億五五〇〇万人、インドは一二億四〇〇〇万人。二〇三〇年には中国が一四億六〇〇〇万人、インドが一九億五〇〇〇万人、合わせて三四億一〇〇〇万人となる。この両国で、今日の米国と同じように、二人に一台ずつ自動車を保有することになったら、この両国だけでも一七億台の車が走り回ることになる。ガソリンや軽油の消費量は膨大で、大気汚染も激化するだろう。

国連は二〇六一年の世界人口を一〇〇億人と予測している。二〇一四年八月現在の七二億人から二八億人も増加するという。自動車の走行台数の急増予測から明らかなように、人口の増加は石油需要とその消費量を確実に増大させる。

石油は限りある地球の地下資源。一時期、石油は二十世紀中に使い尽くされるのではないかという見方が広がった。ところが近年、ブラジル・リオデジャネイロ沖や西アフリカ沖、カナダ東部沖などでの新たな深海油田の相次ぐ発見やカナダのオイルサンド（タールサンド）の発見・採掘、米国のシエールガス採掘技術の発展などにより、化石燃料が不足する事態は、かなり先まで延ばされる見通しになった。

リオデジャネイロ沖で発見された深海油田「リブラ」は既に発見されている深海油田地帯「プレサル」の一部で、水深二〇〇〇メートルの海底からさらに五〇〇〇メートルの深い地中に埋まっている。「プレサル」では「リブラ」を含めて四カ所の油田が発見され、その埋蔵量の合計は少なく見積もっても二八〇億バーレル（一バーレルは約一五九リットル）という。西アフリカの海底油田の埋蔵量は、従来の予測より一・五倍も多いことが確認されている。カナダ東部沖で見つかった新油田「ヘブロン」は既に採掘が始まっている。

相次ぐ海底油田とシェールガスの発見・採掘により、化石燃料を使い尽くす日はかなり先に延びた。カナダのオイルサンドの埋蔵量はブラジル沖の深海油田の三倍以上、日本の消費量の百年分を超える膨大な量である。カナダでは先述したとおり、このオイルサンドの多量使用のために二酸化炭素の排出量が急増、京都議定書から離脱する羽目になった[5]。

天然ガス（メタンガスなどの可燃性ガス）は石油に比べて燃焼したときの二酸化炭素の排出量が少なく、車（天然ガス自動車）、ビル、家庭の冷暖房などへの活用も図られている。人類は石炭、石油、天然ガス、オイルサンド、シェールガスなど次々に新たなエネルギー源を手に入れ、それによって工業文明を爆発的に進歩させてきたのである。

石炭・石油由来の地球環境問題

石炭、石油、天然ガスは産業革命以降、今日までの二百六十年間、工業や運輸などの産業分野の原動力として多用されたほか、暖房などの生活分野にも使われてきた。今日の文明を築くうえで化石燃料が果たした役割は大きい。しかし化石燃料のうち、石炭と石油は多量の硫黄酸化物と窒素酸化物を排出して大気汚染を、多量の二酸化炭素を排出して地球温暖化をそれぞれ引き起こした。化石燃料が環境、経済、人間の安全に及ぼす悪影響は今や経済発展というメリットを上回っている。

1980年代初め、西ドイツで全国の森林が酸性雨によって枯死・衰弱した実態を報じる週刊報道雑誌『シュピーゲル』の記事。左はダイオキシン反対運動の記事。筆者、写す。

化石燃料の消費に起因する最初の代表的な大気汚染事件は、一八七三年、英国のロンドンで起こった。石炭の燃焼によって排出された硫黄酸化物のスモッグにより、約七〇〇人が死亡したのである。次いで一九五二年十二月から翌五三年一月にかけてロンドンで硫黄酸化物や煤塵が高濃度のときに、気温の逆転現象が起こり、高濃度の汚染物質が数カ月にわたって地表付近に滞留した。この汚染物質を吸い込んだ住民約三九〇〇〇人が死亡した。

また石油の燃焼による大規模な大気汚染事件としては、一九六〇年代に四日市石油コンビナート（日本の石油コンビナート第一号）で発生した硫黄酸化物により、呼吸器疾患を多発させた四日市大気汚染公害事件が有名である。この事件では多くの地域住民が公害防止装置のない工場から排出される高濃度の亜硫酸ガスにより呼吸器疾に罹患、六四人が死亡、二二一九人が公害病認定を受けた。

一九六〇年代後半、化石燃料の使用で発生した大気汚染物質が国境を越えて国際問題となる公害事件がヨーロッパで発生した。地球環境問題の走りである。西ドイツや英国などが排出した硫黄酸化物と窒素酸化物が風によって北欧に運ばれ、スウェーデンやノルウェーなどの北欧諸国に深刻な酸性雨被害を引き起こしたのである。

この大気汚染は発生源が複数の外国で、自ら汚染物質の排出責任を認めなかったから、関係国が国際条約を締結して効果的な汚染防止対策を協調的に実施するしか解決方法がなかった。そこでスウェーデン政府は国連に国際会議の開催を申し出て会議を誘致した。これが歴史上、環境をテーマにした最初の大規模な国際会議、国連人間環境会議（通称・ストックホルム会議）である。最終日の六月十六日、本会議で採択された「人間環境宣言」の第二一条に「国家はその支配権または支配力が及ぶところの活動が、他国または自国の支配権の及ぶ境界を超えた領域の環境に害を及ぼさないようにする責任がある」との文言が盛り込まれた。会議から五年後の一九七七年初め、ノルウェー政府が第二一条を根拠に「長距離

酸性雨と大気汚染のため枯死したドイツ南部のシュヴァルツヴァルトの樹木。1985年、写す。（REUTERS SUN提供）

越境大気汚染に関するジュネーブ条約」の締結を国連欧州経済委員会（UN／ECE）に提案、スウェーデン、ノルウェーとともに英国やドイツなどに対し汚染物質の排出削減への協力を要請した。

一九七九年、「長距離越境大気汚染に関するジュネーブ条約」が締結された。この頃、西ドイツでは全国の森林が石炭の燃焼に起因する酸性雨によって枯死・衰弱し始めた。酸性雨問題がきっかけで、西ドイツは北欧諸国の酸性雨被害に対する西ドイツの排出責任を認め、自国の酸性雨発生防止にも力を入れた。一九八二年六月、西ドイツ政府代表は、二酸化硫黄の排出量をそれぞれの国が一九九三年までに一九八〇年レベルの三〇パーセント以下にまで削減する目標の義務化を主張する北欧三国を含む九カ国を支持した[6]。これにより西ドイツの積極姿勢への転換により、条約に基づく酸性雨被害防止対策が軌道に乗ったり、北欧諸国に流入する大気汚染物の量が劇的に減少した。一九八三年三月の連邦議会選挙で酸性雨被害問題を厳しく追及した草の根の緑の党が連邦議会選挙で二七議席を獲得し、これを機に連邦議会各政党が環境政策に前向きに取り組み始めた。

化石燃料消費の急増と温暖化の進行

化石燃料の需要量と消費量は一九六〇年代から世界的に急ピッチで増加した。図12は第一次エネルギー需要の推移を示したものである。この図から明らかなとおり、化石燃料の石油、石炭、天然ガスは著しい伸びを続けてきた。大気中の二酸化炭素濃度は、この化石燃料消費の増加とパラレルに高まって行った。

地球温暖化は、先に述べたとおり一九八八年に米国で顕在化した。この年春、米国は異常な熱波に

図12　世界の燃料別第一次エネルギー需要の推移

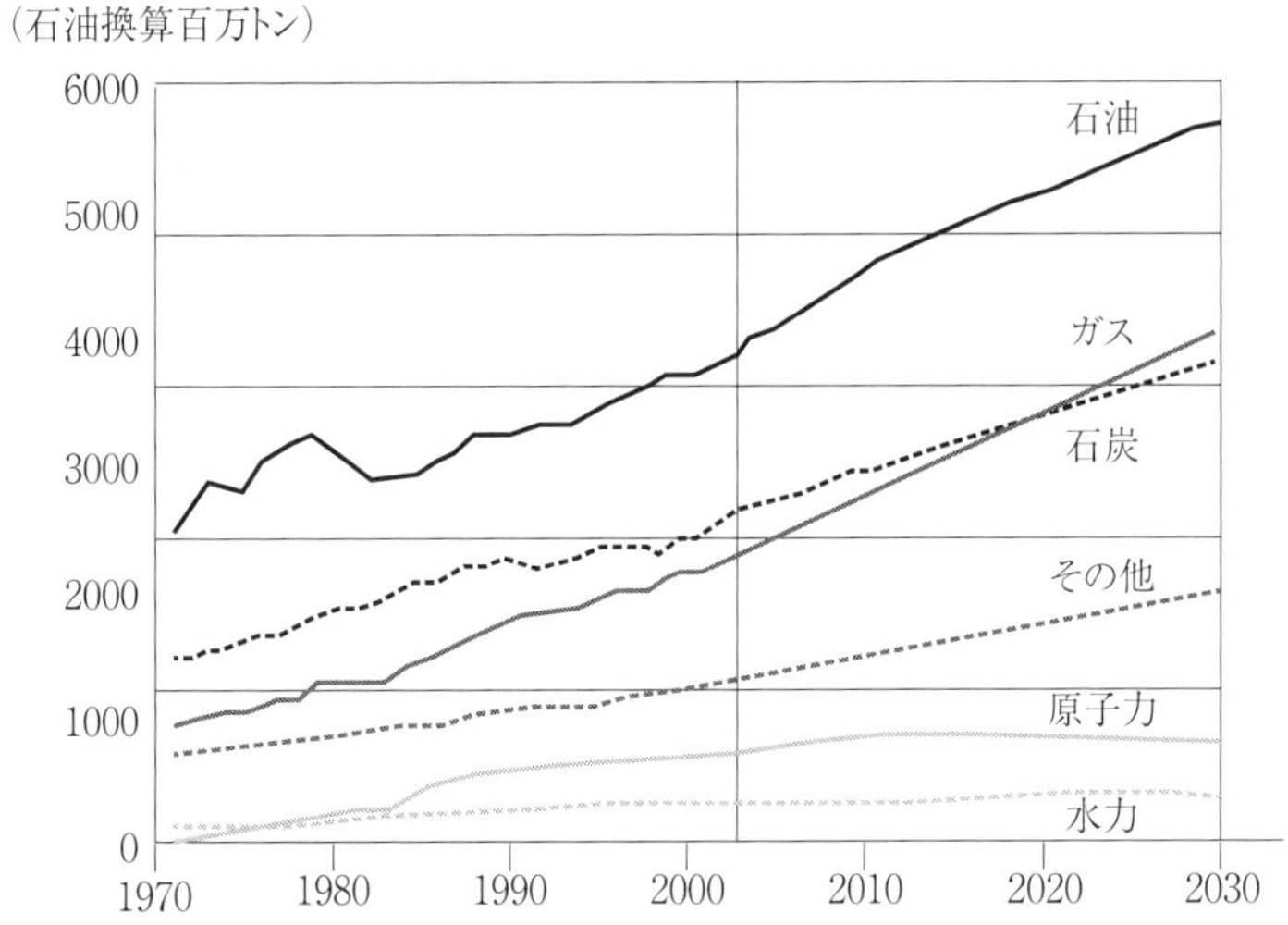

出所）国際エネルギー機関（IEA）"World Energy Outlook".

襲われ、世界的に著名な気象学者ジェームズ・ハンセン米国航空宇宙局（NASA）教授が議会で「地球温暖化は、九九パーセントの確かさで既に始まっていると言える」と証言、世界に衝撃を与えた。

同年九月、国連総会で地球環境問題への取組みに関する議論が展開され、これを機に地球温暖化問題が国際政治の重要課題にのぼった。

地球環境問題に対する人々の関心は、ますます高まり、一九九二年六月、ブラジルで国連環境開発会議（通称・地球サミット）が開催された。地球サミットは地球温暖化防止のための気候変動枠組み条約の調印が生物多様性条約と並んで焦点となった。こうして化石燃料の使用に起因する問題の解決が二つの環境国際会議の主要テーマとなった。この問題については、第7章でも触れる。

石油、石炭などの化石燃料は産業革命以来、大量に使われた。二十世紀の人類は、そのお陰もあって経済的な繁栄を謳歌した。しかし、先に述べたとおり、石油、石炭の大量使用は気温を上昇させて自然の生態系や経済社会の基盤である気候を不安定にし、現代文明や人類の生存さえ脅かしかねない状況になっている。二酸化炭素を出す化石燃料の使用を極力減らし、太陽光、風力、バイオガスなどの再生可能エネルギーと水素エネルギーの活用への移行（エネルギー・シフト）に全力を挙げるべきである。

ジェームズ・ハンセンは著書『地球温暖化との闘い』（日経BP社、二〇一三年）の中で「大気中の二酸化炭素濃度を高くても三五〇ｐｐｍまで下げる必要がある。それには石炭からの排出を速やかに段階的に停止に向かわせなければならない」と繰り返し提言している。[7] ちなみにデンマーク、ニュージーランド両国は既に新規石炭火力発電所を禁止し、米国は新規火力発電所の認可を事実上凍結している。二〇一一年現在、世界各国の二酸化炭素排出量の総計は約三一八億トン。一番多いのが中国で、二六・九パーセント、二番目が米国で一六・六パーセント、日本はインド（三位）、ロシア（四位）に次いで五番目である。

再生可能エネルギーの拡大

エネルギー転換の先駆デンマーク

再生可能エネルギーの特長は温室効果ガスも大気汚染物質も発生させず、しかも無尽蔵であること

図13　世界の二酸化炭素排出量　2011年

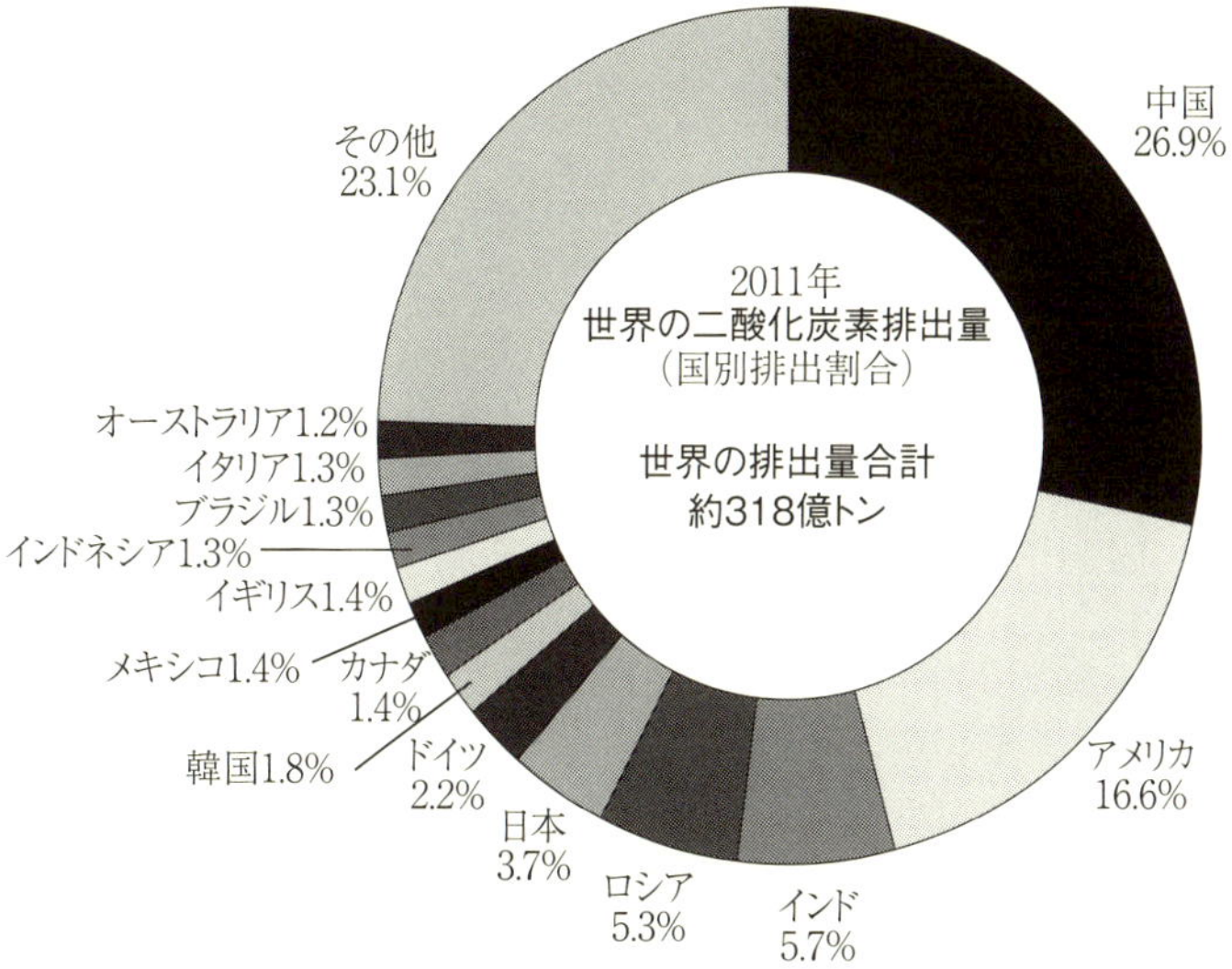

出所）EDMC/エネルギー・経済統計要覧2014年版

表5　世界主要国の温室効果ガス排出量削減目標（数字は%）

	1997年	2010年	2020年の削減目標	化石燃料による発電量割合
中国	14	24.0	2005年比で40～45	80.8
米国	24	17.7	1990年比で4.3	71.3
EU	17	12.1	1990年比で24	
（ドイツ）				61.5
（フランス）				9.6
（英国）				80.4
インド	4	5.4	2005年比で20～25	82.6
ロシア		5.2	1990年比で15～25	68.1
日本	5	3.8	2005年比で3.8	66.1
カナダ		1.8		24.9
豪州		1.3	1990年比で10～20	
世界全体				67.7

出所）IEA CO_2 Emissions from fuel combustion 2012.

である。地球温暖化の進行が人類の未来にとって脅威になっているとき、ドイツやデンマーク、スウェーデン、オランダ、スペイン、英国などの欧州諸国が再生可能エネルギー拡大政策を推進し、二酸化炭素排出量の削減と低炭素社会の建設にかなりの成果を収めた。

欧州諸国の中で、最初に再生可能エネルギーの開発に着手したのはデンマークである。一九七九年三月の米国・スリーマイル島原発事故と同年十月の石油危機による石油価格の高騰を機に、デンマークは再生可能エネルギー開発の重要性を認識して、その普及・拡大に取り組み始めた。一九七〇年代半ば風力発電技術を開発し、七八年、「デンマーク風力発電機所有者協会」を設立した。

これによりデンマークでは風力発電に関する知識と技術が普及し始め、七九年にはデンマーク政府は風力発電機の設置者に三〇パーセントの補助金支給制度を設置した。発電機の設置者が急増し、世論の高まりを追い風に風力発電が急速に拡大した。一九八五年、デンマーク議会は世論の動向に沿って原子力エネルギー開発計画の放棄を決議するとともに、エネルギーを自給自足できる国を目指して次のような「エネルルギー計画2000」を策定した。[8]

(1) 二〇〇〇年までにデンマークの電力生産の一〇パーセントを風力発電で賄う。

(2) 二〇〇五年までに再生可能エネルギーによる発電量を倍増する。

(3) 石炭の消費量を四五パーセント、石油の消費量を四〇パーセント、それぞれ削減し、代わりに天然ガスの利用を七〇パーセント増やす。

かつてデンマークは海外の石油資源に九九パーセント依存していたが、二〇一四年七月現在、石油にエネルギー源の四〇パーセント、天然ガスと石炭に合わせて四〇パーセントを依存、残りは風力と

図14　ドイツの再生可能エネルギーの推移（2016年以降は見通し）

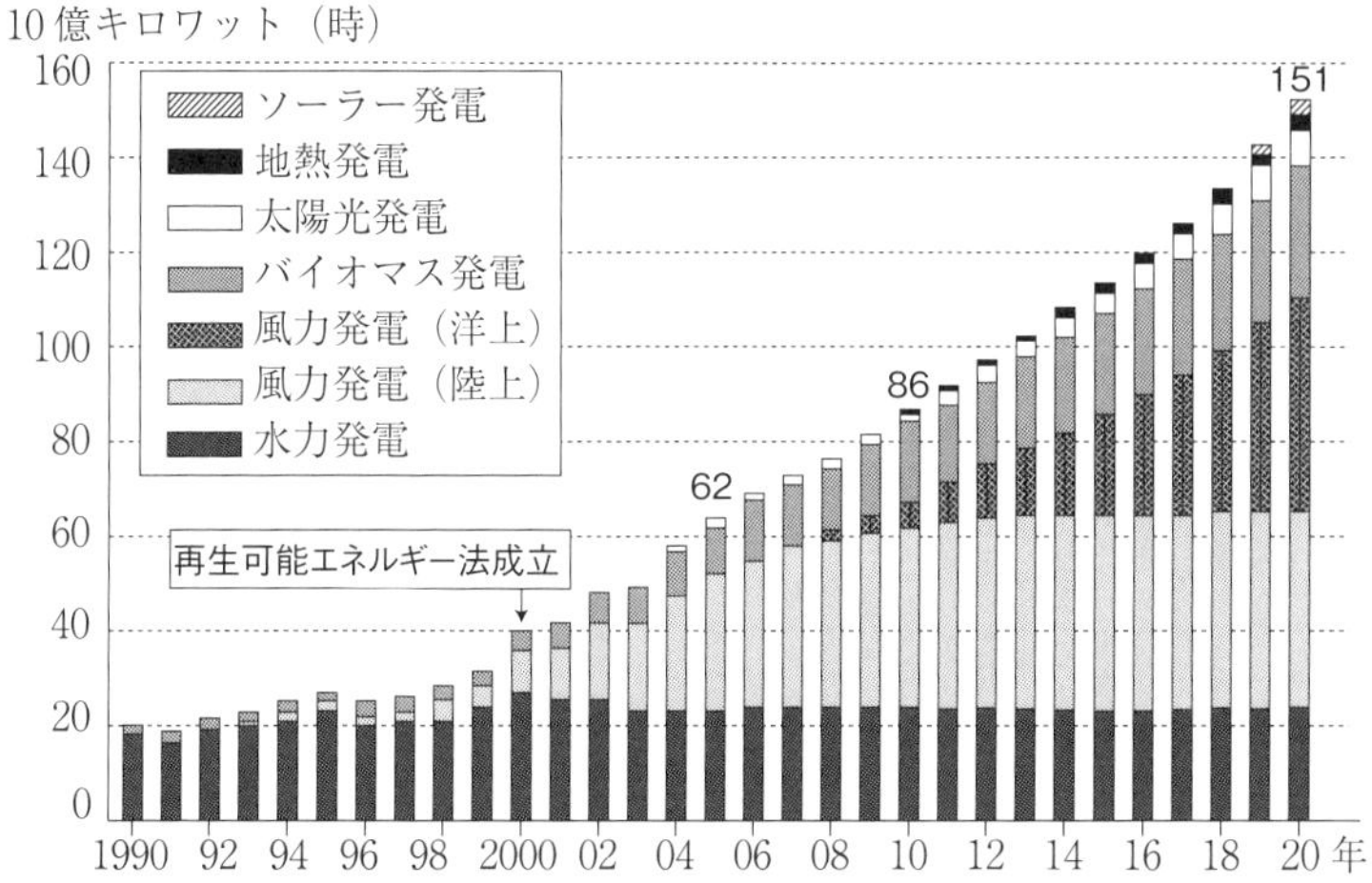

出所）ドイツ環境・自然保護連盟（BUND）の資料。

バイオマス関連などの再生可能エネルギーで賄っている。デンマークのロラン島などでは風力による発電量が島の住民の電力使用量を大きく上回っている。

二〇〇五年、デンマークは風力発電を二〇三〇年までに全エネルギー消費の五〇パーセントに拡大することなどにより、エネルギー産業の化石燃料利用を二〇二〇年までに二〇〇九年比三三パーセント削減する計画を策定した。

ドイツの温暖化対策と脱原発

ドイツ政府（一九九〇年十月、東西ドイツ統一）が再生可能エネルギーの普及・拡充を重点政策に掲げた直接的なきっかけは一九八六年四月二十六日のチェルノブイリ原発事故であった。最大野党社会民主党が八月の党大会で新規の原発建設中止を決めると、キリスト教民主・社会同盟と自由民主党の保守・中道政権（首相・コール）は一九九〇年代初め、原発の代替エネルギーにもなり、同時に地球温暖化の主要な原因物質、二酸化炭素の削減につながる再生可能エネルギー拡大政策の導入に踏み切った[9]。

連邦政府が太陽光や風力発電などの再生可能エネルギー普及対策を練っていた時、社会民主党の連邦議会議員ヘルマン・シェーアがアイデアを提案した。そのアイデアとは、再生可能エネルギーで生産した電力を電力会社に高い固定価格で買い取らせる制度をつくり、電気事業者が競って再生可能エネルギーの事業に参入するよう仕向ける経済的誘導策だった[10]。

この制度を盛り込んだ「再生可能エネルギー発電電力の公共電力網への供給に関する法律案」には電力会社が強い姿勢で反対したが、連邦議会は満場一致で可決し、翌九一年一月、同法が施行された。

再生可能エネルギーは確実な利益の得られる投資対象と見られるようになり、同法施行直後から太陽光発電や風力発電などに投資する人が急増した。経済的誘導策が特効薬的な効果を発揮し、再生可能エネルギーは順調に拡大。一九九八年に成立した社会民主党と緑の党の連立政権は、その基盤の上に脱原発政策（第一回）を実施した。二〇一一年三月、福島原発事故が発生、メルケル首相の率いるキリスト教民主同盟と自由民主党の連立政権は同年六月、いったん決めた原発の寿命延長政策を白紙撤回して脱原発を仕上げた。

二〇〇八年、ドイツ政府は二十年間の再生可能エネルギー拡大政策の結果、京都議定書で定められた温室効果ガス削減目標（一九九〇年比二一パーセント削減）を約束期間（二〇〇八〜一二年）までに達成した。そして二〇一〇年、「エネルギーと環境問題プログラム」を策定し、①二〇五〇年までに全電力生産量の八〇パーセントを再生可能エネルギーで賄う、②温室効果ガスを二〇五〇年までに八〇パーセントに削減する――という目標を設定した[11]。再生可能エネルギーを電力会社に固定価格で買い取らせる制度は、生産を拡大する効果的なモデルとして今世界六〇カ国を超える国々に活用されている。ドイツの温暖化防止対策・再生可能エネルギー拡大政策（図14を参照）は世界の模範である。

拡大される再生可能エネルギー

化石燃料を燃やす火力発電が二酸化炭素を排出して地球温暖化を促進するのに対し、再生可能エネルギーは温室効果ガスも大気汚染物質も排出しない。その拡大は地球温暖化を防止する重要な役割を担う。再生可能エネルギーの拡大は現代文明が直面している危機の克服につながる。

再生可能エネルギーは今、世界的に拡大機運にある。再生可能エネルギーの中で伸びが目立つのが、風力発電である。世界中の風力発電を合計すると、二〇一一年時点で既に年間四三四〇億キロワット時を発電している。これは太陽光発電による発電量の約七倍。一人当たり年間電力消費量の世界平均で計算すると、約一億四〇〇〇万人分に相当する。

一方、開発途上国では、太陽光発電の普及が農村に電化の恵みをもたらしつつある。また、もっぱら家事を担う女性が、パネルの設置や維持管理、修理の仕事に雇用され、生活レベルの向上をもたらしている。

『自然エネルギー世界白書　２０１４』によると、水力を含めた再生可能エネルギーによって供給される電力量は、二〇一三年末までに世界の電力生産量全体の二二・一パーセントを占めるまでに伸びた。内訳は水力が一六・四パーセント、風力発電、太陽光発電、バイオマス、その他を合わせて五・八パーセントである。国際エネルギー機関（ＩＥＡ）は二〇〇九年からのエネルギー需要の増加量を約三七パーセントに抑制することを前提に「再生可能エネルギーによる発電量は二〇五〇年に絶対量で六倍に増加、全発電量の六五パーセントを占めるまでになる」と予測している。

世界の再生可能エネルギーによる合計発電容量は、二〇一〇年に原発による発電容量を初めて上回った。それでも、世界の石炭、天然ガス、石油などの火力発電の合計発電量はなお総発電量の半分以上を占めている。再生可能エネルギーを拡大し、普及率を高めるには家庭、産業、交通の全部門でエネルギーの無駄をなくすとともに、エネルギー需要の増加を抑制する必要がある。

ドイツは風力や太陽光によって発電された余剰電力で水を電気分解して水素を生産、これを自動車の燃料や燃料電池、モーター、ガスタービンなどとして貯蔵（蓄電）、必要に応じて水素を電力に変える画期的なプロジェクトを二〇一一年に開発、実用化した(12)。水素を再生可能エネルギーの貯蔵と輸送の媒体として活用する技術の開発である。ドイツは、このプロジェクトにより再生可能エネルギーの貯蔵・輸送が容易になったばかりか、生産された水素を使い、二〇一五年以降、燃料電池車の量産を開始することになった。この技術を開発したマティアス・ベラー・ロストック大学教授に対する評価は高く、ベラーはライプニッツ賞を受賞した。

日本でも長寿命の触媒を使って水素を簡単に取り出す技術が開発された。こうした技術開発により、将来、ガソリン車やディーゼル車から水素自動車への転換が進み、二酸化炭素排出量が大幅に削減されることを期待したい。化石燃料に代わる新しいエネルギー源として、水素エネルギーの早期普及が待たれる。

＞＞ ＞第５章

激減する森林と生物種、捕鯨問題

森林破壊の歴史的経過

消失の皮切りはレバノンスギ

地球上の森林は人類が農耕生活を始めた約一万年前から人間の便益のための伐採や農地・都市建設などへの転換により急速に失われてきた。

紀元前八五〇〇年頃、狩猟採集の生活を送っていた人類がメソポタミアに定住し、農業を始めた。氷河期が終わり、人間にとって暮らしやすい気候に変わったからである。同七〇〇〇年頃、人類は主食の麦を栽培し始め、食用のヤギ、ヒツジ、ウシ、ブタなどの家畜を飼って集落を形成した。紀元前三五〇〇年頃、メソポタミアでは人口が急増、前三〇〇〇年頃から都市文明が栄えた。

一方、ナイル川流域のエジプトでは紀元前五〇〇〇年頃、農耕が始まり、前三〇〇〇年頃、早くもファラオ（王）による統一国家がつくられた。中国の長江流域では紀元前三三〇〇年頃から稲作を中心とする文明が栄え、黄河流域では前一七〇〇年頃から黄河文明が花開いた。

この頃、地中海沿岸からトロス山脈（現在のトルコ南部）に至る広大な地域に、レバノンスギ（マツ科の針葉樹）が広がっていた。農耕文明から都市文明の時代に入ると、メソポタミアやエジプトに起こった国家は宮殿、各種都市施設、住宅などの建設にレバノンスギを多用した。また人口増加による食料需要に応えるために森林を開墾して小麦を栽培、牧草地を造成した。レバノンスギの森林は五世紀末頃までにほとんど伐採され尽くした。

六世紀初め、木材利用と開墾によって残りわずかとなったレバノンスギが、ベネチア湾で始まった海上都市建設の基盤づくりの杭打ち用材として伐採され始めた。大規模土木工事のために、レバノンスギの森は、ほとんど消滅した。レバノンスギの消滅は世界的な森林破壊の皮切りである[1]。

八〇〇年、西ヨーロッパの主要部分を統一したフランク王国のカール大帝（シャルルマーニュ）がローマ教皇レオ三世からローマ皇帝の帝冠を授けられ、「能力のある者に開墾のための土地を与えるように」と命じた。貴族は森林や荒れ地を開墾して農地を造成、農作物の栽培に努めた。

十一世紀初め頃から欧州の人口が急増、食料増産のため、開墾に拍車が掛かった。こうして欧州西部、中部、北部の大半を覆っていたナラ、ブナ、シナノキなどの温帯落葉樹が中世を通じた開墾ブームによって姿を消していった[2]。

今あるドイツの森林は十四世紀以降、植林され、再生されたもので、いわゆる二次林である。

英国では十六世紀から十七世紀後半にかけて鉄、銅、鉛の精錬、ガラス製造などの諸産業が勃興した。当時はまだ石炭やコークスが発見されていなかったから、もっぱら国内の森林を伐採、薪を燃料に使った。このほか、船舶建造用、軍備増強用にも森林が伐採された。国王の借金返済のための森林の切り売りも加わり、英国の森林は急ピッチで減少した。

森林を伐採した後、植林を行なわず、伐採跡地を放牧地や牧草地にした。このため現在、英国の国土の六〇パーセント以上が放牧地・牧草地で占められ、森林面積は国土の八パーセントにすぎない。英国は工業の発展に伴い、大規模な森林破壊が進行し、植林が行なわれなかった典型的な国である[3]。

フランスでは英国（先述）と同様に植林が行なわれず、国土の八〇パーセントを占めていた森林が一七八九年までに一四パーセントに激減した。

東南アジアの商業伐採

東南アジアの熱帯雨林の減少には日本が深く関わった。日本は太平洋戦争後、まず豊かなフィリピンの森林に着目、熱帯木材を大量に輸入した。フィリピンの森林は急減、対日輸出が始まってから四半世紀の一九七六年にはほぼ半減した。日本の総合商社はフィリピンの森林が枯渇に向かっていた一九六二年、インドネシアのボルネオ島カリマンタン地域の豊富な熱帯雨林に着目、その木材の輸入を始めた。

カリマンタン地域には米国、韓国、台湾、香港なども進出、競い合うように熱帯丸太を輸入した。その結果、インドネシアの熱帯材輸出量は一九六〇年から八〇年までの二十年間に実に二百倍に増加した。森林の激減ぶりに危機感を抱いたインドネシア政府は一九八五年、丸太輸出を全面的に禁止し、合板の輸出に力を入れた。合板産業は著しく発展、森林の年平均消失量が一九八〇年の一〇〇万平方キロメートルから一九九〇年代には七倍の七〇〇万平方キロメートルに加速され、インドネシアの森林面積は一九五〇年から二〇〇〇年までの半世紀で三九・五パーセントも減った。

一九八七年に世界各国が輸入した熱帯丸太（広葉樹）総量のうち日本の輸入量は実に四九・六パーセントで、断然トップ。また熱帯製材（同）の輸入でも日本は世界の輸入総量の九パーセントを占め、シンガポールに次いで第二位だった。

熱帯雨林の商業伐採で国際社会からの厳しい批判を受けた日本政府当局は一九九一年、木材輸入

かつて鬱蒼と生い茂っていた熱帯雨林。今は商業伐採で激減した。マレーシアのサラワク州で写す。(REUTERS SUN 提供)

商社に対し、マレーシア・サラワク州の熱帯雨林の直接伐採輸入量を段階的に削減するよう指導した。日本の商社は同州からの熱帯丸太輸入に見切りをつけ、メラネシアのパプアニューギニアとソロモン諸島からの丸太輸入に主力を移した。一九九四年、パプア材、ソロモン材を合わせた輸入量は熱帯材原木輸入量の四割を超え、ソロモン諸島の森林が消滅する恐れが強まった。

日本の総合商社はシベリア・極東地域に広がっている広大なタイガとカナダのブリティシュ・コロンビア州の温帯林、アルバータ州の亜寒帯林の木材輸入へ向けて動き始めた（第八巻第一部第1章「消滅へ向かうアジアの熱帯林」を参照）。

世界の熱帯林は一九四〇〜八〇年の四十年間に全体の約半分が失われ、八一〜九〇年の十年間に日本の面積の四倍に相当する一五四万平方キロメートルの熱帯林が消えた。内訳は①アマゾンを中心とする中南米・カリブ地域が四八・〇パーセントの七四万平方キロメートル、②アジア太平洋地域が二五・三パーセントの三九万平方キロメートル、③コンゴ川流域を中心とするアフリカ地域が二六・六パーセントの四一万平方キロメートルである。そして一九九〇〜二〇〇〇年に、アマゾンとマレーシア、インドネシアなどの東南アジアの熱帯雨林は年平均日本の国土面積の三分の一に近い一二三〇万ヘクタール（一二万三〇〇〇平方キロメートル）ずつ減少した（図15を参照）。一九九〇〜二〇〇五年の間、世界の森林の減少によって大気中に放出された二酸化炭素は年間四〇億トンと推定されている。

地域によって異なる森林減少の原因

人類が農耕生活を始める前、森林は約六四億ヘクタールもあった。それが三百年前、推定約四五億

図15　減少する世界の熱帯雨林（1989年）

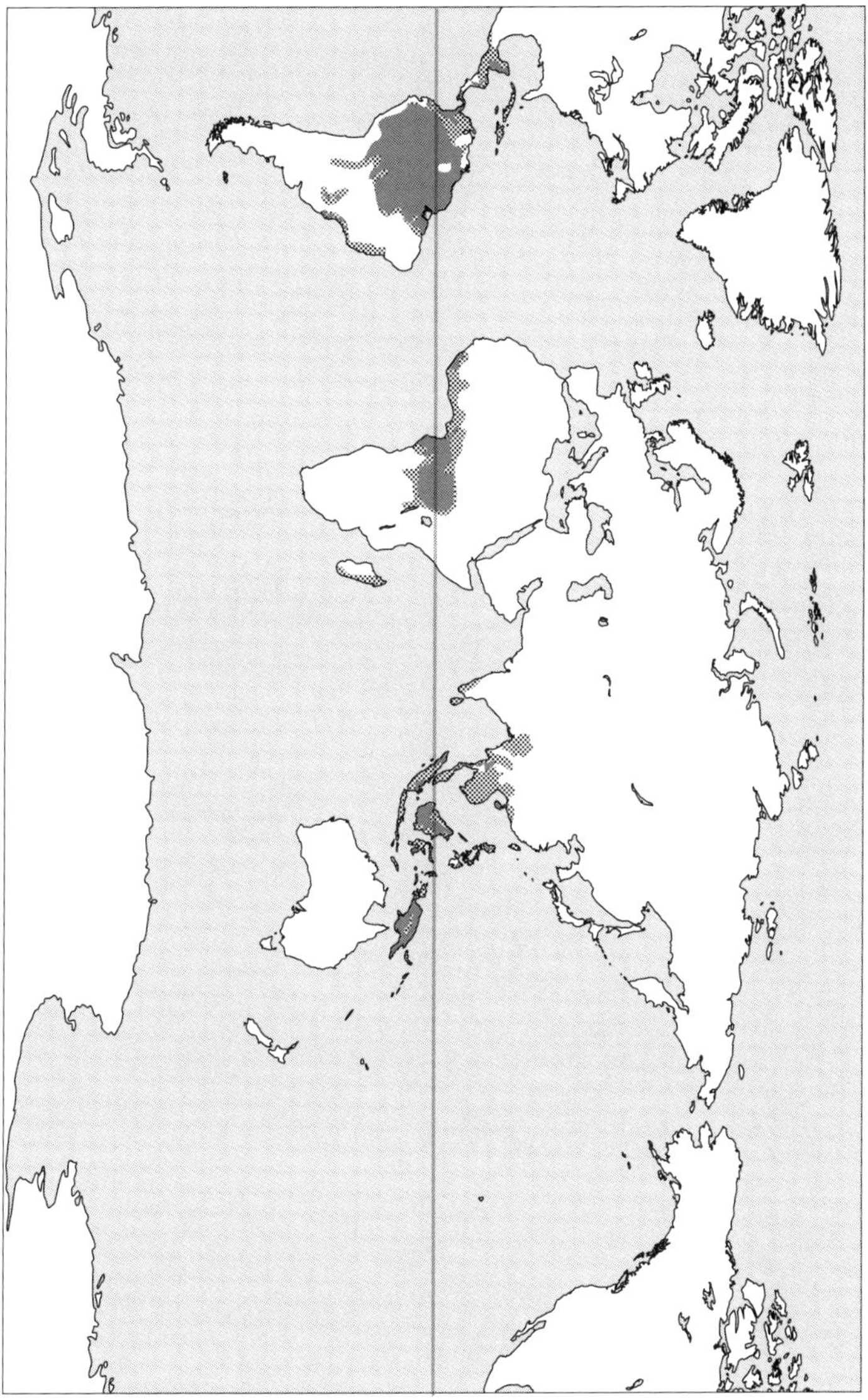

上からアジア（熱帯16カ国）、中南米（熱帯238カ国）、アフリカ（熱帯37カ国）。地図中の黒色は現在の熱帯雨林地帯、網線は過去の熱帯雨林地帯。

ヘクタールに減り、現存する地球上の森林面積は約四〇億ヘクタール（日本の国土面積の百八倍）である。[4] かつてあった森林の三七・五パーセントが失われたことになる。今日、世界で伐採されている樹木の約五五パーセントが燃料として、残りの四五パーセントが材木や紙などの工業製品として、それぞれ利用されている。[5]

　東南アジアの熱帯林減少の原因は地域によって異なる。熱帯アジアのうち島嶼部のインドネシア、フィリピン、パプアニューギニアでは一九九〇年代までは商業伐採が原因。伐採跡地での植林は跡地面積のせいぜい一割程度だから、急速に消失が進む。一九九〇年代以降は、パーム油生産のためのアブラヤシ栽培農園造成が熱帯雨林減少の主要な原因となった。

　東南アジアの熱帯雨林が減少している第三の原因は樹木の生長に配慮しない略奪的な焼畑移動耕作、第四の原因は住民が日々、炊事のために行なう薪の採取である。樹木の生長に配慮しない焼畑移動耕作はタイ、カンボジア、ラオス、ベトナム、ビルマ（ミャンマー）の東南アジア大陸部で営まれ、熱帯林を減らしている。かつてフィリピンでも、この農法が盛んだった。一九七〇年代から八〇年代にかけて、インドネシアのスハルト政権は人口の多いジャワ島から六〇〇万人をカリマンタン島の森林地帯などへ移住させた。この移住計画の実施期間中に推定三〇〇万ヘクタールの森林が農地や住宅地などに転換された。

　一方、南米八カ国にまたがるアマゾン川流域の熱帯雨林は世界の熱帯雨林全体の三分の一に当たる。一九六四年、ブラジルの軍事政権が土地を持たない農民をアマゾンに送り込み、土地を配分して焼畑移動耕作や牧畜を営ませる政策に着手した。

熱帯雨林地域に縦断、横断の幹線道路を建設、鉄、銅、マンガン、金などの埋蔵されているブラジル北東部の鉱山を開発、鉱石を溶かすための燃料に熱帯雨林を伐採して得た木材を使用した。鉱山開発と入植した貧困層や小農の樹木の生長に配慮しない焼畑移動耕作により、アマゾンの広大な熱帯雨林が失われた。

一九九〇年代に入ると、アマゾン川流域では、ブラジル政府が放牧地や農地への転用、道路やダムの建設、鉱業開発、都市化を進めたため、二〇〇〇年までの十年間に約二三〇万ヘクタールの森林が減少した。そして今なお大豆などの栽培用農地や牛の放牧地を造成するための森林開発が急ピッチで進められている。二〇〇六年四月発行の英国の科学雑誌『NATURE』に掲載されたブラジル・ミナス・ジェライス連邦大学の科学者ソアレス・フィーリョらの論文によると、アマゾンの熱帯雨林は二〇五〇年までに全体の四〇パーセント前後に当たる約二〇〇万平方キロメートルが消失、約一〇〇種の在来種の哺乳類が生存の危機にさらされるという。

東南アジアやアマゾン川流域の膨大な面積の熱帯雨林の減少が今、起こっている地球温暖化の進行に少なからぬ影響を与えたことは間違いない。

薪炭材の採集

樹木の燃料利用のうち、大きな割合を占めているのが、薪材の採集・消費である。

国連食糧農業機関（FAO）の調べによると、世界中で炊事や暖房などに薪炭材を使っている人は推定約二〇億人。薪炭材用の森林伐採が盛んな国はインド、中国、ブラジル、インドネシア、ナイジェリアの五カ国で、この五カ国の薪炭材用伐採量の合計は世界の総伐採量の半分近くを占めている。(6)またインドでは薪の需要、人口増加圧力による森林の農地への転換、ヤギとヒツジの放牧によって森林が減少傾向をたどった。

開発途上国では薪の採取は女性の仕事とされ、女性たちが半日がかりで集めた薪を背負って持ち帰っている。薪の手に入る場所が遠くなる一方で、約一〇億人が薪の採取難による燃料不足に直面している。

薪に頼ってきた人たちの中には、薪の代わりに農作物の栽培に使う牛糞を炊事用の燃料に使う人も出ているが、牛糞を使うと、肥料に使えなくなり、農業生産が減る。今のペースで薪の採取が続けば、そう遠くない将来、薪が手に入らない人が増加し、社会問題化すると見られる。この問題の解決には住宅の屋根にソーラー・パネルを張る太陽光発電の普及が待たれる。

製紙用樹木の伐採による減少

製紙に用いられるバージン木材繊維は、世界の年間木材生産量の一八パーセントを占めている。紙は約千九百年前に中国で樹皮や麻のボロなどを原料にして初めてつくられ、九世紀末、欧州で広まり、北米では一六九〇年に始まった。西洋の紙の主要な繊維源すなわち原料は布きれ（木綿のボロ）だった。現在、洋紙に使われている繊維の九一パーセント近くが木材繊維であり、そのうちの三分の一以上が再生紙である。

世界で生産される紙の量は約三億トン。この三分の二が丸太から生産され、綿や稲わらなどの非木材原料からの生産は僅か四パーセントにすぎない。製紙用木材のほとんどがカナダ、米国、北欧スカンジナビア半島諸国、ロシア、ブラジル、ニュージーランド、インドネシア、チリなどで伐採され、生産される七〇パーセント以上が北米、西ヨーロッパ、日本（三ブロックの合計人口は世界の二〇パーセント）で消費されている。最大の紙生産国は米国で、一九九〇年代半ばには世界の紙生産量の三〇パーセント近くを占めるまでになった。[7]

世界の紙消費量は一九五〇年から二〇〇〇年までの半世紀間に六倍に増加し、これが森林減少の一因となっている。実際、オーストラリアのタスマニア島（タスマニア州）で一年間に伐採されている森林の面積はサッカー場九五〇〇個分に相当し、森林生態系が破壊されている。この地で伐採された樹木の四分の三は輸出用の木材チップに加工され、日本を始めとする諸外国へ輸出されている。日本の紙の原料木材チップ輸入量は世界の約七〇パーセントを占め、紙の生産量は世界の約一〇パーセントである。

このように、人類は農耕生活開始から今日まで森林を食い潰してきた。過去一万年の人類の歩みは自然資源である森林を破壊してきた歴史であった。野放図な森林破壊のツケが今、人類の未来に暗い影を落とそうとしている。

火災による消失と違法伐採

森林は火災によっても失われる。特に焼畑農業で点けた火は、しばしば大きな森林火災に発展する。インドネシアでは記録的な大森林火災が一九八二年からこれまでに九回、小さな森林火災は毎年のように起きている。

一九八二年から八三年にかけてインドネシア・東カリマンタン州の火災では九州の面積に相当する三〇〇万ヘクタール以上、一九九四年のカリマンタン島とスマトラ島の火災では合わせて五一〇万ヘクタールを焼失した。

一九九七年六月、カリマンタン島でアブラヤシ農園開発業者が森林を丸ごと焼く安易な用地造成を狙って森林に火を放ったところ、折からの異常干ばつで乾燥した泥炭層に燃え広がり、有毒な煙が一九九七年後半までにインドネシア、マレーシア、シンガポール、フィリピン、タイの各一部に達した。この大規模火災によって失われたインドネシアの熱帯雨林の総面積は実に九七〇万ヘクタールに達した。(8) 大量の泥炭の長期にわたる燃焼により、発生した高濃度の有害な微粒子や浮遊粉塵などを吸入して呼吸器疾患を起こした人は、約二〇〇万人にのぼった。

東南アジアでは一九九〇年代半ば頃から熱帯林の違法な伐採と違法伐採された木材の違法取引が横行し始めた。インドネシアで森林省の統計では、違法伐採によるとしか考えられない木材が一九九五年から二〇〇〇年までに七〇〇〇万立方メートルを数えた。

一九九〇年代の世界の森林減少面積は年平均八三〇万ヘクタールだったから、これと比べると、二〇〇〇年から十年間は減少面積が大幅に少なくなった。その原因の一つが近年の植林活動の広がりである。植林による森林面積の増加は、十年間に世界全体で年間約二二〇万ヘクタールにのぼった。砂漠化、洪水、土砂崩れ、渇水の頻発、伐採などで多くの森林を失った中国は今、植林による緑化に非常な力を入れている。またインドやベトナムでも大規模な造林プログラムが実施されている。

森林を食い潰してきた人類

二十世紀半ば以降の急減

世界の森林は人類の生存基盤とも言うべきもの。そんな大事な森林が急ピッチで失われてきた。

二十世紀半ば以降、今日までに材木需要に対応する世界の森林伐採面積は二倍に、薪炭材などの燃料需要は三倍近くに、紙需要は六倍近くに増大した。二〇〇〇年から二〇一〇年までに減少した世界の森林の総面積の年平均（減少面積から植林面積を差し引いた面積）は約五二一万ヘクタールである。減少面積が特に大きかったのは、南アメリカ、アフリカなどの熱帯諸国の森林。二〇〇五～一〇年の森林減少の原因を見ると、ブラジル、インドネシア、ナイジェリアでは放牧地や農地の造成、薪の採取などが原因、オーストラリアは深刻な干ばつや森林火災などが原因だった。森林は、このほか人口増加に伴う食料需要のための焼畑農業や商業用の農作物、パーム油生産のためのアブラヤシ農園の造成、放牧地の造成によっても失われた。

伐採した木材の用途を見ると、五五パーセントが炊事用薪炭材など燃料として使われ、残り四五パーセントが材木や紙などの工業製品として利用されている。

森林の環境保全機能

森林の環境保全機能は極めて多様で、しかも果たしている役割が大きい。その主な役割を挙げると、次のようになる。

(1) 森林は太陽エネルギーを利用して光合成を行ない、有機物を生産する。この働きを通じて化石燃料の燃焼によって排出される二酸化炭素が吸収される。この吸収により、森林は地球温暖化の緩和に役立っている。森林を中心とする陸地累積吸収量は、累積された二酸化炭素の総量二四〇ギガトンの六七パーセントに当たる一六〇ギガトンで、海洋中に溶け込んだ二酸化炭素の量、一五五億ギガトンよりも多い(9)。

(2) 森林には地球上の生物種のほぼ半数が生息し、生命をはぐくむ源となっている。森林は生物の生息環境を保全する機能と生物資源を保護する機能を併せ持つ。

(3) 森林は広大な山野の表層土を覆い、樹木が根を張って土壌の浸食・流出を防止する役割を果たしている。集中豪雨の際、伐採により丸裸にされた森林跡地から土壌が流出して土砂災害が発生したとき、森林の機能がわかる。

(4) 森林は産業活動によって排出される硫黄酸化物や窒素酸化物などの大気汚染物質を取り込み、大気を浄化してくれる。

(5) 森林は蒸散作用によって湿度を調節し、降雨をもたらす。また気象緩和機能を持ち、裸地と比較して気温の較差が少ない。

世界の森林は気候別にみると、一年中気温が高い熱帯気候の地域には雨量が豊富な熱帯雨林（アマゾン川流域やインドネシア、マレーシア、アフリカ中部）、乾燥気候の地域には樹木がほとんど生育できない砂漠や草原、温帯気候のもとでは多種多様な樹木が生育（日本など）、冷帯（亜寒帯）の北部には広大な針葉樹林（タイガ。ロシアの極東地域やシベリア）、樹木の生育が不可能な極端な低温の寒帯の五つに大別される。森林資源の分布は偏在が際立っていると言えよう。

人類の生存基盤の破壊も

森林の大幅な減少により、化石燃料の使用で大気中に放出された二酸化炭素を取り込む機能が衰え、取り込み量が激減した。これは海の二酸化炭素取り込み機能の低下とともに、地球温暖化防止を図るうえで、相当に大きな打撃である。

針葉樹林は一度伐採されると、回復が困難である。再生への回復力が比較的強い熱帯雨林は商業伐採、焼畑耕作、薪用の伐採が進み、森林火災が加わって、その面積が急速に減少して行った。大規模な熱帯雨林の商業伐採の跡地には、植林がごく僅かしか行なわれていない。

基礎的な生物資源である森林には有望な代替物は全く存在しない。人類は森林の樹木を自らの便益のために伐採した結果、表土の浸食・流出などの土壌劣化や砂漠化、地球温暖化を加速させるなど自らの生存基盤を不可逆的に破壊し続けてきた。

今、起こっている、こうした森林破壊は十五世紀から十六世紀にかけて太平洋の孤島イースター島で起こった森林破壊と似ている。イースター島の住民は本来、極めて乏しい森林、土地、農業などの資源と脆弱な環境に頼って生活していた。一四〇〇年代初め頃、人々は人口増加に対応して島にあった亜熱帯性の森林を開墾し、農作物を栽培した。

また家の建造や炊事用の薪の採取、漁業用カヌーの材料、巨大な石像台座の運搬用梃子の材料などに使うため、樹木を盛んに切り倒した。過度の森林伐採は土壌浸食を引き起こし、食料生産量の減少をもたらした。やがて人口圧力に押されて森林が伐採され尽くし、新たな農耕地の造成もカヌーの建造もできなくなり、イースター島の人間社会そのものが崩壊した[10]。

絶海の孤島イースター島の森林消滅は地球の縮図である。小さな、この島がたどった悲劇の道は森林の激減、地球温暖化などの環境の危機に直面している二十一世紀の人類に対し、環境保全の重要性を示す貴重な教訓を示している。

森林破壊と生物多様性喪失

急減する生物の種

地球上に存在する生物種の数は、未知の種を含めると、数百万種とも数千万種とも言われている。しかし現在までに科学的に明らかにされた野生生物の種の数は約一七五万種にすぎない。強い太陽光線と頻繁な降雨が降り注ぐ熱帯雨林は生物種の宝庫である。国連環境計画（UNEP）は熱帯雨林を中心とする熱帯林に生息する生物種の数を一三〇〇〜一四〇〇万種と推定、このうちの約半数、すなわち六五〇〜七〇〇万種の生物種が生息していると見ている。

こんな生物種の宝庫、熱帯雨林が過去半世紀間、輸出用の木材生産のための商業伐採やパーム油生産のためのアブラヤシ栽培農園への転換、移住者による農地造成のための開墾、道路やダムの建設、住宅などの建築、樹木の生長を待たない乱暴な焼畑移動耕作、薪炭採取や森林火災によって四割も減少、今なお二六万平方キロメートルもの森林をアブラヤシ栽培農園に転換する計画が進められている。こうした熱帯雨林の破壊が進行すれば、そこに生息する生物種が激減するのは当然で、動植物種の五分の一を絶滅させたと見られている。

現在、地球上の生物種は、かつてない速さで絶滅に向かって減少している。地球上の生物多様性の保全は待ったなしの急務となっている。野生生物に関する国際的な知見を統括し、世界に知らせる自然保護NGOの国際自然保護連合（IUCN。本部・スイスのグラン）が二〇一四年二月十四日、絶滅の危機に瀕している世界の野生生物のリスト「レッドリスト」最新版を発表した。

そもそもレッドリストは国際自然保護連合と「世界自然保護モニタリングセンター」（WCMC）が、絶滅のおそれがあるか、個体数が減少している生物種を、その程度によってランク付けし、リストにしたものである。レッドリストは、それぞれの専門分野の研究者グループが絶滅の危機にさらされている植物や動物の種について、絶滅の危機の程度の評価と保護の優先度識別に役立ててもらうことを目指してパーセンテージを割り出している。

レッドリストのほかにレッドデータブックがある。レッドデータブックは当初、絶滅のおそれのある動物および植物にランクを付けて、種ごとにデータを記載しまとめたものだったが、一九八一年からブック形式に統一された。

レッドリストはレッドデータブックよりも哺乳類、鳥類、両生類、爬虫類、魚類、無脊椎動物を広範に網羅し、種の学名、英名、分布域、主な脅威などを表示している。

国際自然保護連合のレッドリストは動物では、①哺乳類、②鳥類、③爬虫類、④両生類、⑤汽水・

淡水魚類、⑥昆虫類、⑦貝類、⑧その他無脊椎動物（クモ形類、甲殻類等）の分類群ごとに、植物では、⑨植物Ⅰ（維管束植物）及び⑩植物Ⅱ（維管束植物以外：蘚苔類、藻類、地衣類、菌類）の分類群ごとに、計一〇分類群について作成している。レッドリストの最初の刊行（第一版）は一九八六年。二〇〇四年までに六回、更新され、二〇〇六年以降は毎年、更新されたレッドリストが発行されている。現在はインターネットでそのリストを検索できる。

二〇一一年七月の更新では、ヒマラヤスギ類、イトスギ類、モミ類、その他の針葉樹についての最初の世界規模の再評価が行なわれ、針葉樹の種全体の三四パーセントが絶滅の危機にあると発表された。また数年来、絶滅が最も危惧される分類群の一つ両生類（カエルやサンショウウオなど）の一九種がリストに追加された。太平洋南西部メラネシアにあるニューカレドニア諸島固有の爬虫類は六七パーセントに当たる種が絶滅の危機にあるとされた。

二〇一四年二月十四日に更新されたレッドリストは表5に掲げたとおり、絶滅の恐れが高い生物種の数を絶滅から情報不足までの八つのカテゴリーに分けて記載、これらの合計数を二万一二八六と発表した（表7を参照）。一九一一年七月二日のデータ更新では絶滅の恐れが高い生物種の数は二万九三四だったから、三年間に三五二増えたことになる。

南極のコウテイペンギンの生息数は、地球温暖化が今のペースで進むと、今世紀末には二〇一四年時点よりも一九パーセント減少し、絶滅危惧種になる恐れがある――とする研究結果を米国ウッズホール海洋研究所が二〇一四年六月、まとめ、英国の科学雑誌『ネイチャー・クライメート・チェンジ』に発表した。

表6　国際自然保護連合（IUCN）のレッドリスト

絶滅（EX）：Extinct	既に絶滅したと考えられる種。
野生絶滅（EW）：Extinct in Wild	飼育・栽培下であるいは過去の分布域外に、個体（個体群）が帰化して生息している状態のみ生存している種。
絶滅危惧IA類（CR）：Critically Endangered	ごく近い将来における野生での絶滅の危険性が極めて高い。
絶滅危惧（EN）IB類：Endangered	IA類ほどではないが、近い将来における野生での絶滅の危険性が高い。
絶滅危惧Ⅱ類（VU）：Vulnerable	絶滅の危険が増大している種。現在の状態をもたらした圧迫要因が引き続いて作用する場合、近い将来「絶滅危惧Ⅰ類」のランクに移行することが確実と考えられる。
準絶滅危惧（NT）：Near Threatened	存続基盤が脆弱な種。現時点での絶滅危険度は小さいが、生息条件の変化によっては「絶滅危惧」として上位ランクに移行する要素を有する。
軽度懸念（LC）：Least Concern	基準に照らし、上記のいずれにも該当しない種。分布が広いものや、個体数の多い種がこのカテゴリーに含まれる。
情報不足（DD）：Data　Deficient	評価するだけの情報が不足している種。

表7　絶滅のおそれの高い種の数

分類		近絶滅種（CR）	絶滅危惧種（EN）	危急種（VU）	合計
動物	哺乳類	196	447	500	1,143
	鳥類	198	397	713	1,308
	爬虫類	164	329	386	879
	両生類	520	783	647	1,950
	魚類	413	530	1167	2,110
	無脊椎動物	832	957	2,033	3,822
	動物合計	2,323	3,443	5,446	11,212
植物		1,957	3,006	5,102	10,065
その他					9
全ての合計種数					21,286

（2014年版IUCNレッドリスト掲載）

生物多様性条約の締結

一九八七年、国連環境計画（ＵＮＥＰ）は国際自然保護連合（ＩＵＣＮ）などの環境保護団体の要請を受け、「地球サミット」（国連環境開発会議）における締結を目指して生物種の生息環境と生態系の保全、生物の多様性保全を目的とする国際条約づくりの準備を開始した。

野生動植物の国際取引を規制するためのワシントン条約（野生動植物の国際取引の規制に関する条約）、湿地を保全するためのラムサール条約（特に水鳥の生息地として国際的に重要な湿地に関する条約）が、それぞれ一九七五年に発効した。しかし生物多様性の保全と持続可能な利用を目的とする条約はなかった。

一九九〇年、「地球サミット」（国連環境開発会議）が二年後の九二年六月にリオデジャネイロで開催されることが決まると、ＵＮＥＰは生物多様性条約案を作成する方針を決め、政府間交渉を開始した。生物多様性にとって最も差し迫った脅威となっているのは、生物種を絶滅に追いやっている生息地の破壊と生息環境の悪化である。そこでＵＮＥＰは条約案で保護すべき動植物の種が豊富に存在すると見られる地域を「グローバルリスト」に指定できるようにし、保護しようとした。

しかし交渉では森林を保有する開発途上国側が「生息地の地域指定が先進国主導型になると、資源の利用が規制される」として、この「グローバルリスト」指定計画に反対した。「地球サミット」を間近にした一九九二年五月二十二日、ナイロビで条約づくりの最終交渉が開かれた際、議長を務めていたチリのサンチェス在ケニア大使が、この「グローバルリスト」の条項を一存で全面削除した。フランスがこれに強く反発したが、結局全面削除することで合意が成立、条約が採択された[11]。

生物多様性条約は野生生物保護の枠組みを広げ、地球上の生物の多様性の包括的保全、生物多様性の保全と持続可能な利用との両立、生物資源の利用から生じる利益の公平な分配を目標に掲げている。そのうえ、条約は締約国に対し、生物多様性を保全するための国家戦略の策定、保全上、重要な地域や種の選定とモニタリング、保護地域体系の確立、絶滅の恐れのある種の保護・回復、生物資源の持続的な利用などを求め、同時に遺伝子資源とバイオテクノロジーを含む技術移転なども取り決めている。

六月五日の「地球サミット」の開会と同時に生物多様性条約の署名が始まり、一九九三年十二月二十九日に条約が発効した。

生物種減少の現状

人類は生存の基盤を自然環境に大きく依存している。それにも拘らず、人類は動植物の豊かな生息地であるアマゾン川流域や東南アジア、アンデス山脈、西アフリカなどで森林を商業伐採や牧場・農地の造成などによって減らし、生物多様性を損ねてきた。

人類が産業革命を迎えた一七五〇年頃、世界人口は八億五〇〇〇万人だったが、二〇一四年現在、七三億人に増えた。工業化時代の二百六十年間に人口が八・六倍に増えたのである。この膨大な世界人口の様々な欲求・欲望が今、間接的に「ホットスポット」の生物多様性を失わせている。

生物多様性条約発効から十三年後の二〇〇五年三月三十日、国連が九五カ国、約一三〇〇人の科学者の協力を得てまとめた初の「地球生態系評価報告書」が発表された。

この報告書は、過去一世紀間に約一〇〇種の鳥や哺乳類、両生類が絶滅し、二十一世紀中に鳥類の一二パーセント、哺乳類の二五パーセントが絶滅する恐れがあると指摘、「地球温暖化は生物種の絶滅速度を速め、生態系の大幅な劣化を促進する」として、大気中の二酸化炭素濃度を四五〇ｐｐｍ（二〇一四年四月の二酸化炭素月平均濃度の速報値は四〇七・〇ｐｐｍ）に抑えるよう呼びかけた。

生物多様性条約は「生物多様性が失われる速度を顕著に減少させる」目標年を二〇一〇年としていた。このため二〇一〇年十月、生物多様性条約第十回締約国会議（ＣＯＰ10）が名古屋国際会議場で開催された。

会議には一七九の締約国、国際機関、環境ＮＧＯの各代表など約一万三〇〇〇人が参加、遺伝子資源へのアクセスと利益配分に関する名古屋議定書を採択した。

人類の持続可能な未来のためには、地球上の生命の多様性を保全するための国際社会や関係機関、環境ＮＧＯなどの行為を成功させる必要がある。我々は生物多様性をさらに大きく失うのか、それとも大幅な喪失に歯止めをかけることができるのか、いま岐路に立っている。世界の陸域・海域に現存する国立・国定公園から公立公園、原生自然保護地域、ユネスコの「人間と生物圏計画」により、六六カ国に設定されている「生物圏保護区」、特定の種を保護するための小面積の保護区までの保護地域は全部で約八二〇〇カ所。その合計面積は七億五〇〇〇万ヘクタールである。各国政府や自治体、環境ＮＧＯは、これら全ての保護地域の管理を強化し、一層、生物の多様性保全に役立てなければならない。

四十年以上続く捕鯨問題

問題の歴史的経過

クジラは八〇種以上あるが、現在、全種がワシントン条約の付属書ⅠまたはⅡに記載され、絶滅から守るための取引規制の対象とされている。捕鯨に反対する反捕鯨国は一九七二年六月九日、スウェーデンの首都ストックホルムで開かれた「国連人間環境会議」で捕鯨をやめるよう訴え、以来今日まで国際捕鯨委員会では捕鯨を認めるよう求める捕鯨国との間で激しい議論が戦わされてきた。国際捕鯨委員会（ＩＷＣ）における反捕鯨国と捕鯨国の議論の経過と捕鯨の歩みをたどる。

欧州の捕鯨の歴史は相当に古い。十五世紀から十六世紀初頭にかけてグリーンランド沿岸に回遊してくるホッキョククジラが発見され、ドイツ、デンマーク、オランダ、フランスの帆船の捕鯨船がホッキョククジラを追って出漁、北氷洋と北大西洋で大規模な捕鯨を開始した。当時、捕鯨の目的は鯨油を灯火灯油に使うためだった。十六世紀末、各国は軍艦の護衛のもと、それぞれ三〇〇隻近い捕鯨船を繰り出し、年間合わせて三万頭程度、捕獲した。その結果、この海域のホッキョククジラは絶滅寸前に追いやられた。

十八世紀、米国は大西洋岸ニューイングランドの港を基地に帆船の捕鯨船が油の多いマッコウクジラを捕獲、基地へ運んで採油した。十九世紀半ば頃、米国帆船捕鯨船は世界の捕鯨船総数の七四パーセントを占め、捕鯨は最盛期を迎えていた。一八五三年（嘉永六年）、米国東インド艦隊司令長官ペリーに率いられた三隻の「黒船」が江戸湾の浦賀に来航、十七世紀以来続いていた日本の鎖国を破ったが、ペリー艦隊来航の主要な目的は米国捕鯨船隊の食料補給にあった。

米国やオーストラリア、ノルウェーなどはクジラから灯火燃料や機械油を取るため、十九世紀から二十世紀中葉にかけて捕鯨を大規模に行なった。一九四六年、国際捕鯨取締条約が締結され、四八年十一月、発効した。この条約の目的はクジラ資源の適切な保存を図り、捕鯨産業の秩序ある発展である。条約の発効と同時に、国際捕鯨委員会（ＩＷＣ）が一五カ国によって設立された。同委員会の主な任務は条約の目的を達成するため、①クジラ資源の保存、利用についての規制の採択、②クジラと捕鯨に関する研究と調査の勧告、③鯨類の現状、傾向、これらに対する捕鯨活動の影響に関する統計的資料の分析――の三つである。

一九六〇年代、クジラが急減した。六〇年代半ば頃、米国や西欧の環境保護主義者たちは、このまま捕鯨国同士の利害調整を主目的とするＩＷＣに任せておけばクジラは捕鯨によって絶滅してしまうとの危機感を強め、世界的なクジラ保護運動が高まった。これを受けて欧米諸国は捕鯨から撤退した。

その結果、日本やノルウェーなど捕鯨を続けている国々に対する批判が強まった。捕鯨批判が頂点に達し、爆発したのが、一九七二年六月九日、スウェーデンの首都ストックホルムで開かれた「国連人間環境会議」（通称・ストックホルム会議）の第二委員会であった。米国代表は会議冒頭、商業捕鯨の十年間禁止（モラトリアム）の決議案を提出、提案理由を要旨次のように説明した[12]。

「クジラは絶滅の危機に瀕している野生生物のシンボル。全世界の遺産として保護されなければならない。地球の生態系（エコシステム）の中にクジラという種を残すためには商業捕鯨の禁止が必要である。国際捕鯨委員会などによる従来の保護の仕方は十分ではない。各国政府に対し、商業捕鯨の十年間禁止に関する国際協定の作成に同意するよう求める」

米国代表の厳しい捕鯨批判に対し、捕鯨国日本の小木曽本雄日本政府代表（国連大使）がすかさず、こう反論して修正案を提案した[13]。

「商業捕鯨十年間禁止提案は科学的根拠に乏しく、極端な提案である。絶滅の危機に瀕している種類のクジラについてのみ、十年間の捕鯨禁止勧告を採択し、どの種類のクジラが絶滅の危機に瀕しているかの判定は国際捕鯨委員会の専門家の判断にゆだねるべきである」

討論の後、議長が米国案への賛否を求めると、賛成五一カ国、反対三カ国だった。反対の三カ国は日本、南アフリカ連邦、ポルトガル。危機感を強めた日本政府当局はIWCを舞台に巻き返しを行ない、この年のIWC総会では、商業捕鯨十年間禁止勧告は激論の末、否決された。

しかしIWCは「科学的な情報が不足しているなか、捕鯨を続ければクジラの絶滅につながりかねない」として一九八二年、クジラの生息数に関する正確なデータが集まるまで商業捕鯨を一時禁止（モラトリアム）する案が参加国の四分の三の賛成により可決された。日本、ノルウェー、ソ連、ペルーはIWCの決定に異議を申し立てたが、認められなかった。

一九八六年、日本政府はやむなく南氷洋での商業捕鯨を中止し、翌八七年から南極海でミンククジラの生息数情報を集めるための調査捕鯨を開始した。調査捕鯨を通じて、クジラが増えていることを証明、商業捕鯨の再開を認めさせようと考えたのである。調査捕鯨実施の根拠は、国際捕鯨取締条約第八条の規定「締約国政府は自国民が科学的研究のために鯨を捕獲し、殺し、及び処理することを認可することができる」に基づく。南極海の調査捕鯨の枠はミンククジラ最大九三五頭の捕獲だった。九四年、日本はさらに北大西洋でミンククジラ、ナガスクジラなどの捕獲を開始した。

欧米の環境保護団体は日本の調査捕鯨に強く反対した。IWCは調査捕鯨に反対する国際世論を考慮、日本に調査捕鯨の中止を求める勧告案を賛成多数で可決した。しかし日本は調査捕鯨を続け、反捕鯨国との対立を深めた。

日本の南極海調査捕鯨禁止判決

二〇一〇年五月三十一日、オーストラリア政府は南極海における日本の調査捕鯨の禁止を求め、国際司法裁判所（オランダ・ハーグ）に日本を提訴した。提訴の背景にはクジラを愛するオーストラリア人の心情や価値観がある。オーストラリアの捕鯨反対は二〇一〇年一月の世論調査（対象・一〇〇〇人）の結果では九四パーセント。クジラ保護はオーストラリア人にとって事実上、環境保護の象徴とも言うべき存在である。

そのオーストラリア人から見れば、科学的な調査の名のもとに年間四〇〇トン以上のクジラを捕殺し、鯨肉を食用に売って利益を得ている日本の調査捕鯨は「調査と称しての疑似商業捕鯨」と映る。

オーストラリアは南極大陸の一部を自国の領土と主張し、そこから二〇〇カイリ以内の排他的経済水域内の南極海は自分たちの裏庭と見なしている。オーストラリアの反捕鯨は党派を超えた揺るぎない政策になっている。オーストラリアは一九八〇年に「クジラ保護法」を施行、領海内でのクジラの捕獲を禁じ、さらに一九九九年には排他的経済水域内でのクジラ捕獲を禁じる「環境保護・生物多様性保護法」を制定した。それでも南極海における日本の調査捕鯨が止まらないため、オーストラリアは遂に提訴に踏み切った。

二〇一四年三月三十一日、国際司法裁判所はオーストラリア側の主張を全面的に認め、①日本の南極海での調査捕鯨は、国際捕鯨取締条約で定められている科学的調査ではない、②調査捕鯨による捕獲数は、商業捕鯨による捕獲数をゼロと定めたIWCの一時停止にも違反している——との判断を示し、日本の南極海における今後の調査捕鯨を許可しないよう命じた。

九月十五日、国際捕鯨委員会(IWC)総会がスロベニアで始まり、日本が求めた南極海での調査捕鯨再開計画を事実上、先延ばしするよう求めたニュージーランドの決議案が最終日の十八日、反捕鯨国の賛成多数で可決された。日本は、それでも捕獲数を減らすなどして二〇一五年に調査捕鯨を再開する方針を決めた。二〇一四年の調査捕鯨への税金投入額は水産庁分だけで十年前の一・八倍の一七億二〇〇〇万円に膨れ上がっており、国内には、調査捕鯨を続けてこのまま税金を使い続けることにも批判が強い[14]。

「公海のクジラは人類共有の財産」

八〇種を超えるクジラの大部分が太平洋や南氷洋など公海に生息、広域を回遊している。例えば、大型のヒゲクジラは南半球の低緯度と北半球の高緯度の間の広域を回遊する。特定の国の沿岸や近海にだけ生息している種は一、二種に過ぎない。

公海は世界の海の三分の二近くを占める。各国の主権や管轄権が及ばない公海については、海の憲法と言われる国連海洋法条約は「公海はすべての国に開放され、すべての国が公海の自由（航行の自由、上空飛行の自由、漁獲の自由、海洋の科学的調査の自由等）を享受する」と定めている。公海に生息するクジラは、どこの国の物でもなく、人類が共同して所有する財産なのである[15]。

世界にはクジラを守ること、すなわち反捕鯨を環境保護のシンボルと考える人が多い。一九七二年六月の「国連人間環境会議」（先述）で、「公海上に生息する人類共有の財産であるクジラを少数の国が自分たちの利益のために利用するのは不公平である」という意見が出され、捕鯨国日本の代表が反論したが、この考え方は世界の多くの人たちが当時から共有しているもので、今日もなお世界の反捕鯨ムードを支えている[16]。

先に述べたとおり、過去には多くの国が公海捕鯨を行なってきたが、一九六〇年代にクジラの急減と世界的なクジラ保護運動の高まりを受けて、欧米諸国が捕鯨から撤退した。二〇一四年五月時点のIWC加盟国は八八カ国。このうち捕鯨支持国は三九カ国、反捕鯨国は米国、フランス、スペイン、中南米諸国など四九カ国である。

二〇一四年三月三十一日、国際司法裁判所は、日本が南極海で実施している調査捕鯨を禁止するとの判決を下した。日本は「捕鯨や調査捕鯨は国連海洋法条約に基づき、公海で実施してきた」と言ったが、反捕鯨国は「公海の利用には国際社会の合意が必要」と主張した。

日本と同じ捕鯨国であるノルウェーは、IWCが商業捕鯨の一時禁止を決定した一九八二年後も、これを無視する形で捕鯨を続けたが、ノルウェーは原則として近海捕鯨、つまり自国の沖合でしか捕鯨を行なっていない。ノルウェーに限らず、日本以外の捕鯨国の全ての国が、一九八二年以降は公海

図16　クジラの種類と大きさの比較

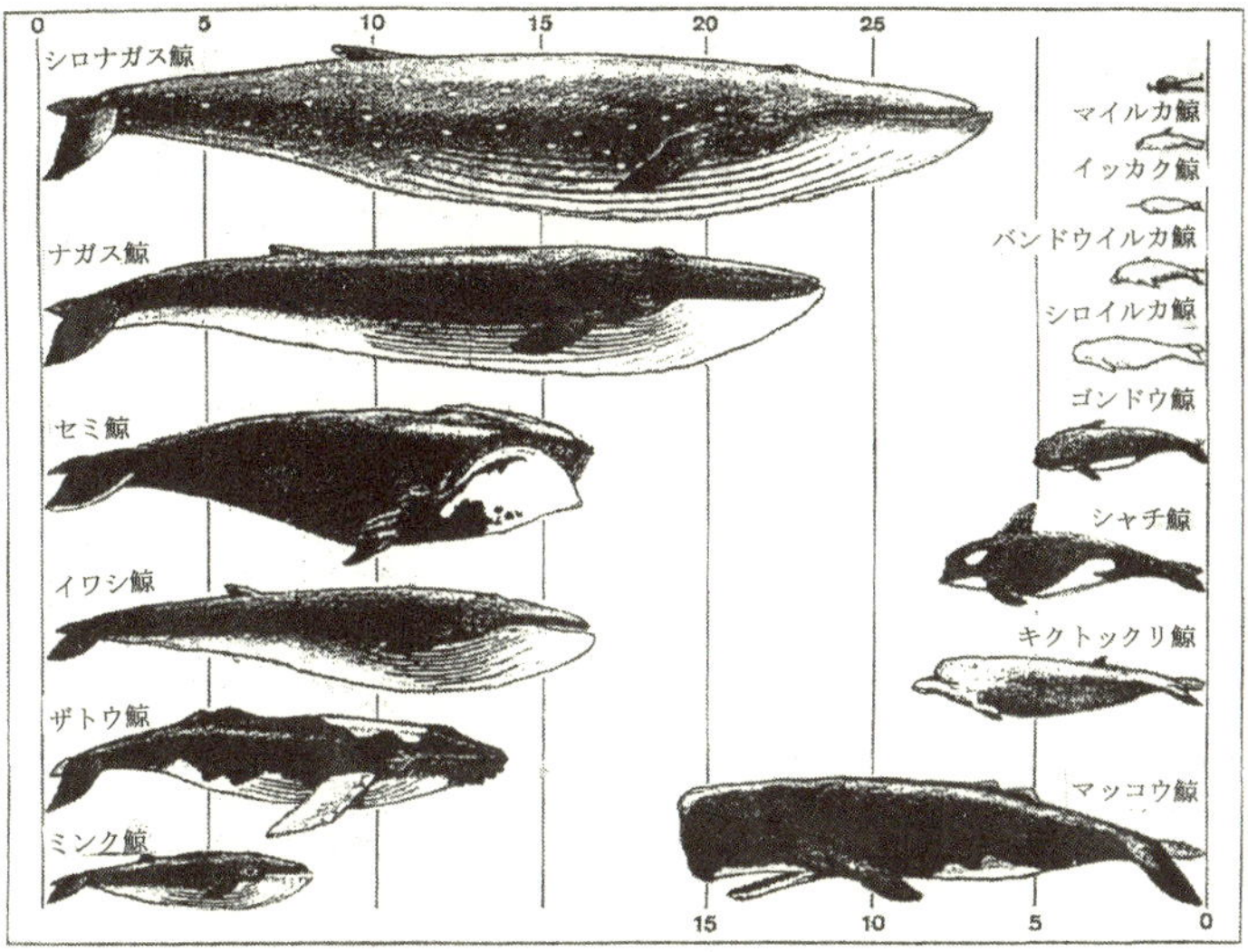

原剛『ザ・クジラ——世紀末文明の象徴』（文眞堂、1983年）〓頁。

での捕鯨は実施してこなかった。日本だけが公海で捕鯨または調査捕鯨を続けてきたことに対し、世界の人々の批判は強い。

クジラ全種がワシントン条約の対象

クジラにはイルカを含めて八〇種類以上あり、ヒゲクジラ類とハクジラ類に大別される。そのうち一五種を図16に掲げた。

八〇種類以上あるクジラの、どの種が絶滅の危機に瀕しているのだろうか。国際自然保護連合（IUCN）が作成したレッドリスト二〇〇六年版には「絶滅寸前」にあるのがヨウスコウカワイルカ、コガシラネズミイルカの二種、「絶滅の危機」がシロナガスクジラ、ナガスクジラ、イワシクジラ、タイセイヨウセミクジラ、セミクジラ、セッパリイルカ、インドカワイルカの七種である。北太平洋のセミクジラは推定で数百頭まで減少し、鯨類では最も絶滅に近い種とされている。

世界最大の動物であるシロナガスクジラは商業捕鯨によって乱獲され、ザトウクジラ、マッコウクジラ、セミクジラ属、カワイルカ属などとともに、ワシントン条約の付属書Ⅰの「絶滅のおそれのある種」に指定されている。付属書Ⅱ（現在は必ずしも絶滅のおそれはないが、取引を厳重に規制しなければ、絶滅のおそれのある種となり得るもの）には、そのほかのクジラ全種が記載されている。南極海のミンククジラは、国際捕鯨委員会の科学委員会が二〇一二年、その資源量を五一万五〇〇〇頭と推定、日本が調査捕鯨の対象にして捕殺してきた種だが、このミンククジラが付属書Ⅰに掲載されている。

クジラ目の資源管理・保存・利用は国際捕鯨取締条約（一九四六年に採択）でも進められている。また日本の環境省は哺乳類レッドリストではＩＵＣＮとは違い、クジラ目を対象外としてきたが、二〇一三年「絶滅のおそれのある野生動植物の種の保存に関する法律」に基づく希少野生動植物種にナガスクジラを指定した。

国際司法裁判所が日本の調査捕鯨について、「条約で定められた科学的調査ではない」として不許可の判断を下したことから、日本の調査捕鯨に反対する国際世論が高まっている。

日本が世界的にクジラ保護の風潮が強まる趨勢に掉さして、公海上を回遊する「人類の共有財産」のクジラをこれ以上、捕獲し続けるならば、日本が環境保護に無理解な国、自己中心の、エコノミックアニマルというマイナス・イメージをますます強く持たれるのは当然の成り行きである。それは日本に対する国際社会の信頼を失い、国益を損なう行為と言わなければならない。

＞＞ ＞第6章

環境を破壊し続けた戦争・核実験

人類の歩みは戦争の連続

戦争による死者は百年余一億五〇〇〇万

人類の歩みは戦争の歴史でもあった。戦争は相手国に対し、できるだけ大きな人的・物的被害を与えるために、多くの人を殺戮し、環境を著しく破壊する。狂気の戦争に、環境配慮などの手加減はない。「戦争は最大の環境破壊」と言われるのは、このためである。

戦争の歴史は相当に古い。新石器時代最古の集落の一つとして知られる中東のエリコの集落（紀元前八三五〇〜七三五〇年頃）には外部からの侵入・攻撃に対して自営するために築かれた大きな城壁や塔、掘割などが残っている。これは、そもそも人間の本性に闘争心や好戦性が宿っているのではないかと思わせるものである。

古来、戦争は領土や資源をめぐる民族間の戦争、侵略戦争、宗教上の対立に起因する宗教戦争など様々な理由で多くの戦争が戦われた。国家の統一や領土の拡大には、もっぱら戦争が盛んに使われた。紀元前三〇〇〇年頃、エジプトでファラオ（王）が統一国家をつくる際も、同一〇〇〇年頃、イスラエルのダビデ王と、その子ソロモン王が領土を拡張したのも、全て戦争によるものであった。欧州の三十年戦争（一六一八〜一六四八）は宗教が原因で三十年間、戦われた。

二十世紀初め以降、今日までに起こった大規模な戦争には第一次世界大戦（一九一四〜一九一八）と第二次世界大戦（一九三九〜一九四五）がある。

第一次世界大戦は国民国家同士が互いに存亡を賭けて戦い合う最初の大規模かつ壊滅的な総力戦となり、大量殺りくのために毒ガス、戦車、航空機が初めて実戦に使われた。関係国の徴兵制によって参戦した市民は合わせて約一一四〇万人、戦争による死者の総数は非戦闘員を含めると、二六〇〇万人に達し、そのうえ戦争によって無残な環境破壊の爪跡を残した。

第二次世界大戦は一九三九年九月、ナチス・ドイツのポーランド侵攻から始まり、一九四五年九月二日、日本の降伏文書調印まで六年間、当時の大国のほとんどが参戦して続けられた。参戦国の軍隊動員総数は一億一〇〇〇万人。欧州、大西洋、北アフリカ、太平洋、東アジアを主な戦場として人類史上、空前の大規模な戦争を繰り広げ、死者の総数は第一次世界大戦の二倍強の約五三五五万人。

なぜ戦争が起こるのか。戦争は「政治では解決できない」という理由から、武器・武力を行使する行為である。ナポレオン戦争を経験したプロイセンの軍人で、当代一流の軍事学者でもあったクラウゼヴィッツ（一七八〇～一八三一）は主著『戦争論』の中で「戦争は他の手段による政治の継続である」と述べた。戦争は規模の大小にかかわらず、クラウゼヴィッツの言葉どおり、政治の道具として使われてきた。

戦争は冷戦終結後も起こり、二〇〇〇年までの一世紀間に合計千数百万人が戦争で死亡した。こうして二十世紀は「戦争の世紀」となった。第二次世界大戦が終結、国際連合が発足、人々は「これでやっと平和な世界が訪れる」と希望したが、その期待は裏切られた。米国を盟主とする西側陣営とソ連を盟主とする東側陣営の間に冷戦（一九四五～一九八九）が戦争終結前とほぼ同時に始まった。

冷戦体制のもと、最初に火を噴いた熱戦が朝鮮戦争（一九五〇〜五三）である。この後、キューバ危機（一九六二）、ベトナム戦争（一九六一〜七五）、イラン・イラク戦争（一九八〇〜八八）、アフガニスタン戦争（一九七八〜八九）、湾岸戦争（一九九一）、アフリカの一部地域の内戦など局地的な戦争や地域紛争・内戦が相次いで勃発した。

二十世紀、人類社会は第一次と第二次の二つの世界大戦だけで八〇〇〇万人近い死者（軍人と民間人の合計）を出した。一九〇〇年以降の百年間に戦争で失われた人命の総数は一億四九五〇万人である。この数は紀元元年から一八九九年までの戦死者総計の約三倍である。(1) 二十世紀は戦争の世紀となった。そして二十一世紀に入ってすぐ、世界を震撼させた同時多発テロ事件（9・11）がニューヨークで発生、その報復、「対テロ戦争」の名目でアフガニスタン紛争（二〇〇一〜）が勃発した。さらにイラク戦争（二〇〇三）、シリア内戦（二〇一一〜）が戦われ、二〇一四年九月、イラク、シリア両国内の武装勢力「イスラム国」に対する米国やオーストラリア、中東五カ国などによる空爆も始まった。

枯葉剤、湾岸戦争による環境汚染

戦争の狂気は時として普通の戦争では見られないような大規模な環境破壊と人体被害を引き起こす。第二次世界大戦後、勃発した戦争・紛争のうち、異常かつ大規模な環境汚染を引き起こした事例としては、ベトナム戦争（一九六一〜一九七五）における「枯葉剤」の大量散布と湾岸戦争（一九九一年）における大気と水質の汚染の二つが広く知られている。

▽枯葉剤散布（ベトナム戦争）

米軍は密林を根拠地としてゲリラ戦を展開する南ベトナム解放民族戦線（略称・解放勢力）のせん滅をねらい、一九六一年秋から七一年八月までの十年間に推計約八万三六〇〇キログラムの「枯葉剤」を南ベトナムの森林地帯やカマウ半島などのマングローブ林に散布し、森林を枯死させ、また、石油を撒いて焼いた。「枯葉剤」中に不純物として含まれていた強力な毒性物質2、3、7、8―四塩化ジベンゾダイオキシンの総量は推定一七〇キロ。「枯葉剤」散布によるダイオキシン汚染地域の総面積は実に二〇〇万ヘクタールにのぼった。

「枯葉剤」の大規模散布は膨大な健康被害者を発生させた。ベトナム政府から、これまでに枯葉剤による健康影響を認められた人は約二〇万人。先天性奇形児の数は約五万人。先天性奇形児の出産数は孫の世代にまで及び、二〇〇四年現在、出産総数の〇・七六パーセントである。枯葉剤による健康被害者の正確な実数は不明、ベトナム政府は一九八〇年十月、「少なくとも一〇〇万人を超える」と推定値を発表している。ベトナム戦争では「枯葉剤」が事実上、化学兵器として大規模に使われた。

▽油井炎上と原油流入（湾岸戦争）

一九九一年の湾岸戦争ではイラク軍がクウェートの油井約五五〇カ所に意図的に火を放ち、炎上させた。油井の火災は最長八カ月間、続いた。一日に二六〇万バーレルずつ、燃えたとすると、排出された二酸化炭素は二億九三三三万トン、二酸化硫黄は五五七万トン、二酸化窒素は四八万トンとなる。(2)

油井の炎上による二酸化硫黄の排出量は激甚な呼吸器疾患を発生させた四日市公害で最大だった一九六七年の排出量の実に三十倍という膨大な量で、周辺諸国に酸性雨を降らせた。排出された黒煙には一日に一万トンという膨大な煤塵が含まれ、イラク軍は、さらにクウェートの原油をペルシャ湾に流入させ、この原油が海鳥、魚介類、マングローブ林などに大きな被害を与えた。

福岡克也地球環境財団理事長（立正大学名誉教授）の推定によると、湾岸戦争で出撃・発進した多国籍軍のジェット戦闘爆撃機などの機数は一日平均約二〇〇〇機、この数の爆撃機が五十日間に投下した爆弾は約二〇〇万トン。ジェット燃料の消費と爆弾使用によって排出された二酸化炭素一一〇・五万トン、一酸化炭素六万トン、二酸化窒素二・六万トン、メタンガス七・五万トン、煤煙五五・三万トンにのぼるという(3)。

米軍は湾岸戦争でイラク軍の戦車部隊を壊滅させるため、放射性廃棄物を原料として製造された劣化ウラン弾を初めて本格的に使用した。空軍機と機関砲から発射された劣化ウラン弾は推計一〇〇万発程度。砲弾に使われた劣化ウランは三一五〜三五〇トンと見られている。

湾岸戦争後、イラク南部のバスラ州や、その近郊のハルサク、クウェート国境の村サフワンなどでは呼吸器系ガン、皮膚ガン、生殖器系ガン、白血病や先天性異常を持つ新生児の出生などが多発した。湾岸戦争前の一九八八年に三三人だったバスラ州のガンによる死者は二〇〇一年には六〇三人に増加した(4)。

ちなみに劣化ウランは湾岸戦争後、コソボ紛争、アフガニスタン紛争、イラク戦争でも使われ、いずれも放射能によるガン患者の多発と環境汚染を引き起こした。

核兵器の実戦使用と核実験汚染

核爆弾の使用と冷戦下の核軍拡競争

第二次世界大戦末期、米国は大量殺りくを目的とする原子爆弾を開発、対日戦争に初めて使用することを決め、一九四五年八月六日、広島に、九日、長崎にそれぞれ投下した。人間は地球上のあらゆる生物のうちで放射線の発ガン効果に最も敏感なものの一つであることが知られている。核兵器は、そのことに着目、人をできるだけ大量に殺すことを目的として開発された残酷極まりない殺戮兵器である。

核爆発による熱線（主に赤外線）の放射により、爆心地で摂氏数千度の超高温状態が出現、人体が一瞬にして炭化したうえ、強烈な爆風（衝撃波）によって建物が破壊され、多くの被災者が出た。爆心地から離れた地域でも、放射線が人間の身体の細胞を構成する原子や分子を電離して様々な疾患が引き起こされた。

投下された原爆による広島の被害者は五五万七四七八人、うち死者は二〇一五年八月六日までに二九万七六八四人（広島市の原爆死没者名簿掲載数）、長崎の死者は同年八月九日までに一三万三三九人（長崎市の原爆死没者名簿掲載数）。大量殺戮兵器の実戦使用は人類史上初めてであり、第二次世界大戦最大の特徴となった。

第二次世界大戦末期の一九四五年、早くも米ソ対立が芽生え、それが戦後、東西両陣営間の冷戦に発展した。核兵器を独占所有した米国は核軍備の一層の増強により対ソ連外交を有利に展開することを目指し、戦争終結の翌年（一九四六年）七月、マーシャル諸島ビキニ環礁で核実験を行なった。これにより、米国は従来よりもはるかに強力な爆発力を持つ原爆の開発に成功した。

しかし対抗意識を燃やすソ連は、スパイ活動による原爆開発情報入手作戦を重視して原爆開発を急ぎ、一九四九年八月二十九日、原爆実験に成功、米国の核独占時代を終わらせた。さらに一九五三年八月十二日、ソ連は米国に先んじて飛行機から水素爆弾を投下する実験に成功した。こうして冷戦終結の一九八九年までの四十四年間、東西両陣営間で熾烈かつ果てしない核開発競争が繰り広げられ、頻繁な核実験によって放射能汚染が深刻化した。

二〇〇〇回超える核実験

米国、ソ連に次いで英国、フランス、中国が核実験を繰り返した。冷戦終結後もイスラエル、インド、パキスタン、北朝鮮が核実験を行ない、八カ国が二〇一三年二月末までに行なった大気圏核実験と地下核実験の合計回数は約二〇六〇回。一九四六年から二〇一三年までの国別核実験回数は次のとおりである。

(1) 米国＝一九四六年七月十七日、アラモゴードで世界最初の原爆実験。翌四六年七月一日、ビキニ環礁で戦後初の原爆実験。一九九二年までに一〇三〇回。

(2) ソ連＝一九四九年八月二十九日、最初の原爆実験。一九九〇年までに七一五回。

(3) フランス＝一九六〇年二月十三日、フランスの植民地アルジェリアのサハラ砂漠で最初の核実験。アルジェリア独立（一九六二年）後はフランス領ポリネシアに実験場を移し、一九六六〜九

米軍の爆撃機Ｂ29から広島に投下され、炸裂した人類史上、初の原子爆弾（写真上。ＡＰ提供）と一瞬にして廃墟と化した広島の市街。中央は世界遺産に指定された原爆ドーム（同下、広島平和記念資料館提供）。

六年に一九三回、核実験を行なった。サハラ砂漠の一七回と合わせると、核実験の合計回数は二一〇回。

(4) 英国＝一九五二年十月、オーストラリア北西部のモンテ・ペロ島で最初の核実験。核実験は一九九一年までに四三回行なった。場所別の内訳はオーストラリア一二回、南太平洋のクリスマス島とモルデン島（現キリバス共和国領）で合わせて九回、米国ネバダ実験場を借りて二二回。

(5) 中国＝一九六四年十月、中央アジアのロプ・ノールで最初の核爆発実験を行なって核保有国となり、一九九六年二月までに核実験を四五回実施した。

(6) インド＝一九七四年五月十八日、初の核実験。一九九八年五月、五回核実験を行ない、六回。

(7) パキスタン＝一九九八年五月二十八日、初の核実験。五月中にさらに五回、合計六回。

(8) イスラエル＝一九六三年、南西太平洋ニューカレドニア島沖でフランスと共同の核実験を一回実施。

(9) 北朝鮮＝二〇〇六年十月九日、初の核実験。二〇一三年二月十二日、三回目の核実験。

核実験による放射能汚染

大気圏核実験は決まって放射能汚染を起こす。実験回数が極めて多い米ソ両国の環境汚染と健康被害は大きかった。以下に、米国とソ連の核実験によって引き起こされた放射能汚染の実態を見る。

米国の大気圏核実験で地域住民に大規模な健康被害をもたらしたのが、一九五四年三月一日、ビキニ環礁で行なわれた水爆実験である。この実験は島民一六七人をビキニ島の西約二〇〇キロにある無

マーシャル諸島ビキニ環礁で米国が実施した水爆実験（1954年3月1日）。住民が被曝し、環境が放射能によって汚染され、今なお被害が続いている。（REUTERS SUN提供）

人の環礁ロンゲリック島に移住させて行なったが、一九八八年五月、複数の住民の体内から基準以上の放射性物質が発見され、ガンの発生する恐れのあることが確認された。このため、住民一四五人がキリー島に運ばれ、ビキニ島は無人島になった。米国は曲折の後、「核実験の及ぼした結果に米国は責任がある」と被災の責任を認めた。

静岡県焼津のマグロはえ縄漁船「第五福竜丸」は「危険区域」設定外の海域にいて水爆実験の「死の灰」を浴び、乗組員二三人全員が急性放射能障害を起こし、帰国後の九月二十三日、最年長三十九歳の久保山愛吉無線長が死亡した。ビキニ水爆実験による被災船は、その後の政府の調べで「第五福竜丸」を含めて八五七隻、被災漁民は八五五人とわかった。

一方、ソ連は一九四九年八月二十九日、カザフスタン北東部セミパラチンスクの核実験場でソ連最初の原爆実験に成功、米国の核独占を突き崩した。その後、ソ連は一九九〇年十月まで七一四回の核実験を行なったが、その三分の二がセミパラチンスク実験場だった。セミパラチンスクでは一九五三年八月の水爆実験以外は住民を避難させずに実験を行なったため、実験場周辺住民の中に放射能汚染によるガン・白血病が多発した。

核工場・核兵器事故と核廃棄物の投棄

ソ連が原水爆などの核兵器を製造していた一〇カ所の「核秘密都市」の一部、ウラル南東部の核秘密都市「チェリャビンスク65」のマヤークコンビナートでは、プルトニウムの製造工場と再処理工場でそれぞれ大規模な爆発事故が発生、広範な地域が放射能によって汚染された。

一九五七年九月二十七日、原子爆弾用のプルトニウムを製造していたソ連ウラル地方チェリャビンスク州のプルトニウム製造工場放射性廃棄物貯蔵タンクの一つが爆発、貯蔵タンク内にあった一八〇〇万キュリー相当の放射性廃棄物が上空に噴き上げられた後、貯蔵タンク周辺に降下した。しかしセシウム137とストロンチウム90を主体とする約二〇〇万キュリーの放射性物質は降下時に拡散、周辺約二〇〇町村の住民が汚染被害を受けた。「ウラルの核惨事」の名で知られる、この事故については、ソ連崩壊後の一九九三年一月二十七日、ロシア共和国閣僚会議幹部会が①コンビナート周辺の住民約四五万人が被曝、このうち五万人が高度の被曝者、約一〇〇〇人が放射線障害を起こした、②コンビナート周辺の環境中に堆積されている放射能の総量は一〇億キュリーを超えている——と発表した。

一九九三年には西シベリアにあった旧ソ連核秘密都市「トムスク7」の核兵器用再処理工場のプル

トニウム回収タンクが薬品の異常反応で爆発、大量の放射性物質が放出され、長さ約二〇キロ、幅八キロの地域が汚染された。

九六年末、物理学者が「トムスク7」の近郊を流れるテチャ川の水質汚染状況を調査したところ、ひどい汚染の事実が判明したため、政府当局は近くのカラチャイ湖に放流先を変更した。その結果、この湖に蓄積された放射性核種の量は実に一億二〇〇〇万キュリーに達した.

カラチャイ湖では、日照りで湖岸が干上がると、土砂に含まれていた放射性物質の粉塵が風で舞い上がった。一九六七年の干ばつでは、少なくとも一八〇〇平方キロが放射能粉塵によって汚染され、推定約四万一〇〇〇人が汚染の影響を受けた。この人たちの中には後に白血病、皮膚ガン、肝臓ガン、子宮ガンなどを患う住民が続出した[5]。

米国でもエネルギー省管轄のほとんどの核兵器施設周辺で空気、地上の水、地下水、土壌の汚染が起こった。米国の核兵器施設による環境汚染の中には放射性廃棄物によって数百キロ離れた太平洋を汚染しているケースもある。

また核兵器・原潜の事故はソ連が圧倒的に多いが、米国でも少なくなかった。米軍の核兵器事故や原子力潜水艦の事故は一九五〇年から一九八〇年までの三十年間に大事故が二七件、小さな事故が七十数件、発生した[6]。

旧ソ連海軍は一九五九年からソ連崩壊の一九九一年までの三十三年間に北極海や極東海域など旧ソ連海域に原子炉一八基、高レベル、中・低レベル固体廃棄物と液体廃棄物、機器類など（放射性物質の合計は約九京二〇〇〇兆ベクレル。一京は一兆の一万倍）、さらに核弾頭を積載した旧ソ連原子力潜水艦三隻、潜水艦一隻を海洋投棄した(7)。

ソ連は冷戦期間を通じて核兵器製造工場の廃水垂れ流しや核実験、核兵器事故などで重大な環境汚染を起こしたうえ、冷戦の終結で核兵器が不要になると、今度は老朽核兵器や核廃棄物などを海洋に大量投棄して環境を汚染した。

核戦争の瀬戸際だったキューバ危機

一九五九年一月、キューバのフィデル・カストロが大統領バチスタの独裁政府を打倒、社会主義革命を進めた。米国のCIA（中央情報局）はカストロの革命政権打倒を計画、四月十七日、反カストロ派のキューバ人兵士一五〇〇人がキューバ上陸作戦を開始した。米国大統領ジョン・F・ケネディは反カストロ派の作戦を支援せず、兵士たちは敗走、一二〇〇人が捕虜となった。この事件の後、米国はキューバの孤立化を図り、一九六二年二月には食料・医薬品以外の物資の全面禁輸政策を実施した。フルシチョフ・ソ連第一書記兼首相は、米国がとった一連の対キューバ作戦から、米国が近い将来、キューバに進攻してカストロ政権を転覆するのではないかと考え、キューバへの核兵器配備を計画した。

一九六二年五月二十九日、フルシチョフがキューバに送った使節団が核配備計画を提案、キューバ側がこれを受け入れた。六月、フルシチョフは核ミサイルのキューバ配備を命令、十月四日以降、九九個の核弾頭やミサイル、爆撃機などを積み込んだソ連の貨物船八六隻がキューバに続々と到着し始めた。

十月十四日、米国のU2型偵察機がキューバ西部で建設中の中距離・準中距離弾道弾の基地とイリューシン28爆撃機の航空写真を撮影、それがソ連の手で進められていることを確認した。十六日、この航空写真の分析結果が大統領ケネディに報告され、対応策の協議が始まった。そして、二十日、キューバ周辺海域を軍艦で囲んで海上封鎖する作戦が決まった。

この頃、ソ連は核ミサイル基地の建設を急いでいた。キューバへ向かうソ連船が米軍に停船を命じられた際の対応について、フルシチョフは「その時点で戦争状態に入ったと認識せよ」と命令していた。一方、キューバでは軍参謀本部が二七万の正規軍に総動員令を出して戦闘配置に就かせた。職場や学校では戦闘訓練を始めた。カストロは当時の心境について後にテレビでこう語った。

「祖国が征服され、国民が死を決意するような状況になったら、私は核兵器の使用をためらわなかっただろう」

二十三日、米国海軍太平洋艦隊司令部は統合参謀本部に対し「日本への核持ち込みの許可が下りれば、太平洋艦隊は全面戦争の準備が全て整う」と報告した。翌二十四日、米国戦略空軍は全面戦争突入に備えて核爆弾一六二七発を搭載した爆撃機を滑走路上で待機させた。この頃、国防総省は既に大統領命令によってキューバ進攻作戦を立てていた。仮に配備されていたソ連の核ミサイル基地を爆撃した場合には恐るべき惨禍を生んだだろう。

この時点では、どのようなトラブルでもそれが引き金となり、全面核戦争が勃発する危険性があった。米軍のキューバ進攻にはソ連が報復し、第三次世界大戦に発展しただろう。カリブ海には、まさに一触即発の危機的状況がつくり出されていた。

二十八日から二十九日にかけて米ソ両国トップとその周辺は緊迫した事態の中、瀬戸際の交渉を続けた。交渉では結局、米国はフルシチョフの提案、すなわち、①キューバからミサイル基地を撤去する、②トルコの米軍ミサイル基地を撤去する――の二つを受け入れ、核戦争勃発の危機が辛うじて回避された。

核使用禁止条約の制定問題

キューバ危機は人類が世界全面核戦争による滅亡か、それとも危機の回避かの選択を迫られた稀なケース。ケネディにもフルシチョフにも、全面核戦争を避けなければならないという意思が強く働き、これが瀬戸際で事態を好転させた。キューバ危機と核戦争による破局が瀬戸際で回避された時、ケネディは全国民に向けてのテレビ演説で、その感懐を次のように表現した。

「お互いに相違があることは認めよう。たとえ、今すぐ相違点を克服できないにしても、少なくとも多様性を認めるような世界を創ることはできるはずだ。なぜなら、我々はみな、この小さな星に生き、みな同じ空気を吸い、みな子どもの未来を大切に思っている」

ケネディ演説から「地球環境の恵みの中で生活を享受している我々人類は、かけがえのない地球環境を次世代に引き継がなければならない」という思いがはっきりと読み取れる。

核兵器、生物兵器、化学兵器は、いずれも大量破壊兵器である。生物兵器は一九七二年に、化学兵器は一九九三年に、それぞれ禁止条約で全面禁止されている。だが核兵器は桁外れに巨大な破壊力・殺傷力を持つ最悪の大量殺戮兵器なのに、核兵器を禁止する条約がなく、核兵器拡散防止条約（NP

T）があるだけである。NPTは一九六七年一月一日以前に核兵器を製造・爆発させた米国、英国、フランス、旧ソ連と継続性を持つロシア、中国の五カ国を「核兵器国」と定め、それ以外の「非核兵器国」への核兵器の拡散を防止することを目的とする条約で、一九七〇年三月、発効した。

戦争防止・安全保障は最重要課題

戦争は環境を破壊する行為であり、環境保全を図る観点に立つならば、基本的に認め難いものである。このことは国連人間環境会議（一九七二年）の「人間環境宣言」や一九九二年の「国連環境開発会議」の「リオデジャネイロ宣言」にも書かれている。戦争について書かれた二つの宣言の記述を次に掲げる。

「人間環境宣言」第二五原則

「人とその環境は、核兵器そのほか全ての大量破壊の手段の影響から免れなければならない。各国は、適当な国際的機関において、このような兵器の除去と完全な破壊について、すみやかに合意に達するよう努めなければならない」

「リオデジャネイロ宣言」第二四原則

「戦争は、元来、持続可能な開発を破壊する性格を有する。そのため、各国は、武力紛争時における環境保護に関する国際法を尊重し、必要に応じ、その一層の発展のため協力しなければならない」

戦争は核戦争であれ、通常兵器による戦争であれ、環境を著しく破壊する。地球環境の破壊が著しく進んでいる今、大規模な戦争が勃発すれば地球環境は一層、悪化傾向をたどるだろう。戦争の発生防止は、これからの人類社会にとっての最重要課題である。また軍事費の増大は環境保全予算の削減につながる側面があり、避けなければならない。ところが世界各地で領土をめぐる紛争が起こり、軍事費が増加する兆候が出てきた。

二〇一三年のアジア・オセアニア地域での軍事支出は南シナ海や尖閣諸島の領土紛争の激化を映して軍事費が前年比三・六パーセントも増え、四〇七〇億ドルに達した。これは中国の軍事費が前年比七・四パーセント増えたほか、フィリピンやベトナムも南シナ海における領有権争いにより、軍事費を増加させたことが原因である。中国、日本、韓国の合計軍事費はアジア全体の軍事費増の五割近くを占めると言われる。

二〇一四年二月、ウクライナではヤヌコビッチ大統領が失脚、暫定政権が発足。これを機に親ロシア派武装勢力がクリミアを制圧、八月にはウクライナ東部で親ロシア派武装勢力とウクライナ政府軍との攻防戦が始まった。ウクライナの紛争は欧米対ロシアの対立に発展した。九月にはイラクの「イスラム国」に対する米国の空爆が始まり、東南アジア、東アジア、ウクライナの紛争と合わせて国際政治が不安定化し、アジア諸国やロシア、欧州諸国などが軍備増強に着手した。

二〇一四年四月十五日、スウェーデンのストックホルム国際平和研究所が発表した報告書「二〇一三年　世界の軍事費」によると、二〇一三年の世界の軍事費の支出は一兆七四七〇億ドルになった。世界の軍事費は一九九八年から二〇一一年まで十三年連続で上昇し続けたあと、二〇一二年、一三年と横ばい、二〇一四年には増加傾向を見せた。米国の軍事費は世界の総軍事費の実に約三分の一に相当する。軍事費が二番目に多い国は中国（一八八〇億ドル）、第三位がロシア（八七八億ドル）である。

いま人類は安全保障上、環境の悪化、冷戦後の野放図な核兵器の拡散、グローバリゼーションによる貧富の格差の拡大・社会的不平等と軋轢の三つの危険に直面している。世界の国々が軍備の拡張などの軍事に投入している巨額の費用の一部、例えば世界の軍事費の僅か二パーセント（二〇一三年の場合は三四九四億ドル）を破壊の進んでいる地球環境の保全対策や福祉・医療・保健・教育の分野に振り向けることができれば、地球環境を破局から救うことに役立ち、貧困に苦しむ人々を助けることができる。[7]今、最も大事なことは戦争の勃発を回避し、地球環境の危機を克服することである。

ところが現実の世界では、紛争が多発、関係国が軍事費を増やしている。紛争・戦争を自ら引き起こしている国の政府には地球環境の一層の疲弊・劣化から救わなければならないという意識が希薄。このため軍縮による地球環境保全費用の捻出は実現の見通しが全く立たないのが実情である。地球温暖化による環境の危機は住まいの火事に喩えることができる。この時期の戦争・内戦は、一家が結束して住まいの消火に当たるべき時に、火災をよそに兄弟喧嘩をしているようなものである。

地球環境の荒廃をよそに、戦争や戦争の準備に莫大な資金を投入して争いを続け、破局を迎えるのか、それとも実りのない戦争をやめてかけがえのない地球の環境を修復・保全する道を選択するのか――人類社会は今、重大な岐路に立たされている。

＞＞ ＞第７章

地球環境問題と国際環境政治の歩み

二つの国連環境会議

ストックホルム会議とUNEP創設

一九六〇年代後半、「森と湖の国」スウェーデンでは湖沼の魚が水質の酸性化のために大量斃死し、森林が枯死・衰弱し始めた。酸性雨は地球環境問題の走りである。

スウェーデン政府は、これを基に国際環境会議の開催を国連に要請、一九七二年六月、ストックホルムで世界一一三カ国が参加して、人類史上初の大規模な国際環境会議「国連人間環境会議」（通称・ストックホルム会議）が開催された（先述）。

会議は環境の保全・改善を図るための理念と原則を盛り込んだ「人間環境宣言」と国連の環境分野におけるガイドラインともいうべき一〇九項目の「国際行動計画」の勧告を採択した。この勧告を実施するために採択されたのが、国連の環境庁とも言うべき「国連環境計画」（UNEP）と、UNEPの事業実施に必要な財源となる環境基金（各国政府が任意・自発的に拠出するシステム）の二つを創設する決議である。

UNEP創設は国連人間環境会議の勧告に基づき、一九七二年十二月十五日の第二十七回国連総会で決議され、創設された。その組織は五八カ国からなる管理理事会と各国の任意拠出金によって賄われる環境基金及び事務局によって構成される。UNEPの本部は翌七三年三月、ジュネーブに設置、七四年秋、ケニアのナイロビに移転された。

ＵＮＥＰの活動

ＵＮＥＰは創設以来、国連の持つ各種機関や各国政府との連携により、今日まで地球環境政策推進の中心的な役割を果たしてきた。ＵＮＥＰは「環境保全状況の的確な把握があらゆる環境管理の最も基本的な要素である」との考え方から、健康関連、欧州の大気汚染物質長距離移動、気候関連、海洋・土壌汚染、砂漠化防止、熱帯林の保全、水資源、生物圏、海洋生物資源などに関する地球環境モニタリング・システム（ＧＥＭＳ）を推進した。

環境管理のための手法の一つとしてＵＮＥＰが重視し、推進してきたのが、国際条約・協定の締結である。ＵＮＥＰが最初に手掛けたのは、有害廃棄物の規制条約づくりだった。ストックホルム会議で低レベル放射性廃棄物、有機ハロゲン化合物、重金属などの有害廃棄物を規制する海洋汚染防止条約案が採択されると、ＵＮＥＰはこれを受けて「政府間海事機構協議会」（ＩＭＣＯ）と協力、「廃棄物その他の物の投棄による海洋汚染の防止に関する条約」づくりを進め、同年十一月十三日に同条約が採択された。採択地ロンドンにちなんでロンドン・ダンピング条約と呼ばれる。

これを皮切りにＵＮＥＰなどが環境保全関連の国際機関の協力を得て条約・協定づくりに取り組んだ。こうして締結された主な条約は次のとおりである。

(1)「水鳥の生息地として国際的に重要な湿地に関する条約」（同・一九七一年二月。通称・ラムサール条約）

(2)「一九七三年の船舶からの汚染の防止のための条約」（採択・一九七三年）
(3)「絶滅のおそれのある野生動植物の種の国際取引に関する条約」（同・一九七三年三月。通称・ワシントン条約）
(4)「地中海海洋汚染防止条約」（採択・一九七七年）
(5)「長距離越境大気汚染防止に関するジュネーブ条約」（同・一九七九年十一月）
(6)「オゾン層保護に関するウィーン条約」（同・一九八五年三月）
(7)「有害廃棄物等の越境移動及びその処分の管理に関するバーゼル条約」（同・一九八九年三月。通称・バーゼル条約）
(8)「気候変動枠組み条約」（同・一九九二年五月）
(9)「生物多様性条約」（同・一九九二年六月）
(10)「森林保全の原則」（同・一九九二年六月。法的拘束力はない）
(11)「砂漠化対処条約」（同・一九九四年六月）
(12)「残留性有機汚染物質に関するストックホルム条約」（同・二〇〇一年五月）

悪化する地球環境と「持続可能な開発」

一九七〇年代、世界的に産業活動が活発化し、その活動範囲が次第に旧来の国家や地域の境界を越えて地球規模に広がった。いわゆるグローバリゼーションの進展である。グローバリゼーションは、とりわけ環境面に深刻な問題を引き起こした。具体的に見ると、大気汚染物質の越境と、これによ

日本が提案した国連環境特別委員会設置案について討議する国連環境計画（UNEP）の国連人間環境会議20周年記念閣僚級特別会合（通称・ナイロビ国連環境会議）。この提案が実り、グロ・ブルントラント・ノルウェー首相が委員長を務める「環境と開発に関する世界委員会」（WCED）が設置された。同委員会は87年2月、「持続可能な開発」を提唱、これが環境問題を論じる際のキーワードとなった。写真は1982年5月11日、ケニアの首都ナイロビの国際会議場で、筆者写す。

る酸性雨、森林の商業伐採による減少、砂漠化の進行、海洋汚染、有害廃棄物の越境移動などである。そして一九八〇年代後半にはオゾン層の破壊、地球温暖化、生物多様性の喪失が顕在化し、地球環境問題と呼ばれるようになる。

一九八〇年代初め、熱帯雨林の減少と砂漠化の進行・拡大、大気、土壌、水質の悪化、動植物の種の減少は驚くべき規模に達し、人々の生活の存立が脅かされる地域も出た。一九八〇年七月、米国政府が「西暦二〇〇〇年の地球」を発表、この中で次のように述べた。[2]

(1) 二〇〇〇年には世界人口が六三億五〇〇〇万人に増加、増加分の九〇パーセントが最貧国（後発発展途上国）で起こる。

(2) 国家間の貧富の差が拡大、耕地は四パーセントしか増えない。

(3) 多くの発展途上国で水の供給量が著しく不安定になる。

(4) 発展途上国に残存している森林の四〇パーセントが消滅する。

(5) 有効な手立てを講じなければ、地球環境の破壊が進み、やがて人類の生存すら危ぶまれる深刻な事態になりかねない。

米国政府の「西暦二〇〇〇の地球」の発表を受けて、日本の環境庁が「地球的規模の環境問題に関する懇談会」を設置、その提言を基にストックホルム会議開催の十年後に当たる一九八三年五月、原文兵衛環境庁長官がナイロビで開かれた国連環境計画（UNEP）の管理理事会閣僚級特別会合（略称・ナイロビ国連環境会議）で次にように提案した。[3]

「地球の環境保全対策を長期的、かつ統合的な視点から検討して将来の環境政策の指針を定める国連特別委員会を新設すべきである」

日本の、この提案が曲折を経て一九八三年十二月十九日の国連通常総会本会議で、全会一致で採択された。これにより「環境と開発に関する世界委員会」（委員長・グロ・ブルントラント・ノルウェー首相。略称・ブルントラント委員会、またはWECD）が設置され、同委員会が二年四カ月間にわたる審議の末、一九八七年四月、『われら共有の未来』（Our Common Future）と題する報告書にその結果をまとめ、発表した。

地球の命運はいかに、知恵傾けるノルウェー首相

ひと

G・H・ブルントラントさん

Gro Harlem Brandtland オスロ大医卒、小児科医、84年8月、国連環境特別委長。47歳。

地球上の環境保全策をまとめる国連環境特別委員会の委員長として東京会合をリードしている。二十四日の開会式では「資源の収奪、修復不可能なまでの環境破壊、貧困と衰退の地球」か、それとも「人間と自然の調和、豊かな天然資源、すべての生物にとって安定した環境の地球」か、そのいずれかを選択する岐路に立っているとスピーチ、対策の必要性を訴えた。

父親は国防相を務めた労働党の政治家。七歳で労働党青年部に入り、環境保護や女性の中絶公認の運動など社会派の「行動する女医さん」として注目を浴び、労働党政権時代の七四年、三十五歳の若さで環境相に。五年間の任期中、ノルウェーの野生動植物やすぐれた自然環境の保護を推進した。

国連から環境特別委の委員長就任を求められたのは一度目の首相を退き、野党の労働党党首のとき。昨年五月、再び首相になり、環境特別委は首相との兼務。だが、できるだけ広く意見を聞いて報告書に反映させるべきだと主張、世界八カ所で公聴会を開いた。

最終会合は特別委設置を提唱し、財政的にも最も大きな支援をした日本の首都東京。二十七日までに報告書を仕上げるため、昼夜をわかたず精力的に審議を進めている。四月二十七日に報告書を公表したのち、二十一人の委員が各地域に出向き、説明会を開く考えだ。

「日本がこれまで、この特別委に寄せてくださった支持と声援に心から感謝しています。日本のイニシアチブと財政的な支援がなかったら、特別委は始まることもできなかったし、終わることもなかったでしょう」

夫君のオラフ氏は保守党員で著名な外交相当コラムニスト。三男一女の母である。（川名　英之）

『われら共有の未来』は先進国と発展途上国が協力して環境資源の保全に配慮しながら「持続可能な開発」を目指すよう求めている。その中心となる概念「持続可能な開発」という言葉を公式文書で最初に使ったのは国際自然保護連合（IUCN）がUNEPとWWF（世界野生生物基金。その後、世界自然保護基金と改称）の協力のもとに一九八〇年に作成した「世界自然資源保全戦略」。『われら共有の未来』は、この言葉の意味を「未来

の世代の欲求を満たす能力を損なうことなく、現在の必要を満たすような開発」とした。

つまり、環境と開発を共存し得るものとして捉え、環境保全に配慮した開発に努めることにより、将来世代によい環境を引き継ごうという考え方に立っている。「持続可能な開発」は一九九二年六月の「地球サミット」（国連環境開発会議）を経て、環境と開発を論じる際のキーワードとなり、世界の潮流となった。(4)

オゾン層の破壊と地球温暖化

一九八二年五月のUNEP管理理事会閣僚級特別会合の「ナイロビ宣言」でも、UNEPが一九七二年の設置以来、数多くの実績を挙げたことを評価する一方、ストックホルム会議で採択された環境保全のための行動計画の実施状況の分析を基に「行動計画は部分的に実施されたものであり、その結果は満足できるものではない。行動計画は国際社会全体に対し、十分な効果をもたらさなかった」と厳しい評価をした。

ナイロビ国連環境会議の三年後に当たる一九八五年五月、南極で上空のオゾン層を観測していた英国南極調査隊の研究者ジョー・ファーマンが、オゾン量の三〇パーセント以上が減少している部分、すなわちオゾンホールを発見、英国の科学雑誌『NATURE』に研究論文が掲載された。これを受けて米国航空宇宙局（NASA）が宇宙衛星「NIMBUS7号」の成層圏オゾン量測定値を丹念に再点検した。

その結果、一九七八〜八五年の間にオゾン層の破壊が確実に進んだことが明らかになり、NASA

図17　大きくなる南極オゾンホール（濃度の濃い部分）

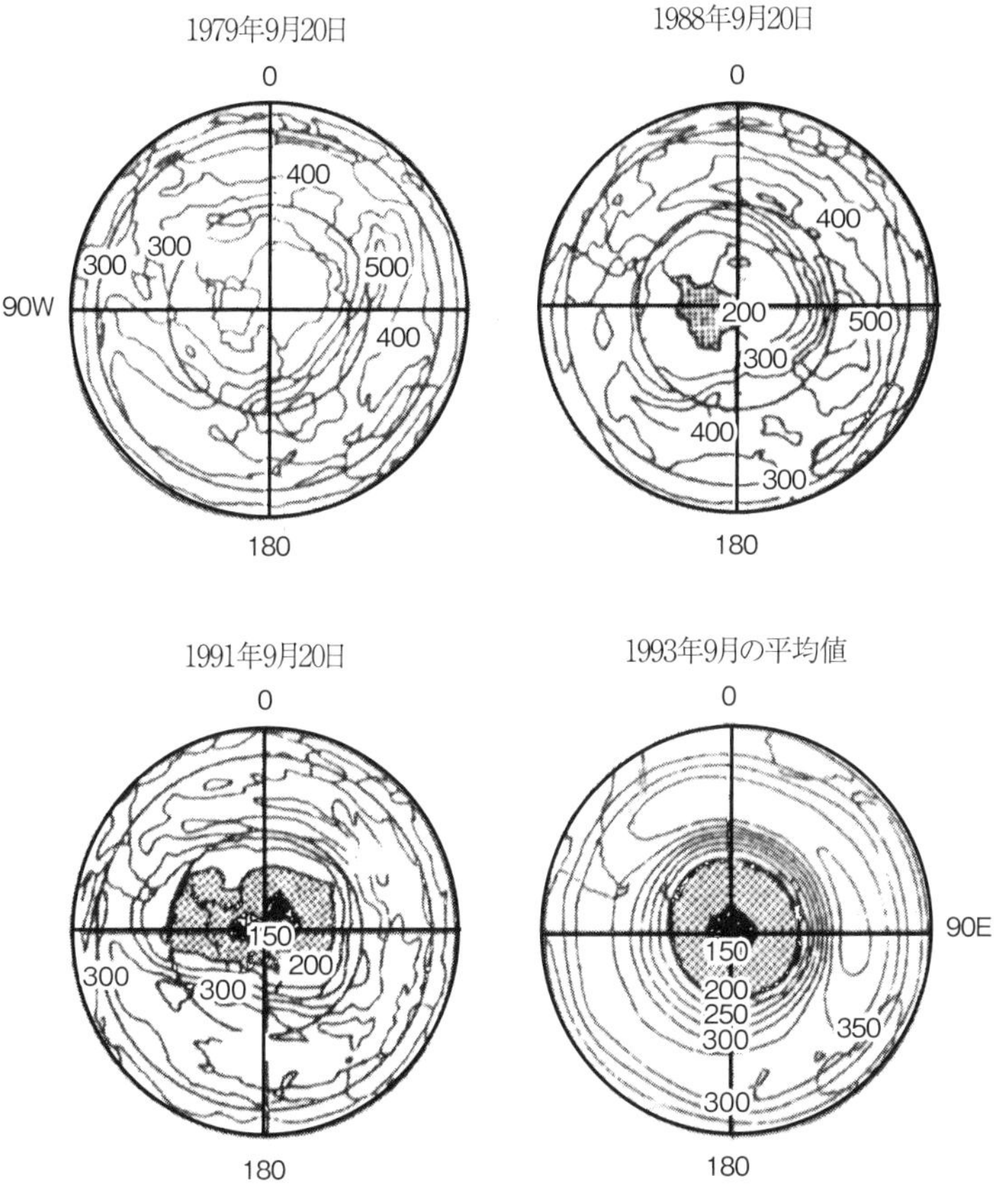

注）1　NASA（米国航空宇宙局）の衛星「NIMBUS7号」の観測データを気象庁がドブソン分光光度計による観測地と比較検討の上、作成したもの。

2　図中の数字はオゾンの等高曲線、単位はミリアトムセンチ（m atm-cm）。網掛け部分は150～200ミリアトムセンチ、黒色は150ミリアトムセンチ以下の濃度の濃い部分。

出所）米国航空宇宙局

はオゾン濃度観測装置「TOMS」が捉えたオゾンホールの画像をニュース番組で全米に何度も放映した(5)。

オゾン層が破壊されると、皮膚ガンを引き起こす有害な紫外線が地表にまで届くようになるため、国連環境計画（UNEP）がフロン規制の国際条約づくりに取り組み、一九八九年一月、「モントリオール議定書」を発効させた。次いで一九九〇年六月、二〇〇〇年までにフロン使用の全廃を決め、翌九一年十一月、全廃時期を前倒しして一九九五年までの全廃に改めた(6)。

ドラスチックな、その対策は大きな効果をもたらした。欧州、米国、日本、カナダ、ロシアが共同実施してきた北極上空の「オゾン集中観測」の結果、二〇〇〇年一～三月時点の北極のオゾン層（オゾン全量）は一九七六年以前の月平均と比べて一六パーセント回復、二〇〇〇年九月～十一月の南極上空の観測では、一九八〇年の同時期と比べて一七パーセント回復していることがわかった。

オゾン層破壊と地球温暖化は、いずれも一九八〇年代後半に顕在化した。この二つの地球環境問題に対する国際社会の対応ぶりを比べると、対照的に異なる。オゾン層保護対策は、オゾン層が破壊されれば皮膚ガンなどの健康被害が発生するため、フロンガス排出各国が相次いで規制を前倒しするなど迅速なフロン対策の実施のために足並みをそろえた。その結果、オゾン層破壊の進行を早い段階で食い止め、フロン削減への道筋をつけることに成功した。フロン規制は地球環境問題解決の模範的なケースである。

これに対し、地球温暖化対策とオゾン層保護対策に対する国際社会の対応に差異が生じたのは、①オゾン層の破壊は、直接的に人に健康被害をもたらすが、地球温暖化はこれとは異なる、②温室効果ガスの九割を占める二酸化炭素の排出削減が産業活動や経済成長、国益の制約要因になると産業界や国が受け止め、削減への積極的・効果的な協力を得にくい――という事情が影響している。

世界の環境政策を牽引するドイツとEU

先進的なドイツの環境政策と実績

北欧諸国と西ドイツなどが酸性雨防止対策を軌道に乗せるまでの経験は関係国にとって、またとない貴重な経験になった。一九八三年三月の連邦議会選挙で、環境保護・原発反対を党是とする草の根の緑の党(一九八〇年一月、結成)が、酸性雨被害をもたらした政府・与党の環境配慮なき石炭大量使用政策を厳しく批判、酸性雨被害防止を始めとする環境保護対策の実施や原発反対などを訴えて選挙戦を戦い、二七議席を獲得した。

西ドイツ(一九九〇年十月、統一ドイツ)の各政党は自国の酸性雨被害と緑の党の躍進を機に環境重視型に転じ、三十年間に次のような先進的環境・廃棄物施策を打ち出した。

(1) 「包装廃棄物の発生回避に関する政令」(制定・一九九一年)。生産者責任の概念の原点となる。

(2) 「再生可能エネルギー発電電力の公共網供給法」(固定価格での買取りを義務付ける)を制定(一九九一年)。

(3) ドイツ基本法(憲法)を改正、第二〇a条に「持続可能な開発」の定義にマッチした条文(趣旨は「国家は将来の世代に対する責任という点からも、自然的基盤を保護する」)を盛り込む(一九九四年）。

(4)「循環経済・廃棄物法」の制定（同・一九九六年）。循環型社会づくりの世界最初の法制度。

(5) ドイツ社会民主党と緑の党が連立政権樹立に際し、締結した政策協定書に、環境に配慮した経済政策を推進し、経済発展を図る「エコロジー的近代化論」の考え方を盛り込む（一九九八年）。

(6) 環境税を段階的に導入（一九九八〜二〇〇三年）。

(7) ドイツ政府が一九九一年制定の「再生可能エネルギー発電電力の公共網供給法」を全面改正した「再生可能エネルギー法」を制定（二〇〇〇年。二〇〇四年に再び改正）。

(8) ドイツ政府が「エネルギー戦略」を策定、二〇五〇年までに温室効果ガスを八〇パーセント削減し、電力生産に占める再生可能エネルギーの割合を一九九〇年比で八〇パーセントに拡大する目標を盛り込む（二〇一〇年）。

ＥＵの環境・廃棄物政策

ＥＵ（欧州連合）は加盟国の先進的な環境・廃棄物施策や地球温暖化防止対策を積極的に取り入れて加盟国全体に適用する方式を採ってきた。その第一号が「生産者責任」に基づくドイツの施策である。ドイツは包装廃棄物の発生を減らすため、一九九一年六月、「包装廃棄物の発生回避に関する政令」を制定して包装廃棄物の回収をメーカーと流通業者に義務付けた。これは生産者には製品が廃棄物になった後、回収・処理する責任があるという「生産者責任」の概念である。

スウェーデン政府はドイツの「包装廃棄物の発生回避に関する政令」を受けて「包装に関する生産

者責任令」を制定した。この後、スウェーデン環境省は「毒性のない環境の実現」を目指し、有害化学物質汚染の防止を目指し、「毒性化学物質規制法案」づくりに着手した。法案審議が始まった一九九九年十月、ＥＵがスウェーデンの先進的な化学物質政策をＥＵ加盟国全域に適用する計画を決め、スウェーデンの了解を得て新しい化学物質政策（ＲＥＡＣＨ）の策定作業に着手した。スウェーデン政府は議会に提出した毒性化学物質規制法案を取り下げ、ＥＵがこれを受けて二〇〇七年六月一日、先進的な化学物質対策「新化学物質規制」（ＲＥＡＣＨ）を施行、欧州化学物質庁が業務を開始した。

草の根の運動から生まれた緑の党が1983年3月の連邦議会選挙で27議席を獲得、核兵器配備反対の横断幕を議場に掲げたパーフォーマンス。右側は党共同代表ペトラ・ケリー。左から2人目がコール首相。（南ドイツ新聞社提供）

　このＲＥＡＣＨシステムの目的は、有害化学物質による健康被害と環境汚染を予防原則によって防止するとともに、ＥＵの化学産業の競争力・技術革新能力を維持・強化することである。ＥＵは新制度の施行により、化学物質のリスクを産業界に管理させるとともに、市場に安全な化学物質を流通させる証明責任を公的機関から企業へ転換させた[7]。

「地球を守る」決意のEU温暖化対策

EUの地球温暖化政策をリードしたのは、環境政策に積極姿勢の「EUグリーン」と呼ばれるオランダ、ドイツ、デンマークなど欧州北部諸国と、後に「EUグリーン」に参加した英国である。「EUグリーン」は温暖化問題を欧州のエネルギー・環境政策が直面する重大な挑戦の一つと受け止め、自国で二酸化炭素排出量の削減対策を取るとともに、EUに対して炭素税導入を検討するよう求めた。

EUは検討の結果、炭素・エネルギー税の導入によってEU全体の二酸化炭素排出量を五・五パーセント削減できると見込み、課税に踏み切った。この課税がEUの温暖化防止戦略の重要な一部となった。環境税を実施した欧州の国々と、その実施年（括弧内）は次のとおりである。

スウェーデン（一九九一年）、▽デンマーク（一九九四年）、▽スペイン（一九九五年）、▽デンマーク（一九九六年。企業の二酸化炭素排出にも適用）、オランダ（同年）、▽英国（同年）、フィンランド（同年）、ドイツ（一九九九年）、▽イタリア（同年）、▽オランダ（同年。エネルギーの売り上げ、廃棄物埋め立て処分などにも適用）、▽フランス（二〇〇〇年）。

英国の気候変動法とその後

ここでは「EUグリーンズ」と呼ばれる国々のうち、英国の地球温暖化問題に対する積極的な取り組みの経過を概観する。英国では一九九七年五月の総選挙で労働党が勝利し、ブレア労働党政権が成立した。翌九八年六月四日、マイケル・ミーチャー環境相が「英国は積極的な温暖化防止対策を実施し、国際社会で指導的な役割を果たす」として、二〇一〇年までに英国は一九九〇年比で二〇パーセント削減する方針を発表した。「京都会議」後にEUが決めた温室効果ガスの削減目標は一二・五パーセントだが、ブレア政権は、これを大きく上回る政策目標を掲げたのである。

英国政府は英国産業連盟（CBI）代表マーシャル卿に目標達成のために取るべき施策に関する報告書の取りまとめを依頼、同年十一月、彼が「経済的手法と産業部門におけるエネルギー利用」と題する報告書をまとめた。報告書は「気候変動税」、「気候変動協定」、「排出権取引制度」をパッケージとし、それらを巧みに組み合わせ、エネルギー、産業、運輸、家庭部門の温室効果ガス排出量を総合的に減らしていくよう提言した。

一九九九年三月、この提言に基づく「気候変動税」が政府予算に盛り込まれ、政府の関係当局がエネルギー集約産業と「気候変動協定」の締結交渉を始めた。四月一日、この三つの制度が同時に実施され、企業間の二酸化炭素排出権取引がロンドンの金融街シティなどで始まった。取引開始から一年間に「気候変動協定」に参加した企業五〇〇〇社のうち、八六六社が行なった排出権取引により、取引きされた二酸化炭素は七〇〇〇万トンを超えた。

二〇〇六年十月、財務次官、世界銀行チーフエコノミストの経験を持つ経済学者ニコラス・スターン博士が英国政府の要請に基づき作成していた温暖化に関する報告書がまとまった。報告書は気候変動のリスクを「二度の世界大戦（第一次、第二次）や世界恐慌（一九二九年）に匹敵する全地球的規模のリスク。対策を怠り、五℃～六℃の温暖化が起これば、世界の国内総生産（GDP）の二〇パーセントに相当する損害を被る恐れがある」としている。報告書は、そのうえで「低炭素経済への転換は競争力という観点からは大きな挑戦であるが、一方、経済成長への好機である」と述べ、エネルギー供給システム全体を改善して低炭素社会を実現するよう提言した。

この「スターン報告」は英国の温暖化対策を大きく前進させるきっかけとなった。

二〇〇七年十一月、「気候変動法案」が提出され、翌〇八年、成立し、発効した。これに伴い、政府は国の気候変動対策とエネルギー政策を一体化して統括して行くため省庁を改編、「エネルギー・気候変動省」を創設した。気候変動法は温室効果ガスを二〇五〇年までに八〇パーセント削減する目標を掲げ、英国の削減への意気込みが注目された。

同年、「気候変動法」の制定により創設された政府の顧問機関「気候変動委員会」が二〇二〇年までの中期削減目標を二六パーセントから三四パーセントに引き上げるよう提言、政府が二〇〇九年四月、それを認め、法改正が行なわれた。

英国は二〇五〇年までに温室効果ガスを八〇パーセント削減するためには、火力発電などから再生可能エネルギーに転換して行く必要があると判断、原子力発電などと合わせるエネルギー・ミックスにより、再生可能エネルギーを二〇二〇年までに電力供給の三〇パーセントに引き上げる計画を進めている。英国は地球温暖化防止対策に着手して二十年足らずで、低炭素社会への道を着実に歩んでいる。

環境・エネルギー政策を牽引するEU

二〇〇四年時点では、スペイン、ポルトガル、アイルランドの三国が削減目標の達成からほど遠い状況だったため、EUは翌二〇〇五年一月、「温室効果ガス排出権取引指令」を発令、これを拡大E

Uの全加盟国（二〇〇四年五月、加盟国が二五カ国となる）に適用した。排出権取引とは国や企業ごとに温室効果ガスの排出枠を定め、枠が余った国や企業と、枠を超えた国や企業との間で排出量を取引する制度。EUは、この制度によって温室効果ガスの排出量を削減、二〇〇七年三月八日の欧州理事会（首脳会談）ではEU域内全体の温室効果ガス排出量を二〇二〇年までに一九九〇年比で二〇パーセント削減することで合意した。

EUは相次ぐ拡大により、現在、二七カ国、域内総人口は五億人。積極的に取り組み、実績を収めている。人類の未来に黄信号が点滅しているなか、EUは米国、日本、中国、インドなど国際社会の削減目標づくりによい影響を与え、より進んだ内容の地球温暖化防止対策を誘導しようと考え、自らが率先して高い目標設定に踏み切ったのである。

EU（欧州連合）欧州委員会のバローゾ委員長は欧州理事会などで「EU全体で二酸化炭素を二〇二〇年までに一九九〇年比二〇パーセント減らします。これは『私たちの惑星地球』を守る決意の表明です」と力強く言明した。「地球を守る」という言葉には、エネルギー・シフトの推進を軸にして地球環境の危機を救う闘いの先頭に立とうとするEUの強い使命感が滲んでいる。

EUは英国の温暖化対策に大きな影響を与えたニコラス・スターン博士の報告書の分析などから「経済成長を実現しながら低炭素社会に転換させていくことは可能である」との観点に立ち、地球温暖化防止対策をEU経済の国際経済力とエネルギー安全保障の強化と絡め、そのいずれも首尾よく目的を達成できるように調整・努力し、成果を収めつつある。

同様の政策はEUの経済を牽引しているドイツでも、実施されている。ドイツは環境に配慮した経済政策を推進し、経済発展を図ろうという考え方（「エコロジー的近代化論」という。後述）に立ち、一九九〇年代初めから再生可能エネルギーの拡大など環境分野に戦略的に投資し、技術革新、経済成長、雇用創出を目指す政策を環境政策に市場メカニズムなどの経済原理を活用して持続可能な開発を図っている。この政策に基づいて実現したのがドイツの脱原発だったと見ることができるだろう。

残念なことだが、日本の政治・経済面では「環境問題は経済成長の足を引っ張る」として厄介視され、環境政策と経済政策を積極的に統合し、これによって経済成長を図るとともに、生存基盤である環境問題を解決しようとする考え方は育っていない。これは欧州と日本の大きな相違点である。

二〇〇七年六月、ドイツのハイリゲンダムで開かれた主要国首脳会議（G8サミット）で、EUは地球規模の温室効果ガス排出量を二〇五〇年までに一九九〇年比で五〇パーセント削減するよう提案した。その七年後の二〇一四年一月二十二日、この目標を二倍に増やし、「二〇二〇年に四〇パーセント削減」を目標に掲げた。EU加盟諸国のひたむきな再生可能エネルギー拡大努力は世界の模範であるだけでなく、EUにとっての誇りである。EUは、このような環境先進国化した加盟諸国の支持を基盤として、世界の国々の環境・エネルギー・廃棄物政策を牽引する役割を演じている。

地球温暖化防止の新枠組みづくり

二〇五〇年までに現排出量を半減

二〇〇七年二月、「国連気候変動に関する政府間パネル」（IPCC）の第1作業部会が地球温暖化が環境や社会経済に及ぼす影響や温暖化対策のあり方に関する知見を整理した第4次評価報告書を公表した。

第4次評価報告書報告書のポイントは「世界平均気温を二～三℃の上昇で安定化するためには、今後二十年～三十年年間の温室効果ガス削減努力と、それに向けた投資がより低い温室効果ガス濃度の達成に大きな影響を与える。対策が遅れるほど損失は大きく、早期に対策を行えば損失が少なく済む」という指摘である。

「京都議定書」が温室効果ガス削減目標の達成期限とした二〇〇八～二〇一二年が近づくと、この後の枠組みをどう創るかが議論され始めた。EUは急速に進行する地球温暖化を防止するためには、「ポスト京都議定書」の枠組みと各国の削減目標などに関する議論が本格化する前に、EU自身が具体的な削減目標を設定し、米国、日本、中国、インドなど温室効果ガスの主要排出国の削減目標づくりによい影響を与える必要があると判断、二〇〇七年三月八日、欧州理事会はEU全体の削減目標を一九九〇年比で二〇パーセントに設定した（後述）。

EUの削減目標設定から三カ月後の六月七日、主要国首脳会議（G8サミット）がドイツのハイリゲンシュタットで開かれ、焦点の一つになっている「ポスト京都議定書」の温室効果ガスの排出量削減問題について討議した。席上、EUは二〇五〇年までに一九九〇年レベルより五〇パーセント削減することを提案、これに対し、日本の安倍晋三首相がEU案と比べると、かなり緩い「現在のレベルから五〇パーセント削減」を提案し、ブッシュ米国大統領が賛成した。

ブッシュ大統領は二〇〇一年三月、「京都議定書は米国の経済に深刻な影響を与える」として、同議定書から離脱したが、二〇〇五年八月末から九月初めにかけて巨大ハリケーン「カトリーナ」が発生、米国南東部に甚大な被害をもたらすと、その原因が「温暖化による海水温の上昇のためだ」という見方が広がり、温室効果ガス削減に取り組むべきだという声が国民の間に強まった。翌〇六年の中間選挙で温室効果ガス削減に積極的な議員の多い民主党の議席数が連邦議会の過半数を占めたことや、世論、産業界などの動向から、温暖化対策の軌道修正を迫られていた。

ブッシュ大統領がハイリゲンシュタット・サミットで、現状からの五〇パーセント削減案に賛成したことにより、「ポスト京都議定書」の枠組みづくりの土台ができた。

全ての国が参加して二℃以内目指す

二〇〇七年十二月三日から十五日までインドネシアのバリ島で気候変動枠組み条約第十三回締約国会議（COP13）が開かれ、「ポスト京都議定書」の枠組みには米国、中国、インドなどの主要排出国を含むすべての国が参加する交渉の場が立ち上げられることになった。この枠組みは、世界全体の排出量の約二四パーセントを占める開発途上国に温室効果ガス排出量削減義務がなく、さらに世界の総排出量の約一八パーセントを占める米国が参加していなかった「京都議定書」の枠組みと比べて、大きな前進である。

二〇〇九年七月、イタリア・ラクイラで開かれた主要国首脳会議（G8サミット）では先進国として二〇五〇年までに温室効果ガス排出量を八〇パーセントまたはそれ以上減らす目標を盛り込んだ首脳宣言を採択した。前年（二〇〇八年）の洞爺湖サミットで共有された長期目標は「少なくとも五〇パーセント削減する」だったから、これよりも踏み込んだ内容になった。

各国が八〇パーセント削減を公約したわけではなく、具体的な対策も実効性もない宣言なのだが、「産業革命以降の地球の気温上昇を二℃未満に抑える必要がある」との認識に立ち、二℃未満を実現するために目指すべき目標を指し示したものである。

九月、潘基文《パンギムン》事務総長が呼びかけた国連気候変動首脳級会合が一二〇人の首脳が出席して開かれ、オバマ大統領が「米国は新体制づくりで主導的な役割を果たす」と明言。温室効果ガスの二大排出国である中国に対し、「我々には特別な責任がある」と述べて、温室効果ガス削減での同調を呼びかけた。同年十二月のコペンハーゲン（デンマーク）の第十五回気候変動枠組み条約締約国会議（COP15）では今世紀末の気温上昇を二℃以内にとどめるべきであるとの科学的見解を認識し、長期の協力強化が合意された。

二〇一〇年、第十六回気候変動枠組み条約締約国会議（COP16）がメキシコのカンクンで開かれ、先進国、途上国の双方が削減に取り組むことや温室効果ガス削減の効果を国際的に検証する仕組みの導入が合意された。

「京都議定書」の削減目標年限（第一約束期間）である二〇〇八〜二〇一二年以降については、二〇一二年十二月のCOP18で同議定書の有効期間を二〇一三年から二〇二〇年まで八年間、延長（第二約束期間）することが決まった。これに参加するのは三八カ国・地域。日本は、この取決めには参加せず、一三年からは自主的な目標に基づく温室効果ガス削減対策を行なうことになった。

国連は、この「第二約束期間」の削減プロジェクトが終了する二〇二〇年に、世界全体の排出量の大半を占める中国・米国・インドを含めた新しい国際的な新しい枠組みをスタートさせるため、その枠組みづくりを進めた。この間、これまで気候変動枠組条約に参加していなかった中国やインド、もちろん米国でも国別の気候変動対策は積極的に行なわれ、再生可能エネルギーの拡大や省エネ、スマート技術に積極的な投資がなされた。

欧州諸国は削減に好実績、対照的な日本

ところで「京都議定書」の締約国は期限（二〇〇八〜二〇一二年。「第一約束期間」という）までに、どれだけ削減の実績を挙げたのだろうか。ＥＵと加盟四カ国、米国、ロシア、日本がそれぞれの目標をどこまで達成したかを表8に示した。この表からＥＵと、その加盟国のドイツ、英国、フランスの三国、ロシアは削減目標をはるかに上回る削減実績を挙げたこと、および日本はＥＵ諸国と比べて見劣りのする結果となったことがわかる。

日本が二〇一三年十一月、発表した二〇二〇年までの温室効果ガス削減目標「二〇〇五年度比三・八パーセント減」は一九九〇年比では三・一パーセント増となり、ドイツの一九九〇年比四〇パーセント減、英国の同三四パーセント減とは比較にならない。また日本政府が国連に提出する二〇三〇年の温室効果ガス削減目標は「二〇一三年比二六パーセント減（二〇〇五年比二五・四パーセント減）」と決まり、安倍晋三首相が二〇一五年六月七日、八日の両日、ドイツで開かれた主要七カ国首脳会議（Ｇ7サミット）で発表した。日本の削減目標は一九九〇年比では「一八パーセント減」に当たり、ＥＵの目標「二〇三〇年までに一九九〇年比四〇パーセント減」と比較すると、半分以下の低い削減率

表8　主要国の「京都議定書」目標達成状況と2020年以降の次期枠組み目標

国名	京都議定書（1990年比）			2020年目標	次期枠組み
	目標	達成状況（※1）	達成状況（※2）（主にカンクン合意）		
EU	－8%	－11.8%	－12.5%	－20%（1990年比）	2030年－40%以上（1990年比）
ドイツ	－21%	－23.6%	－24.7%	－40%（1990年比）	——
フランス	0%	－10%	－6.5%	－22.8%（1990年比）	——
英国	－12.5%	－23.1%	－22.5%	－34%（1990年比）	——
イタリア	－6.5%	－4.2%	－5.4%	－25%（1990年比）	——
米国	－7%	—	—	－17%（2005年比）	2025年－26～28%（05年比）
日本	－6%	＋1.4%	－8.4%	－3.8%（2005年比）	2030年－26%（13年度比）
ロシア	0%	－32.7%	－34.5%	－25%（1990年比）	
中国	—	—	—	—40%～45%（2005年比）	2030年をピークに削減
ノルウェー	1%	－8%	－8%		2030年－40%以上
スイス	－8%	－9%	－8%		2030年－50%
カナダ	－6%	2007年、目標達成を断念		——	2030年－30%（05年比）

注）※1「京都議定書」達成状況・2008～2012年平均(森林吸収源、京都メカニズムクレジットを含まない)。※2「京都議定書」達成状況・2008～2012年平均（森林吸収源、京都メカニズムクレジットを加味）。

出所）国連気候変動枠組み条約締約国会議資料。

である。世界各国の環境NGOでつくっている「気候変動ネットワーク」は、これを強く批判し、温暖化対策に後ろ向きな国に贈る「化石賞」の第一位に日本を選んだ。

G7が二〇五〇年の世界削減目標合意

二〇一五年十二月、「京都議定書」に変わる新しい国際的枠組み（いわゆる「ポスト京都議定書」）についての合意を目指す国連気候変動枠組み条約締約国会議（COP21）がパリで開かれる。二〇一五年六月初めまでに気候変動枠組み条約事務局に二〇二〇年以降の温室効果ガス削減目標を提出したのは締約一九六カ国・地域中、三九カ国・地域にすぎない。このうちEU、米国、ロシア、日本、カナダ、ノルウェー、スイスの提出した目標案を表8の「次期枠組み」に示した。

温室効果ガス削減問題の次の課題は、温室効果ガス排出大国の中国やインドを始めとする世界のすべての国の参加する新たな枠組みを整備、各国が目標の達成に向けて削減に取り組む体制をできるだけ早くスタートさせることである。

環境思想の推移と環境保護運動

古代ギリシャ・環境保護派の哲学者たち

環境思想とは、環境問題を解決する視点や方策を生み出す基本となるべき考え方である。環境思想は古代ギリシャの時代から、どのように変遷をたどり、現代に至ったのだろうか。時代の政治・社会に影響を与えた主な自然保護の環境思想に絞って、歩みをたどる。

環境思想の歴史の中で最も古いものはギリシャの哲学者プラトン（紀元前四二八〜三四八）が著書『国家』の中に書いた「豊かな森林の存在が国家にとって必要である」という思想である。当時、ギリシャでは、木材が工業用と家庭の炊事用の燃料として、また船舶の製造を始め、石造の神殿、寺院、劇場、公会堂、家屋建築に使われた。巨大な木材需要に放牧地の造成が加わり、森林伐採が凄まじい勢いで進んだ。

森林の保護を重視するプラトンの思想の背景には、当時、ギリシャの森林、とりわけアテネのあるアッチカ地方を覆っていた豊かな森林が大規模な伐採によって姿を消し、保水機能を失って、大雨が降るたびに洪水や土壌の流出・浸食などが頻発し、大きな社会問題になっていたという事情がある。プラトンは理想とする国家の姿を大胆に描いた著書『クリティアス』の中で、アッティカ半島で起こっている森林破壊と土壌流出の現状を昔と比べて次のように書いている。

「今を昔に比べると、小さな島々でよく見かけることだが、病人の身体が骨ばかりになっているように、肥沃で柔らかな土壌はことごとく流出し、痩せ衰えた土地だけが残されたのである。だが当時の国土は災害に遭っていなかったから、山々は土に覆われた小高い丘をなし、今日『石の荒野』と呼ばれているところには肥沃な土壌に満ちた平野が広がっていたし、山々には木々の豊かに茂る森があった」

プラトンの弟子アリストテレス（紀元前三八四〜三二二）は西洋最大の哲学者の一人。森林保護や樹木の伐採・使用規制などを所管する行政長官のポストの新設やできるだけ薪に頼らなくて済むように、家屋は冬、日当たりをよくし、北側は寒気を防ぐ構造にすることなどを提案した。

ラファエロが1510年に画いたプラトン（左）とアリストテレス（右）のフレスコ画「アテネの学校」の中央部分。プラトンは抽象的な思考と知的観念論分野を象徴するものとして上を指差し、アリストテレスは彼自身が理論づけた大地と思考の究極的源泉を象徴するものとして大地を指差している。筆者、写す。

アリストテレスはマケドニア王アレクサンドロス大王（アレクサンドロスはギリシャ語。英語ではアレキサンダー。紀元前三五六～三二三）の家庭教師をした経験を持つ。大王がギリシャ、シリア、イラン、エジプトからインドの一部までの広大な帝国を征服すると、プラトンやアリストテレスの哲学やギリシャ文化がこの帝国一帯に広まった。

　アリストテレスと同様にソクラテスの哲学の弟子で軍人でもあったクセノポン（同四二七～三五五）は森林破壊と土壌浸食によって失われた地力を回復し、土地の生産性を高めていく方法を論じ、その研究成果を著書『農業論』の中に収めた。

プラトンとアリストテレスの論争

プラトンとアリストテレスの思想は、人類と自然との関係に関する限り、子弟とはいえ、対照的とも言えるほど大きな違いがあった。プラトンは霊魂と肉体は、それぞれ全く別の世界にあると考えたのに対し、アリストテレスは人間の知性は全て五感から生じると捉えた。プラトンは、思考する人は思考の対象となる世界とは切り離された、別の存在だと考えたが、アリストテレスは、この考え方とは対照的に思考する人は思考する世界と深く結びついていると見た。

ラファエロは一五一〇年、この二人の思想の違いをフレスコ画「アテネの学校」で端的に描いた。プラトンは指を天に向けて抽象的な思考と知的観念論の分野を指向しているのに対し、アリストテレスは反対に指を大地に向けて人間の五感こそ思考の源泉であるとする理論を主張している。古代ギリシャに始まったアリストテレスとプラトンの哲学体系はヨーロッパ思想の源流となり、二人の相反する思想とその論争は原始キリスト教の思想を通じて中世に及び、さらに十七世紀まで続いた。

森林破壊と土壌流出問題に遭遇した古代ギリシの哲学者たちは、対応策を論じる中で独自の環境思想を発展させたが、政治・社会に大きな影響を与えるような環境思想は古代ギリシャ時代の後、十八世紀後半まで出現しなかった。

中世西欧の森林破壊と環境思想

中世の欧州はブナ、ナラ、ニレなどの温帯落葉樹の森林に覆われていた。ゲルマニア（現在のドイツ）の山岳地帯と東部のほぼ全域、ガリア（同フランス）の北部と西部は森に覆われていた。しかし八〇〇年に西ヨーロッパ皇帝の位を授かったカール大帝（英語ではチャールズ大帝、フランス語ではシャルルマーニュ大帝）が「能力あるものに開墾の土地を与えるように」と命じたことがきっかけで、農地造成の開墾が急速に進み、豊かな森林が急速に失われて行く。

森林の開墾は南西ドイツで始まり、十四世紀中頃までにゲルマニア、ガリア、グレートブリテン島（現在の英国イングランド、スコットランド、ウェールズ）などでは開墾に適した森林はごく少なくなり、森林開拓は完了した。十五世紀、開拓の焦点が東ドイツやエルベ川以東に移り、ゲルマン人による「東方植民」の手がスラブ族の居住地や今日のエストニア、ラトヴィア、リトアニアにまで伸びて行った。

封建社会のもとでは、王や諸侯がキリスト教の教会、修道院などの聖職者とともに領地を持ち、その領主として農民を支配した。領主である貴族は収入を多くするため、開墾によって農地と、支配する農民の数を増やした。開墾による農地の拡大には修道院が大きく関わったが、中世後期になると、ドイツ西南部の「黒い森」シュヴァルツヴァルトの開墾などには単独の農家が参加した。

森林破壊の主力となったのは修道院だった。ベネディクト派の修道院はシュヴァルツヴァルト地方やライン川上流地域の森林、シトー派の修道院は西欧地域に五〇〇の支院を持ち、森林開墾と新型農法を推し進めた。修道院は、どのような考え方で開墾事業を推進したのだろうか。

中世の時代、西欧の修道院はキリスト教文明とギリシャ、ローマの古典文明の継承者としての自負と使命感を持ち、世俗的な快楽を捨てて清貧に甘んじ、ひたすら禁欲による「祈りと労働」に従事した。当時、森林は環境と人間に役立つという視点も森林保全の思想もなく、ただ真摯な信仰心と、これに裏付けられた精神力によって自然の克服を目指した。

こうして西欧を覆っていた豊かな森林の大半が姿を消した。人間によって自然を支配するという考え方がすさまじい森林破壊を生んだと言えよう。欧州大陸の森林は徹底的に破壊された後、植林され、これによって現在の森林が二次林として形成された。

産業革命による森林減少と大気汚染

一五八八年、英国ではエリザベス一世が二十五歳の若さで王位に就き、国内産業を積極的に保護する政策を取った。大蔵卿のウイリアム・セシルは銅・鉛などの精錬業、ガラス産業、製鉄業を育成、国内産業が発展した。しかし産業が発展すればするほど薪の需要が増大し、広大な森林が伐採された。セシルは次に商船、漁船、海軍の艦船の建造を図り、一〇〇トン以上の大型船を四二隻、小型船を一四〇隻増やしたが、このためにも森林伐採が進んだ。一五八〇年代末、木材として使える森林で、残っていたのは川から二五キロ以上、離れたところだけになっていた。

一五九〇年代に入ると、英国の木材不足は一層深刻になり、木材と薪の価格が高騰した。この頃、薪の代わりに強力な火力を出す石炭が諸産業に使われるようになり、一六七〇年代後半までには製鉄業を除くほとんどすべての産業が石炭をエネルギー源として使うようになった。

森林再生のための植林を推進しようという議論は、なぜか二十世紀まで起こらなかった。

森林破壊に続いて起こった大きな環境問題が、石炭の燃焼によって排出される亜硫酸ガスによるぜん息や慢性気管支炎などの呼吸器疾患の多発と酸性雨被害の激化である。マンチェスター、バーミンガム、リバプールなどの工業都市では亜硫酸ガスに塩酸や煤塵などが加わり、大気汚染と酸性雨が社会問題となった。一八七三年、硫黄酸化物による霧、すなわちスモッグが立ち込め、一週間に約七〇〇人が死亡した。

この後、濃いスモッグは一九六三年までに六回発生した。このうち一九五二年十二月に首都ロンドンで発生した「ロンドン・スモッグ事件」は石炭火力発電所と各家庭の暖房によって排出された汚染物質が気温の逆転現象のために地表付近に滞留、呼吸器疾患にかかる人が続出、四週間に約三九〇〇人が死亡した。石炭の燃焼が史上類例のない大規模な公害事件に繋がったため、一九五六年に大気浄化法が制定され、対策が取られた結果、亜硫酸ガスの排出量は約三分の一に減った。しかし新たな環境思想は出現せず、大規模な環境保全運動も起こらなかった。

デカルト、ベーコンの自然観

近世哲学の祖と言われるフランスの哲学者ルネ・デカルト（一五九六～一六五〇）が『方法序説』を著し、この中で「我思う、ゆえに我あり」という有名な命題を設定した。「自己の精神に明晰かつ判明に認知されるところのものは真である」という考え方である。ここでいう明晰とは、事柄が精神にはっきりと現われていること、判明とは他の事柄からはっきりと区別されていることである。

デカルトの「我思う、ゆえに我あり」は理性を用いて真理を探究していこうとする近代哲学、合理主義哲学の出発点になった。そして同時に、この言葉のとおり、新しい近代人は次第に大地や自然から目を背け、人間の知性だけで宇宙の全ての物質の動きを把握できるとの自信に基づいて物事を判断するようになっていく。デカルト哲学はアリストテレスとプラトンの対立に決着をつけた形となり、ラファエロの絵は西洋の思想を表現するものとしては時代遅れになった。

英国の哲学者フランシス・ベーコン（一五六一～一六二六）は一五九七年、「科学の目的は自然を支配することである」と言い切った。欧州諸国は、こうした自然観と科学的・技術的進歩思想を論拠にして後進諸国の植民地化を推し進め、天然資源を収奪した。

マルサス、ダーウィン、スペンサー

トマス・ロバート・マルサス（一七六六～一八三四）は古典派経済学を代表する経済学者で、一七九八年に『人口論』（第一版）を発表して社会に大きな衝撃を与えた。当時、産業革命の進行によって、経済不況や労働者階級の貧困・悪徳といった社会問題が発生、既存の政治経済制度への批判が高まっていた。マルサスは、地主主導の既存の体制を擁護するスタンスに立って人口論を展開した。

マルサスの唱えた人口と食料の関係に関する理論は、人口は幾何級数的に増えていくが、食料は算術級数的にしか増加しないため、過剰人口による食料不足は避けられず、必然的に貧困が発生するというものである。マルサスは貧困を一種の自然現象で、社会制度の欠陥によるものではないと見た。そして人口の抑制をしなかった場合の食料不足による餓死は人間自身の責任であるとした。これには批判も少なくなかった。

一八五九年十一月、英国の自然科学者・博物学者のチャールズ・ダーウィン（一八〇九～一八八二）は種の問題について論じた『種の起源』を著した。『種の起源』は生物の進化をテーマにし、前半で進化の要因として自然選択説を提唱、その立証を図った画期的な著作である。その学問研究への業績は生物学を近代科学に築き上げるうえで、不滅の貢献をした。

ダーウィンの進化論を支える思想的根拠となったと見られるのが、マルサスの考え方であった。人類は叡智があり、血みどろの生存競争を回避しようとするが、動植物の世界にはこれがない。このために有利な個体差を持ったものが生き残るとダーウィンは結論した。これはマルサスの『人口論』に書かれている考え方とも一致している。

ダーウィンの理論を「適者生存」という競争物語に仕立て上げたのが、英国の哲学者ハーバート・スペンサー（一八二〇〜一九〇三）である。スペンサーの解釈による進化論は、社会ダーウィニズムといわれ、資本主義体制が持つ不当さを正当化するうえで、この上なく役に立つものとなった。

ドイツの経済学者、哲学者で、科学的社会主義の創始者のカール・マルクス（一九一八〜一九八三）は、こうした考え方とは逆に、生産の資本主義的様式は「人間が自然を支配するということを前提としている」と『資本論』の中で指摘した。またマルクスと並ぶ科学的社会主義の創始者で、社会思想家、革命家のフリードリッヒ・エンゲルス（一八二〇〜一八九五）は、メソポタミアで農耕が始まって以来、人類は耕作地を得るために森を切り開いて荒廃の基礎をつくり出してきたことを批判的に論じている。

英国・米国の先駆的な自然保護思想

一七八九年、英国では牧師で博物学者のギルバート・ホワイト（一七二〇〜一七九三）が動植物の生態や自然景観の観察を風土とともに記録した『セルボーンの博物誌』を著した。当時の博物学は標本主義だったが、この本は、これとは対照的な観察記録で、イングランドにおける自然保護運動の先駆的な存在と評価されている。

十九世紀に入り、英国、ドイツ、フランスなどの西欧諸国では工業化が進展して自然景観が変わり始めると、理想主義的な自然観が急速に失われ、これに伴って自然保護への認識が芽生えた。こうして哲学、文学、西洋経済学の分野で生態学的な考え方が現れ始めた。

一八五四年、米国の作家・詩人で、思想家のヘンリー・ソロー（一八一二～一八六二）が『ウォールデン――森の生活』を著した。この本はソローがウォールデン湖畔の小屋で二年二カ月間、送った思索や畑仕事、自給自足の生活を送った体験を後に振り返って書いたもので、手つかずの状態にある野生の森と自然調和型の生き方を求めるソローの訴えと、その思想は自然保護運動に強い影響を与えた。

エコロジー（生態学）の誕生と普及

一八六六年、ドイツ生物学者、比較解剖学者で哲学者でもあるエルンスト・ヘッケル（一八三四～一九一九）はチャールズ・ダーウィンの著書『種の起源』（一八五九年）をドイツ語訳で読み、ダーウィン学説（ダーウィニズム）の信奉者となり、この新しい理論の普及に努めた。

一八六六年、ヘッケルはダーウィニズムに基づく生物学の一環として、「エコロジー」という言葉を手紙の中で初めて使った。自然界の生物が生存するための活動をギリシャ語で「家」という意味の

「オイコス」に喩え、これに学問や論理を表わす「ロゴス」を付け、エコロジーという造語を生み出したのである。すなわち、エコロジーとは「オイコスを成立させる論理を究明する学問」という意味になる。ヘッケルは、この造語を「動物と外界の関係を扱う生理学」として、改めて自著『有機体の一般形態学』(一八六六年)に書いた。

一八七五年、オーストリアの地質学者エドアルト・ジュースは著書の中で「バイオスフィア」(生態系)という言葉を導入し、一八七七年にはドイツの動物学者カール・メビウスが石油層枯渇の原因調査の際、「バイオシノーシス」(生物共同体)という言葉を造語した。これらの創出された言葉や概念は近代生態学の一部を構成した。

ヘッケルはエコロジーという言葉と概念を創出したが、エコロジーを構築するための科学研究に直接、寄与したわけではなかった。

植物生態学については、ヘッケルの造語から二十九年後に当たる一八九五年、デンマークのエウゲニウス・ヴァーミングが『植物群落』を出し、動物生態学については一九二七年に英国のチャールズ・エルトンが『動物の生態学』を著し、これによってエコロジーが生態学という新たな科学の領域として確立された。

エコロジー(日本語では生態学)は生物学の一分野としてスタートしたが、次第に生態系と人間の相互関係を研究するための学問を指す言葉として使われるようになった。エコロジーは現在、文化的、社会的、経済的に生態学的な思想や活動を指す言葉として、極めて広義に使われ、エコロジーを略した「エコ」は環境保全に役立つという意味の接頭語として便利に使われている。

ジョン・ミューアの自然保護運動

一八八〇年代末から九〇年代にかけて、米国の自然保護運動はジョン・ミューア（一八三八〜一九一五）の活動により、目覚ましい発展を遂げた。ミューアは荷馬車製造工場勤務時代、休暇を取って米国大陸の大自然を探索する旅に出た。二十九歳のときである。旅の最後に訪れたのがヨセミテ渓谷。ミューアは、ここでそれまで見たことのない美しい風景に魅了された。そしてカリフォルニア州に移住、登山家、文筆家、探検家として活動した。

一八八九年六月、ミューアは『センチュリー』誌編集長ロバート・ジョンソンをシエラネバダに案内し、二人でヨセミテ渓谷を国立公園にする構想を練った。ジョンソンは『センュリー』誌で「ヨセミテを国立公園」の実現を呼び掛けるキャンペーンを企画、ミューアは原生自然を破壊から守ろうと訴える原稿を書いた。この企画は人々の心を揺り動かし、一八九〇年、ヨセミテ国立公園、セコイア国立公園、グラント国立公園の三公園が相ついで設立された。ミューアとジョンソンの二人は次にキングス川上流の奥地を国立公園に編入する運動を始め、ミューアが『センチュリー』誌の一八九一年十一月号に編入を提言する論文を書いた。これに対し反対派（開発派）が結束して有力政治家に反対を働きかけ、計画阻止に全力を挙げた。しかし高まる世論を無視することはできず、曲折の後、キングス川流域の奥地を国立公園に編入する森林保護法が制定された。

一八九二年五月二十八日、ミューアは登山家で、環境運動家のデビッド・ブラウアー（後に「地球の友」を設立）とともに自然保護団体「シエラクラブ」を設立、その会長に選出された。会員数は一八二人。設立の発案者はジョンソンだった。ジョン・ミューアらが米国西海岸で創設した「シエラクラブ」（先述）は、自然を愛好する同好会的な雰囲気を持つ。シエラ・クラブの運動は、その後北米全土に広がった。誕生したとき、まだＮＧＯという言葉はなかったが、今から見ると、実質的に環境ＮＧＯの先駆的な存在だったと言えよう。

一九〇三年五月、大統領セオドア・ルーズベルト（在任期間・一九〇一〜一九〇九）からミューアに「四日間、あなたと野外で過ごしたい」というヨセミテ案内を依頼する手紙が届いた。ルーズベルトは極秘で行なった、この旅から帰った翌日、内務長官ノーブルに対しシエラネバダの森林保護区拡大を命じた。そして一九〇六年にはカリフォルニア州が管轄していたヨセミテ渓谷とマリポサの森が連邦政府に返還され、ヨセミテ国立公園に編入され、ミューアの要望と運動がかなえられた。一九一六年、連邦議会は内務省内に国立公園局を創設、これが増設された国立公園や国立記念物を管理。運営した。

ナショナル・トラストの保護活動

一八九四年七月、自然景観や歴史的建造物の保全に対する国民の関心が伝統的に強い英国で、弁護士ロバート・ハンターほか二人が会社法に基づき「史的名勝・自然的景勝地のためのナショナル・トラスト」を法人として設立した。

ナショナル・トラスト活動とは、優れた自然景観の地や歴史的建造物、海岸、都市近郊に残された緑地、身近な動植物の生息地などを寄付金によって市民が買い取り、保護・管理する市民参加型の環境保護活動。ナショナル・トラストは、この活動を担う自然保護団体である。

一九〇七年、「ナショナル・トラスト法」が制定され、ナショナル・トラストの所有する土地や建築物は議会の手続きなしには政府部門、地方自治体、他のいかなる機関によっても強制的に取得できないことになり、この運動の基礎が確立された。一九三一年、ナショナル・トラストに土地や建築物を遺贈する場合、その資産に対しては相続税を免除する条項を盛り込んだ歳入法案が下院に提出され、満場一致で可決成立した。これにより、ナショナル・トラストに対する文化的な邸宅や建築物を寄贈した人は相続税を免除(非課税)され、そこに住み続けられることになった。

さらに一九三七年七月には歴史的、芸術的な家具・絵画、田園地帯の大地主の邸宅・屋敷(カントリー・ハウス)などをナショナル・トラストの入手・保存活動の対象に含める法律(第二次ナショナル・トラスト法)の制定が行なわれ、歴史的な建築物や遺産・遺跡、優れた風景、景勝地、野生生物の生息地、カントリー・ハウスの寄贈が増えた。石油精製業と重工業関係工場の海岸立地が活発化した一九六〇年代前半、ナショナル・トラストは募金によって美しい海岸線を買い取り、保全する「ネプチューン計画」を企画・立案し、六五年からキャンペーンを実施した。「ネプチューン計画」はナショナル・トラスト運動に新たな息吹を吹き込み、二〇一五年六月までに延長一二〇〇キロメートルを超える美しい海岸線を買い取り、それが自然海岸のままの姿で保存されている。

英国のナショナル・トラストは世界でも最大級の環境保全団体に成長し、会員数は二〇一五年現在、四一〇万人である。海岸線のほかにナショナル・トラストが所有している土地の面積は東京都とほぼ同じ約二五万ヘクタール。ナショナル・トラスト活動は英国の自然海岸や史的名勝、自然的景勝地の買取りによる自然環境保全に実に大きな役割を果たした。

『沈黙の春』と『成長の限界』の衝撃

レーチェル・カーソンの業績

一九六二年九月、海洋生物学者レーチェル・カーソンは殺虫剤ＤＤＴの散布による生態系破壊を告発する『沈黙の春』を著し、発売から二週間でベストセラーになった。カーソンは化学産業界からの強い批判や中傷に敢然と反論し、闘った。

『沈黙の春』が人々に与えた影響は大きく、カーソンは、この著書の出版を通してエコロジー思想の広がりと、その後の環境ＮＧＯの活発化に多大な貢献をした。ここでは『沈黙の春』が世に出されるまでの経過と、この本の出版が政治・社会に及ぼした影響を見よう。

レーチェル・カーソンは『沈黙の春』の中で、豊かな自然環境が大量のＤＤＴ空中散布後、死の影さえ漂う殺伐とした環境に変わってしまった情景を「春が来たが、沈黙の春だった」とリアルに描いている。この書には「生物と人間は生命の誕生以来、互いに共生しつつ歴史を織りなしてきたのに、人間は二十世紀になって手に入れた恐るべき力を用いて自然を変えようとしている」という明確な視点である。米国議会上院はＤＤＴの空中散布問題をめぐって公聴会を開き、この問題が政府の政策決定すべき重要課題に位置付けられた。ＤＤＴの空中散布は世界的に批判の対象とされ、やがてＤＤＴ規制の検討が始まる。

一九七〇年四月二十二日、環境汚染に抗議する大規模な抗議行動「アースデー」が起こった。有害化学物質による環境と人体の汚染に関する『沈黙の春』の警鐘に共鳴する人々が主催したのである。彼らはＤＤＴによる環境汚染から学んだ教訓として、成人男子が基準になっている有害物質の規制値は、抵抗力の弱い胎児や幼児の場合、成人男子の規制値より十倍厳しい規制値に強化する必要があると提言した。

「アースデー」の行動は人々の注目を集めた。環境保護庁（ＥＰＡ）は世論の高まりを受けて一九七二年、ＤＤＴの使用を禁止する措置を取った。ＤＤＴは当時、世界的に普及していたから、『沈黙の春』は世界の多くの国で翻訳出版され、各国政府がＤＤＴ規制措置を検討する際の重要な資料となった。一九九〇年の「アースデー」には、世界一四〇カ国で合わせて約二億人が参加した。レーチェル・カーソンは環境保護主義の偉大な先導者だったといよう。

『沈黙の春』を著し、ＤＤＴの空中散布による生態系破壊を告発した海洋生物学者レイチェル・カーソン。ＤＤＴの使用はは1972年に禁止された。（ＡＰ提供）

環境の時代のさきがけ

ローマ・クラブが一九七二年二月、『成長の限界』を著し、この中で「世界人口が幾何級数的に増加し、工業化、環境汚染、食料生産、地球資源の使用が今のペースで続けば、地球上の成長は百年以内に限界点に達するだろう」と予測した。この報告書はローマ・クラブの要請により、マサチューセッツ大学（MIT）のデニス・メドウズ助教授を中心とする研究チームが実施した「人類の危機プロジェクト」の研究成果である。

『成長の限界』は人口、資源、環境などの問題を解決していかなければ、現代文明の維持が不可能なことを広く世界に知らせた。この報告書は地球環境が危機に直面していることを警告する最初のメッセージであった。『成長の限界』の出版から四カ月後の六月、環境問題をテーマにした初の大規模な国際会議「国連人間環境会議」がストックホルムで開かれ、『成長の限界』の衝撃とともに、人々に広く環境保全の重要性を認識させた。各国はこの二つを出発点にして環境政策を推進し始めた。

様々な環境問題解決の政策課題に資する学問や思想が求められるようになり、環境問題に関する多角的な学問群、例えば環境経済学、環境哲学、環境倫理学、環境政治思想、環境法学が次々に誕生し、育っていった。

米国の建築家で、思想家のバックミンスター・フラー（一八九五〜一九八三年）は人類の生存を持続可能にするための方策を探り続け、「宇宙船地球号」という概念・世界観を提唱した。彼は地球と人類が生き残るためには、個々の学問分野や個々の国家といった専門分化された限定的なシステムでは地球全体を襲う問題は解決できないと判断、地球を包括的・総合的な視点から捉え、そのうえで資源の有限性と適切な使用、およびそのための世界のシステムの組み直しを呼び掛けたのである。英国出身の経済学者ケネス・ボールディング（一九一〇〜一九九三）は経済学にこのフラーの概念を導入した。

一九七二年六月の「国連人間環境会議」開催前後、「宇宙船地球号」は時代の流行語になり、それが人々の環境保全意識の高まりにつながった。「国連人間環境会議」の翌年に当たる一九七三年、ドイツ生まれの英国の経済学者エルンスト・シューマッハー（一九一一～一九七七）は『スモール・イズ・ビューティフル　人間中心の経済学』を著し、その中で際限のない膨張主義は天然資源の大量消費、自然破壊、環境汚染を引き起こし、企業組織の集中と肥大化、人間疎外をもたらしていると指摘、そのうえで科学信仰や巨大主義の根幹を見直し、人間を機械の奴隷にするのではなく、人間に奉仕するよう設計された、簡素かつ安価な「中間技術」を活用すべきであると説いた。これが、いわゆる「スモール・イズ・ビューティフル」の思想である。シューマッハーの環境思想は時代の合言葉になり、文明論、産業論、環境論などに広範囲に使われた。彼はこの著書で翌年（一九七四年）の石油危機を予言し、的中した。

持続可能な開発と近代的エコロジー論

一九八〇年、「国際自然保護連合」（ＩＵＣＮ）と「世界自然保護基金」（ＷＷＦ）は「国連環境計画」の協力を得て『世界環境保全戦略』を策定、この中で初めて「持続可能な開発」という新しい理念を提唱した。この概念は自然環境の生態系を損なわない範囲で経済成長型の開発を可能にすることを狙ったものである。「持続可能な開発」は先に述べたとおり、一九八七年四月、「環境と開発に関する世界委員会」の中心的な理念とされた。

一九八〇年代初め西ドイツ、オランダ、英国などの社会科学者を中心とする研究グループがあるべき環境政策について研究に着手した。当初、環境保全型社会は経済のエコロジー化といった物質的な側面の重視により、実現すべきであるという考え方が有力だった。その後一九六〇~七〇年代の欧州各国における規制的、対症療法的、事後的な環境政策を失敗と見て、これに代わる新しい予防的な環境政策として、「エコロジー的近代化論」が主流になった。

「エコロジー的近代化論」は社会システムにおけるエコロジー領域と経済的領域を連関させ、社会システムの政策的革新によって環境問題を解決しようとする思想である。この研究は一九八〇年代初頭、西ドイツのベルリン自由大学環境政策研究所の研究者、とりわけ環境社会学者のJ・フーバー、環境政治学者のM・イェニケなどによって主導され、その後、三十年以上にわたって三段階で発展し、今日に至っている。

特にドイツでは環境税の導入、環境規制の強化、グリーン消費行動の促進、環境に配慮した技術革新の推進により、再生可能エネルギーの拡大と、これによる経済発展を図る取組みが着実に実施されている。

「エコロジー的近代化論」は重要な変化をいくつも、もたらしている。その一つは、環境に配慮する政策の実施を通じて環境と経済の統合が進められ、成果を挙げていることである。また環境配慮型の新しい思想が出現し、それが育っていることも大きなメリットである。二つ目は公害や環境問題の発生を事後的に処理する対症療法的アプローチから、発生を事前に予測して対応する予防的アプローチに変化させたことである。また、生産者、消費者、金融機関、保険会社などの経済的行為者が環境に配慮した視点と役割を受け入れつつあり、今後これらの主体がエコロジー的な社会への改革の実行主体としての役割を十分に果たすことが求められている。
しかし日本では「エコロジー的近代化論」は、環境・経済政策に全くと言っていいほど取り入れられていない。

NGOの誕生と七十年の歩み

国連発足直後に生まれたNGO

NGOという言葉は一九四五年十月に発効した国際連合憲章（国連の設立条約）の中で初めて登場した。国連憲章では、非政府組織を国連と市民社会を結びつける重要なパートナーと位置づけ、国連に加盟している主権国家と区別するため、政府以外の組織〝Non Governmental Organization〟、略称NGOと呼んだ。

国連憲章第七一条は、経済社会理事会が取り扱う問題が特定のNGOと関連すると判断した場合、そのNGOから専門知識を聴くことができる権限を与えている。国連はNGOに投票権は認めないものの、協議参加資格を与えており、NGOと協議の結果、取決めを行なうことがある。環境関係の条約交渉や締約国会議では、NGOが重要な役割を担って活動している。このような活動をしているNGO（厳密にいえば国連NGO）は三〇五〇団体を超えている。そもそもNGOは国連との関わりの中で生まれた言葉だが、その後、非政府組織すべてを指す言葉として世界的に使われるようになった。

一九八九年十二月の地中海マルタ島における米ソ首脳会談（ブッシュ大統領、ゴルバチョフ書記長）で冷戦が終結すると、軍事問題や安全保障問題に代わって、環境問題や開発問題、人権問題、難民問題などが新たに浮上した。各国政府は実際にこれらの問題に取り組んでいるNGOから現地の詳しい情報の提供を受け、問題への対処の仕方に関する意見を求めるようになり、NGOの存在が認められるようになった。

一九九二年六月、ブートロス・ガリ国連事務総長（在任期間・一九九二〜一九九六年。エジプトの国際法学者）は安全保障理事会サミットの要請に基づき、『平和への課題』を安保理に提出した。ガリ事務総長は冷戦終結後の地域・国内紛争や核軍縮に国際NGO組織の果たすべき役割を重視する考え方に基づき、報告書の中で新たに起こる国際的な問題の解決や国連による国際平和維持機能強化機能を高度化する方策として、NGOの力を役立てることを提言し、注目された。

ガリ提言の後、NGOがこの提言を国際社会で活かす出来事が二件、相次いで起こった。一つは「対人地雷の使用、貯蔵、生産、及び移譲の禁止並びに廃棄に関する条約」の発効（一九九九年三月一日）、もう一つは「クラスター爆弾禁止条約」の発効（二〇一〇年八月一日）である。

対人地雷問題を禁止条約の締結に持ち込んだ原動力はNGOの連合体である「地雷禁止国際キャンペーン」（ICBL）とカナダ、ノルウェー、オーストリア、南アフリカといった中堅国家の政府である。「地雷禁止国際キャンペーン」とコーディネーターのジョディ・ウイリアムズ（米国人）は、その実績が評価され、一九九七年、ノーベル平和賞を受賞した。

クラスター爆弾禁止条約づくりが成功した理由は主に二つ。一つはNGOが人道の観点から世界的な地雷廃絶運動を推進、その実践の上にクラスター爆弾の禁止を訴えて国際世論を高めたこと、もう一つはノルウェーなどのコアグループ国が廃絶を目指して粘り強い活動を続けたことである。だが世界のクラスター爆弾の七割を保有している米国、ロシア、中国などのクラスター爆弾大量保有国が条約に加盟していないため、これらの国の保有する大量のクラスター爆弾は条約の廃棄規制の対象外である。

ＮＧＯの活動に期待する提言をしたガリ元国連事務総長は二〇〇九年七月十八日、「核軍縮の一層の推進には、クラスター爆弾や対人地雷の禁止条約を実現させたＮＧＯの国際的連携、すなわち国際的ＮＧＯ組織の設立が望ましい」と語った。

国連が重視する国際ＮＧＯの情報力

一九九五年、米国政府関係局は対外援助に関する調査リポートを発表、その中で戦後四十年間の政府間援助を批判、ＮＧＯの協力を得てより効果的に援助を実施する必要があると提言した。これを受けて、米国国際開発庁は二〇〇〇年までに同庁の対外援助の四〇パーセントまでをＮＧＯを通して実施することとした。ＮＧＯは国連食糧農業機関（ＦＡＯ）の食料援助にも協力、きめ細かい援助活動を行なって高い評価を得ている。

一九九七年二月、国連安全保障理事会はザイール紛争解決のために多国籍軍を派遣すべきかどうかを検討した。しかし現地の情報が不足していたため、国際ＮＧＯ「国境なき医師団」を初めて招き、現地の状況について詳しい説明を聴いた。この時以来、「国境なき医師団」を始め、三〇のＮＧＯは安全保障理事会の理事国と定期的に会合を持つようになった。

力を付けた国際NGOは国際政治の密室にまで入り込み、紛争現地の情報を安保理に伝える一方、安保理のメンバーしか知り得ない情報にも接することができるようになった。

環境NGOが原点のドイツ緑の党

一九七四年五月、西ドイツでは社会民主党のシュミットがブラント首相の後を継いで首相に就任した。その五カ月後の十月、第一次石油危機が発生した。シュミット政権は原発の大量建設と石油消費量の削減をエネルギー政策の最優先課題と位置づけ、斜陽の自国産石炭産業を保護する政策を取った。原発増設計画は一九八五年までに原発五〇基を建設、西ドイツの電力総生産量に占める原発のシェアを約四〇パーセントにまで引き上げようという野心的な内容だった。

五〇基もの原発建設は国論を二分するほど大きな問題になった。原発建設反対運動が高揚し、原発建設は遅々として進まなかった。一九七五年まで急増し続けていた原子炉の発注数は翌七六年から八〇年まで連続五年間、ゼロとなった。原発建設反対運動関係者は政党を結成して連邦議会に進出、反原発や環境保護の要求を実現することになり、一九八〇年一月十三日、緑の党を結成した。

緑の党は基本的に核兵器全面廃止と原発反対、環境を破壊する従来型の経済成長主義と大量生産・大量消費のシステムに反対するエコロジー政党としてスタートした。三月の綱領大会で、緑の党が採択した綱領は、①経済に対する環境の優先、②中央集権に代わる分権と自治、③底辺民主主義、④非暴力――の四つである。

党の理論的支柱とも言われたハンス・リュトケはエコロジーについての造詣が深く、結党直後にペトラ・ケリーなどと著した『緑の党』（邦訳は『西ドイツ緑の党とは何か』（一九八三年）の中で、「人間はテクノロジーの発明と応用によって重大な環境の破壊を引き起こしつつある」と主張、その根拠として次の五つを挙げた。

(1) 全人類を繰り返し絶滅し得るような威力を持つ核兵器の存在
(2) 化石燃料などによる地球温暖化
(3) 化学物質・放射性物質によるガンの発生
(4) 生命の危険をもたらすオゾン層の減少
(5) 数千年にわたって残存する放射性廃棄物の危険性

リュトケは一九八〇年代後半に顕在化した地球温暖化の影響を一九八三年の時点で早くも「テクノロジーがもたらした重大な環境破壊」と捉え、緑の党の取り組むべき課題と位置付けた。また核兵器反対とできるだけ早期の原発廃止が緑の党の基本政策となった。

大量の石炭が排煙脱硫装置や脱硝装置を取り付けずに消費されたため、排出された硫黄酸化物や窒素酸化物が大気汚染と酸性雨を発生させ、それがドイツ全土の広範な森林の枯死・衰弱を引き起こした。緑の党は一九八三年三月の連邦議会選挙の選挙戦で、大きな社会問題となった酸性雨による森林被害の問題を争点とし、得票率五・六パーセントを獲得、議席ゼロから一躍二七議席を得た。

緑の党は草の根の原発反対運動、すなわち環境ＮＧＯの中から生まれた環境保護政党である。連邦議会に進出した緑の党は環境施策の充実・強化で他の政党をリード、西ドイツの環境政策の発展に大きな貢献をした。二〇〇〇年六月、社会民主党と緑の党の連立政権が第一次脱原発、二〇一一年六月、キリスト教民主・社会同盟と自由民主党の連立政権が最終的な脱原発をそれぞれ実施した。

原油流出が生んだ環境監査の潮流

一九八九年三月二十四日、米国アラスカ州南部バルディーズ工業港沖四〇キロメートルで、国際石油資本「エクソン」の大型タンカー「エクソン・バルディーズ号」が流氷を避けようとして座礁、船底に生じた穴から二五万七〇〇〇バレル（約四一〇〇万リットル）の原油が流出した（写真を参照）。原油はアラスカ半島周辺の海域と海岸を汚染し、米国史上、最大規模の原油流出事故となった。この事故で、数千頭もの海洋哺乳類（ラッコ、アザラシ、アシカなど）二五万羽以上の鳥類、大量の魚介類が死んだ。

この大規模な原油流出事故は、フロンガスによるオゾン層の破壊と二酸化炭素（CO_2）による地球温暖化を機に地球環境保全意識が高揚しつつあったさなかに突発した。このため米国の環境NGOや投資団体が活発な運動を繰り広げた。一八の環境NGOと一六の投資団体（投資信託会社など）が「環境に責任を持つ経済のための連合」（CERES）を結成、八九年九月、企業の行動を評価する際の判断基準となり、また企業の環境問題に対する意思決定の判断材料にもするべき「バルディーズ原則」（バルディーズはエクソンのタンカー名）を決めた。

「バルディーズ原則」は、これに署名した企業に対し、長期的、継続的な原則の順守、環境保全に配慮した行動の約束、および環境監査報告書の提出（毎年）義務を求めている。原則が厳しい内容の

アラスカ半島沖で座礁事故を起こし、周辺海域を膨大な量の原油で汚染、大量の海洋哺乳類、鳥類、魚介類を死なせたエクソン社の大型タンカー「エクソン・バルディーズ号」。企業に環境監査を請求する運動が起こった。1989年3月24日、写す。(REUTERS SUN提供)

ため、この原則に署名した企業は一九九一年十一月までに中小企業や非営利団体など三〇社ほどに留まった。しかし「バルディーズ原則」の設定により、地球環境を保全するために企業の環境監査を実施し、環境を管理するという概念が初めて登場、世界各国の企業や環境NGOの運動に大きな影響を与えた。

\>>>終　章

現代文明崩壊の兆候と人類の未来

絡み合う様々な環境劣化要因

人類が農耕、牧畜生活を始めてから一万年、文明が花開いてから数千年。十八世紀、欧州で始まった産業革命を機に世界的に工業化と都市化が進展し、高度の工業文明が築き上げられた。半面、環境破壊の様々な要因が顕在化し、人類の未来を脅かしかねないほど大きな問題となった。現在、現代文明が直面している最大の課題は地球温暖化の進行の抑止と世界人口増加の安定化の二つである[1]。

地球温暖化は主に大気中の二酸化炭素の累積による気温の上昇によって起こった。危機深化の兆候は一九九七年頃から現われた。このまま放置すれば地球環境が破局に達すると見る環境学者や識者は少なくない（後述）。地球温暖化が進めば中東、アフリカ、中国内陸部などでは今よりもっと降雨量が減少し、水不足が一層深刻化して食料生産が減少すると見られる。IPCCは水危機に直面する人は二〇五〇年までに世界人口（二〇一四年現在、七二億人）の四二パーセントに当たる三〇億人に増加すると予想している。

最大の脅威は二酸化炭素濃度の上昇で極地・高山の氷が大規模に解け、海面が大きく上昇すること、および穀物収穫量が減少することの二つであろう。

国連の「気候変動に関する政府間パネル」（IPCC）が報告書で強調しているとおり、今のペースで温暖化が進行すれば、やがてアジアの河川デルタや、世界の沿岸地にある都市のほとんどが水没し、ヒマラヤ山脈の氷河が解けてなくなり、ここに源流を持つアジアの九つの大河川の水の流れが激減、穀物収穫量は壊滅すると見られている。

京都議定書第一約束期間（二〇〇八～一二年）後の新たな削減の新たな枠組みには、多量の温室効果ガスを排出するようになった新興国の参加を得て、今世紀末の二℃未満抑制に全力を挙げなければならない。

国連人口推計によると、世界人口は二一〇〇年までに二〇一四年時点の七二億より二九億（四〇パーセント）増える。食料生産が減少すれば、膨大な急増を続ける世界人口を養うことは困難になるだろう。人口問題の解決策としては、一九九四年にエジプト・カイロで開かれた「国連人口開発会議」（カイロ会議）では、女性の地位向上を眼目とする対策「性と生殖に関する健康および権利」（リプロダクティブヘルス・ライツ）の推進が今後の人口政策の大きな柱になるべきことが採択された。

この政策には家族計画・母子保健・思春期保健を含む生涯を通じた性と生殖に関する健康を保持し、人口抑制につなげる狙いがある。カイロ会議から二十年。人口増加の抑制が強く求められるアフリカの国々では、依然として伝統的な女性差別が根強く、眼目の女性の地位向上は、はかばかしく進んでいない。

問題は温暖化と世界人口の増加だけではない。熱帯雨林や生物種、自然・天然資源が持続可能な状態を超えるスピードで失われつつあるという問題もある。資源の消費・減少と廃棄物問題には大量生産・大量消費・大量廃棄のシステムが深く関わっている。各国が経済発展を目指して開発を推進するにつれて、様々な環境問題が起こり、それらが互いに密接に絡み合い、同時併行的に地球環境を劣化させ、資源を減少させている。

文明の崩壊を防ぐ手立てはないのか

損なわれゆく将来世代の環境・資源

世界の環境をめぐる状況は地球温暖化の進行による異常気象の頻発、干ばつ、海面上昇を始め、森林と生物多様性の減少・喪失、砂漠化など様々な面で悪化傾向をたどっているのが実情である。自然資源・地下資源消費のスピードは早く、将来世代に引き継がれるべき環境資産が急ピッチで食い潰されているのが実情である。我々の世代は現在、将来世代に対して取り返しのつかない大きな被害を与え続けていると言えよう。

今、人類社会は抜本策を取れないまま、地球環境の破局を招くのか、それとも持続可能な経済モデルを確立し、環境の保全と経済の成長を両立させる道を選ぶのか、その選択を迫られている。歩みは遅くとも後者を選択しなければ人類に未来はない。この問題については、グロ・ブルントラント・ノルウェー首相（当時）が委員長を務める「環境と開発に関する世界委員会」（一九八二～八七年。通称・ブルントラント委員会）が一九八七年四月にまとめた審議結果の報告書の中で「将来の世代が自らのニーズを充足する能力を損なうことなく、現在の世代を満たすような開発」、すなわち「持続可能な開発」を今後の環境問題への取組みの中心的な概念とするよう提言した。

「持続可能な開発」は五年後の一九九二年四月、ブラジルのリオデジャネイロで開かれた「国連環境開発会議」（通称・地球サミット）で環境保全のキーワードとして定着した。

国連環境計画の活動の限界

現在、地球環境問題を所管し、対策を実施しているのは国連総会のもとに置かれている国連環境計画（UNEP）である。国連環境計画（UNEP）は先に述べたとおり、国連人間環境会議で設置が決まり、一九七四年以降、地球温暖化、砂漠化、森林・生物種の減少など様々な地球環境問題に精力的に取り組んできた。そして一九九二年六月、史上最大の環境国際会議「地球サミット」の開催に漕ぎつけ、気候変動枠組み条約や生物多様性条約の調印、アジェンダ21、森林原則声明、リオ宣言の採択、砂漠化対処条約づくりの加速（調印は一九九四年）が行なわれた。

数多くの地球環境問題の中で、UNEPが手掛けた重要な対策としては、フロンによるオゾン層破壊の防止対策や「地中海海洋汚染防止条約」（採択・一九七七年）と「地中海行動計画」に基づく地中海海洋汚染防止対策、地球温暖化防止対策などがある。

このうち地球温暖化防止対策について見よう。一九八八年春、記録的な大干ばつが米国の中部・西部を襲うと、UNEPは国連決議（六月）に基づき、世界気象会議（WMO）とともに「気候変動に関する政府間パネル」を創設した。翌八九年五月、UNEP管理理事会は「気候変動に関する枠組み条約」制定のための外交交渉の開始を決めた。条約づくりのための外交交渉が重ねられた後、一九九二年五月九日、最終案が国連本部で採択された。「国連環境開発会議」（地球サミット）二日目の六月四日、条約の署名が始まり、一九九四年三月、発効した。

しかし地球温暖化、砂漠化の進行や森林・生物種の減少など、より大きな地球環境問題は、どれを取ってみても、事態改善の効果より、事態を悪化させる力の方が、はるかに強い。このためUNEPの奮闘努力にも拘わらず、対策の効果が著しいものは少なかった。

巨大な規模の環境問題に取り組むには、巨大かつ強大な権限と財政基盤を併せ持つ組織が必要なはずである。ところがUNEPは権限が小さいうえに、財政基盤が弱く、職員の数も少ない。このため地球環境問題の悪化の勢いに対処し、これを制御・克服するために有効な施策を強力に推進することができない。当面する地球環境問題への取組みが精一杯で、基本的に重要な環境政策と経済政策との統合や持続可能な社会への移行にとって基本的に重要な行財政制度の抜本的な改革などに取り組む権限も力量も持たず、このため抜本的、本質的な改革が国際的にも国内的にも一向に進まない。

UNEPを、もっと強力な権限を持つ組織に再編・強化するよう求める口火を最初に切ったのが、ゴルバチョフ・ソ連首相時代、新思考外交の担い手だったシェワルナゼ外相である。シェワルナゼは一九八八年九月の国連総会で、こう提案した。

「環境破壊による破局の脅威が迫るなか、全ての人が同じ気象体系を共有し、環境防衛の面では誰ひとりとして自分だけの孤立した立場に立つことはできない。（中略）地球環境に対処するため、現在の国連環境計画（UNEP）を、国連の中の最重要組織である安全保障理事会並みの機関に強化・格上げすべきである」

EUもUNEPの権限強化論を唱える。EUは二〇〇五年の欧州理事会で、現在のUNEPを基礎にして大きな権限と財源を持つ自律的な国連専門機関を設置することを提唱した。権限の大きな新専門機関が積極的に地球環境問題に取り組めば、危機的状況にある諸問題を効果的に解決に導くことができるはずだという考え方である。

「世界環境機関」設置構想

「地球サミット」から十年後の二〇〇二年八月二十六日、南アフリカで始まった「持続可能な開発に関する世界首脳会議」（通称・ヨハネスブルク・サミット」、九月四日まで）ではフランスのシラク大統領が首脳演説でUNEPよりも大きな権限を持つ「世界環境機関」（WEO）の設立を提案した。しかし、この会議では「世界環境機関」の設立やUNEPの改革は議題にすら取り上げられず、その後も具体化の動きは起こっていない。そればかりか、「ヨハネスブルク・サミット」では「地球サミット」後、十年間進まなかった根本原因の検討作業が行なわれず、再生可能エネルギー拡大の数値目標も決められなかった。

「地球サミット」から二十年後に当たる二〇一二年六月二十日、リオデジャネイロに一九一の国・地域の代表の参加を得て開かれた「国連持続可能な発展会議」（二十二日まで）では、各国の合意が得にくかったため、議長（開催国ブラジル）が合意しやすい妥協案を提示、これが「成果文書 我々の望む未来」として採択された。この会議への先進国の関心は低く、七先進国の首脳中、出席したのはフランスのオランド大統領だけだった。これとは対照的に、ブラジル、ロシア、インド、中国、南アフリカのBRICS（ブリックス）と呼ばれる新興国は大統領または首相が出席した。

地球環境問題が危機的様相を強めているのに、十年ごとの国際環境会議で見る限り、会議は次第に低調になり、各国リーダーたちの会議への関心も薄れていることを窺わせた。

識者は今日の事態をこう見る

現代文明と人類の未来論

これまで見てきたとおり、国際社会は国連人間環境会議（一九七二年六月。ストックホルム）の開催以来、激化する地球環境問題に懸命に対処してきた。しかし産業活動の活発化と世界経済の急成長、グローバリゼーションにより、熱帯雨林と生物多様性の急減、地球温暖化の進行など地球規模の生態的危機はその対処を上回って進行した。

一九九二年六月、リオデジャネイロで開かれた国連環境開発会議では、生物多様性条約と気候変動枠組み条約が締結されたが、生態的危機は深まっている。環境の悪化を防ぐための、強大な権限を持つ国際機関を設置する計画のめども立っていない。

最も切実な地球温暖化問題を見ると、「今世紀末までに平均気温を産業革命以降二℃未満に抑える」という国際社会の目標達成は困難視され、気温上昇は三℃前後になるとする見方が有力である。人類は前途に取り返しのつかない地球生態系の悪化が待っていることを知りながら、これを避けるための有効適切な手立てを講じることなく、暗い未来を迎えるのだろうか。

そこで最後に、地球環境問題に明るい、世界的に著名な環境問題の専門家や文明史研究者たちが今、起こっている環境関係の事態と現代文明の未来をどのように見ているのか、その見解をそれぞれの著

ジェームズ・ハンセン博士（同博士提供）

シャレド・ダイアモンド博士（筆者写す）

書から拾い集めた。

◆「希望が破滅を僅かにリード」――ジャレド・ダイアモンド

文明論の名著でピューリッツァー賞を受賞した生物地理学、生理学の研究者ジャレド・ダイアモンド・カリフォルニア大学教授は二〇〇五年に著した『文明崩壊』の中で、イースター島文明がいかにして滅びていったのかを描いた。博士は、この島の人々が自分たちの生活を支えていた木を最後の一本まで切ってしまったために糧を得るために海に出る船も作れず、滅亡への道を辿ったイースター島の悲劇を引き合いに出し、「まるで今の地球とそっくりではないか」と語る。現代文明は崩壊の危機にあり、このまま放置すれば「地球最後の日」が現実化するという警告である。

二〇一一年二月二十四日、ＮＨＫ制作テレビ番組に出演したダイアモンド博士は、「今の地球環境の状況を競馬に喩えて、『『希望』という名の馬と『破滅』という名の馬が競り合って駆けている」と表現した。そして番組の最後に、対談相手から未来を切り開くキーワードを求められると、ダイアモンドは五一パーセントの希望」と書いた。

こう書いたわけをダイアモンドは、「これから世界がどのように進むのか私にはわからない。それでも希望という名の馬と破滅という名の馬が競り合っている今の世界で、僅か一パーセントだけ『希望』がリードしていると、自分としては楽観したいからだ」と説明した(2)。

人類の未来がこれからどうなるか、本当のところは誰にもわからないのではないか。ダイアモンドの言葉は、明るい展望が見出せない中で、希望を失うまいとしている多くの人々の気持ちを代弁した言葉であった。

◆「転換点を超えると怖い環境破壊」——ジェームズ・ハンセン

米国が異常な熱波に襲われ、農業地帯で深刻な干ばつ被害が発生した一九八八年、世界的に著名な気象学者で、温暖化問題第一人者ジェームズ・ハンセン博士(米航空宇宙局教授)が米国議会で「地球温暖化は既に始まっている」と証言、温暖化の脅威を訴えた。この証言は米国のみならず、全世界の人々の地球温暖化問題に対する関心を高め、国連や主要国の政治指導者を動かして地球環境問題の走りとなった。

ハンセン博士(その後、コロンビア大学客員教授に就任)は今、地球温暖化の現状をどう見ているだろうか。

ハンセン博士は著書『地球温暖化との闘い』の中で、まず「地球は差し迫った破壊の危機にある」

とし、そのうえで温暖化の影響は、海面上昇と種の絶滅の二つが最も危険であること、この二つの現象の間には転換点（ティッピングポイント）を超えると、その後は人間の手に負えない急激な変化を引き起こす危険性が存在することの二点を指摘、次のように述べている。[3]

宇宙から見た地球の写真。この地球の環境が温暖化で危機的状況となり、人類の未来が危ぶまれている。
（REUTERS SUN 提供）

「海面上昇は、『危険』なものを定めたリストのいちばん上に来るべきだと私が考える二つの気候影響のうちのひとつである。なぜなら、その影響はひじょうに大きく、また人類が想像し得るいかなる時間尺度でも元に戻すことができないからだ。降雪から氷床が形成されるまでには何千年という時間がかかる。ひとたび氷床がものすごい勢いで崩壊し始めれば、海面は何世紀にもわたり絶えず変化しつづけるため、大規模な海面上昇に対しての適切な『適応策』をとることは不可能に近い。沿岸の都市部を維持することは現実的には不可能になるだろう」

「私の『危険リスト』の最上位に来るもうひとつの気候変動の影響は、種の絶滅である。人間の活動はすでに、自然界の水準をはるかに上回る勢いで種の絶滅のペースを速めている。人間が動・植物種の生息地を次々と占領しているために絶滅が進んでいるのだ。人為的な気候変動は今や、異常なほど急速な気候帯の移動を伴い、地球上の種の大半を絶滅に追いやる可能性のある計り知れないストレスを新たに増やす恐れがある」

「こうした脅威への理解は、氷床や海面の場合と同様、とくに地球の歴史や現状の観測結果から引き出す情報にかかっている。海面上昇と種の絶滅の間には、類似点がもうひとつある。氷床と種の存続にはともに、『非線形』の問題がある。つまり、転換点を超えるかもしれない危険性が存在するのだ。この転換点《ティッピングポイント》を超えると、そのシステムのダイナミクスが優勢になり、人間の手に負えない急激な変化が起こる。（中略）残されている時間は少なくなりつつある。今は、まさに私たち人類を救える最後のチャンスなのだ」

ハンセン博士はジョージ・ブッシュ大統領（二〇〇一～〇九年）時代、ホワイトハウスの環境問題担当官から講演計画の事前連絡を求められるなどの嫌がらせを受けた。だがハンセンは自らの主張を通し、積極的に講演会を開いて「温暖化による被害を未来の子どもたちに被らせたくない」と温室効果ガス削減対策の強化を訴え続けている。

◆「対策を怠れば人類の未来は明るくない」――クライブ・ポンティング

英国現代政治史の著作で知られるクライブ・ポンティングは著書の中で①人口の増加、②化石燃料をエネルギー源に利用しての工業化の推進――の二つを自然生態系と地球環境にとって特に大きな重圧と見ている。この二つのうち、地球温暖化については歴史的に次のように位置づけている[4]。

(1) 地球温暖化は人類が定住して農業を開始したとき以来、生存の条件でもある生態学的制約を無視し続けてきた結果、起こった。無視の結果がどのような結果を招くのかを世界的規模で示す初めての例証となるだろう。

(2) 温室効果ガスの排出による地球温暖化は、過去二百年間の工業化の爆発的な進展がもたらした直接的な影響である。自然の生態系は、極めて速い速度で進行する温暖化に対応できず、広い範囲に被害が及ぶだろう。地球温暖化は地球環境に対する最大の負荷である。

クライブ・ポンティングは「地球温暖化は過去の人間活動が現代社会に残した、ほとんど克服できないような難問である」として、地球上の生命、そして人間はこれにより大きな打撃を受けることになるだろうと書いている[5]。ポンティングの指摘どおり、産業革命後の二百年余の間に先進工業国が実現した消費面の豊かさは、先進各国が世界のエネルギーと資源の大部分を投入して生産、消費することによって達成されたものである。その結果、石炭、石油が大量に消費され、大気中の二酸化炭素濃度が増大して地球温暖化が大きな問題になった。硫黄酸化物、窒素酸化物による大気汚染や有害化学物質・重金属による水質、土壌の汚染も起こった。

一九七二年、「ローマクラブ」が『成長の限界』を発表、人口急増と経済成長が続けば、資源・エネルギーが涸渇、環境破壊も進み、百年以内に成長は限界に達して混乱を来すと警告した。この警告から四十二年が経過した今、化石燃料資源は枯渇する気配がないが、化石燃料の大量消費による地球温暖化、すなわち環境破壊が人類社会にとって克服すべき最重要課題になっている。

経済成長を優先して二酸化炭素の排出量削減対策を怠れば、人類の未来は決して明るいものにならない。人類は今、まさに誕生以来の最大の試練に直面していると言って過言ではないだろう。

クライブ・ポンティングは「ローマクラブ」が『成長の限界』で指摘した資源・エネルギーの涸渇に関連して『緑の世界史』の中で「世界の全人口がアメリカ人並みの消費水準で生活すると仮定した場合、地球上の鉱物やエネルギー資源は足りそうにない」と問題提起した。

ポンティングによると、一九九四年当時のアメリカ合衆国の人口は世界の五パーセント（筆者注・一九九四年当時。二〇一四年現在、四・四パーセント）だが、世界のエネルギーの三〇パーセント（同・二〇一四年現在、一七パーセント）を消費していた。ポンティングは、こう述べている。[6]

「全人類が現在の平均的アメリカ人と同じ食事を食べるために、アメリカ人と同程度の物資を農業に投入すると仮定すると、現在生産されている石油をすべて投入する必要があり、確認埋蔵量は十数年で涸渇してしまうことになる」

西澤潤一と梅原猛の見方

日本の研究者は、今日の事態をどのように見ているのだろうか。半導体の研究などで知られる文化勲章受章者・西沢潤一東北大学元総長は、著書『人類は八〇年で滅亡する』（東洋経済新報社、二〇〇〇年）の中で、人類は今後、次のような問題が原因で生存の危機に直面すると推測している。[7]

一九九七〜九八年、米国航空宇宙局がベーリング海で植物性プランクトンの円石藻が東西七〇〇キロメートル、南北三〇〇キロメートルにわたって大発生し、珪藻が駆逐されていることを観測した。海水温は繁殖以前と比べて二℃も上昇していた。この円石藻がさらに大規模に繁殖した場合、大気中の二酸化炭素濃度は二一〇〇年に八五〇ｐｐｍに達し、気温が現在より二・八℃上昇する恐れがある。

西澤が円石藻の大発生による地球温暖化への影響について知ったのは、北海道大学の山中康裕博士の研究からだった。山中は植物性プランクトンの活動が地球温暖化に及ぼす影響についてスーパーコンピューターを使ってシミュレーションを行なった結果、二一〇〇年時点の大気中の二酸化炭素濃度は、これまで有力視されていた「現在の約二倍の七〇〇ｐｐｍ、気温が約二℃上昇」説を大きく上回ることになることに衝撃を受けたという。これについて、西澤は次のようにコメントしている(8)。

「(山中康裕博士の研究結果は) これまでの温暖化予測を上回るもので、人類を暗澹たる気分へ追いやるものであった。(中略) 大事な点は、予測が現実化するかどうかよりも、大規模な地球環境の変動へミクロの世界の生き物が確実に関与するという認識にある。山中博士は『人類はすでにパンドラの箱を開けてしまった』といっている。シミュレーションが暗示するように手遅れであるかどうかわからないが、たしかなことは時間が最早私たち人類に残されていないということである」

プリンストン大学の真鍋淑郎博士が地球温暖化による将来予測についてシミュレーションを行なった。それによると、二酸化炭素の排出量が今のペースで増え続けた場合、深層海流(第3章を参照)の流量は二十一世紀半ばには今日の三分の二にまで減少し、その沈み込みの深さも現在の半分以下で、一〇〇〇メートル前後になる。そして二酸化炭素の増加率が高いほど、深層海流への影響が劇的に現われると真鍋博士は言う。

真鍋博士のこの将来予測について、西澤は著書『人類は八〇年で滅亡する「CO_2地獄」からの脱出』の中で「私たち人類は将来も、深層海流が気温の奇跡的安定に果たしてきた恵みを享受して行くことができるのか」と危惧の念を表明している。

海底に積もった生物の遺骸などの有機物が分解されてメタンなどの炭化水素に変わる。そのメタンが水分子に取り込まれ、化学反応によってメタンハイドレートとなる。メタンハイドレートは深海底では低温（多くの場合、四℃以下）で、しかも高水圧のために堆積層内に蓄積されているが、温度が上昇に転じたり、圧力が低下すると、急速に崩壊して、メタンガスとなって大気中に放出される。

メタンハイドレートについて、西澤は、「最も危険なことは、メタンハイドレートが圧力や温度に極めて敏感なことである。僅か一、二℃の水温の上昇によってメタンが敏感に水分子から分離し、泡柱になって大気中に出てくるのである」と警告。そのうえで、このように危険な物質が世界の海の大陸棚や北極圏とその周辺の永久凍土および南極に広く分布し、その総量は一〇兆トンという天文学的数字になると述べ、最後を次のようなショッキングな予測で結んでいる。[9]

「メタンガスが大気中に放出されれば、メタンはいずれ水と二酸化炭素に分解される。そのとき、大気中の二酸化炭素濃度は瞬時の内に〇・五パーセントにも、三パーセントにもなり、人類は滅亡する」

西澤はエネルギー資源としての活用を狙って地下に埋もれているメタンハイドレートを採掘すれば、大量のメタンガスが大気中に流出し、地球温暖化を著しく加速する危険性があると警告している。

これについては、バイオエンジニアリング、分子生物学専攻の坂口謙吾東京理科大学総合研究機構教授（博士）も、著書『自滅する人類』の中で、「メタンハイドレートの採掘は絶対にしてはならない」

と強い語調で次のように注意を喚起している[10]。

「メタンの採掘によって深海の生態系を破壊すれば、必ず海底に凍結されているメタンの気化が始まり、二酸化炭素以上の温室効果ガスになる。気化したメタンガスが酸素と反応してメタン爆発が起こると、劇的な酸素濃度の低下をもたらす危険性がある」

しかしエネルギーの地下資源を持たない日本政府はメタンハイドレートの採掘を目指している。政府の「総合海洋政策本部」（本部長・安倍晋三首相）は二〇一四年四月、深海の海底深くにあるメタンハイドレード採掘について、二〇一八年度の商業化実現に向けた技術整備を行なう方針を決めた。

西洋哲学から出発し、後に日本の精神の研究に転じた哲学者梅原猛・国際日本文化研究センター所長（文化勲章受章者）は著書の中で、次のような見解を示している[11]。

「この文明（筆者注・人類が築いた文明）は、人間生活を豊かにしたという点において、まさに人間に福音《ふくいん》をもたらす文明であったが、その反面、人間の住んでいる地球環境を破壊するという点において、まさに禍音《かいん》をもたらす文明であった。いま、この文明のもつ悲劇的結末について多くの予言がなされている。多少その予言が大げさであったとしても、その予言がまちがっているとはとてもいえない。（中略）それは多少性急であるとしても、この文明の破滅的結末を確実に予言しているように思われる」

◆『成長の限界』後も続く環境悪化──ヨルゲン・ランダース

気候変動問題の戦略・対策や未来予測などを専門に研究しているヨルゲン・ランダース・ノルウ

ェー・ビジネススクール教授は一九七二年に発表され、世界に衝撃を与えたローマ・クラブ著『成長の限界』の共同執筆者四人のうちの一人（他の三人はドネラ・メドウズ、デニス・メドウズ、ウィリアム・ベアランズ）である。ローマ・クラブは一九六八年四月、イタリアのオリベッティ社会長アウレリオ・ペッチェイらが各国の資源、人口、軍事、経済など各種分野の学識経験者など一〇〇人に呼び掛け、設立した。

ランダース教授は『成長の限界』の出版から四十年を経過した二〇一二年に『2052　今後四〇年のグローバル予測』を刊行、その中でさらに四十年後の二〇五二年の世界について次のように予測した。

(1)　エネルギー使用に起因する二酸化炭素の排出量は二〇五二年までに今の一・五倍に増え、気温の上昇は二℃以上になる恐れがある。人類は二十一世紀半ば頃には歯止めの利かない気候変動に悩まされるだろう。

(2)　気候変動による生態系の破壊・損失のほか、資源の枯渇、環境汚染、不公平などの問題も深刻化するが、長期的な幸せを築くための合意がなかなか得られず、手遅れになるだろう。

(3)　これらの問題解決のために国内総生産（ＧＤＰ）の多くの部分（投資）を振り向ける必要が生じる。その結果、世界の消費は二〇四五年をピークに減少に転じ、生産性の伸びも鈍化する。

現在、地球に生存する生物に対する人類の需要は、持続可能なレベルの二倍に達した温室効果ガス排出量や熱帯雨林の伐採、世界の多くの漁場で起こっている乱獲による漁獲高の激減などにより、生態系から生産される供給量、つまり地球のバイオキャパシティ（生態系の収容能力）を約四〇パーセントも超えている――ヨルゲン・ランダースは、こう分析している。

ランダース教授は『2052　今後四〇年のグローバル予測』の中で、過去四十年間に最大の問題となった地球温暖化問題を取り上げ、「地球の気温は二〇五二年には産業革命以前と比べてプラス二℃を突破、二〇八〇年にはプラス三℃になる」と予測した。プラス三℃になったら、環境にどんな影響が出るのか。教授はNHKテレビ番組のインタビューの中で次のように語った。

「永久凍土は解け、閉じ込められていたメタンガスが放出され、地球温暖化は加速するでしょう。そうなったら、今のままの我々の社会を持続させることは、もはや不可能です。文明を維持することができなくなります」

しかしヨルゲン・ランダースは人類の未来を悲観していない。その根拠は、悪化する一方の地球温暖化への懸念が動機になって、二〇三〇年以降は低炭素社会を目指す動きがより顕著になり、それが温暖化の進行を阻む効果をもたらすに違いないとの期待である。彼の予測では、石炭、石油、天然ガスといった在来型化石燃料の使用量は二〇五二年までに激減、原子力発電も減る。勝ち残るのは風力、太陽光、バイオマスといった再生可能エネルギー。これに水力発電を加えたエネルギー生産量は二〇一〇年の八パーセントから二〇五〇年には三七パーセンに増加する。また発電の燃料に使っていた石炭をガスに転換する動きが加速され、二酸化炭素排出量は石炭火力発電と比べて三分の二に減るだろう。

どうすれば環境が守られ、人々の暮らしも持続可能な世界に戻るのか。ランダースは化石燃料の使用を中止・削減し、二酸化炭素の排出がゼロになるまで再生可能エネルギーに電力生産をシフト

（転換）していくことが唯一の方法だと強調する。

「人類がこうしたことを五〇年間、三〇〇〇〜四〇〇〇基のプラントで続けていけば、五〇〜一〇〇年で正常な二酸化炭素量に戻せ、気温も元に戻すことができるでしょう」

「四〇年前、世界の人口は三五億人、おおむね持続可能で経済規模は今日の四分の一でした。今日、人口は二倍の七〇億になり、全体として持続可能とは言えず、四〇年前に比べて悪化しています。温室効果ガスの排出量だけでも、海や森が吸収できる二酸化炭素量の二倍を毎年排出しています。我々が最終的に温室効果ガス排出をやめない限り、気温上昇は止まりません。必要なのは、我々の決断だけです」

◆文明の終焉か未来に続く道か――アル・ゴア

アル・ゴア元米国副大統領は一九六〇年代半ばのハーバード大学学生時代、ハワイのマウナ・ロア火山の山頂で二酸化炭素（CO_2）濃度を世界で初めて八年間も測定したロジャー・レベル教授の指導を受けた。レベル教授は二酸化炭素濃度が右肩上がりに上昇し続けていることを指摘、「この傾向が続けば、地球の気候に破局的な変化をもたらすだろう」と警告した。

レベル教授の講義に衝撃を受けたゴアは地球温暖化問題に強い関心を持ち、これがきっかけで政治家になった。二〇〇〇年の大統領選挙では民主党から立候補したが、僅差で共和党のジョージ・ブッシュ候補に敗れた。ゴアが出演した地球温暖化に関するドキュメンタリー映画『不都合な真実』は二〇〇六年五月、全国で公開され、米国映画史上、三番目の興行成績を収めた。

翌〇七年、ゴアは講演や「不都合な真実」での環境啓発活動が評価され、「気候変動に関する政府間パネル（IPCC）」とともにノーベル平和賞を受賞した。世界で最も知名度の高い地球温暖化防止活動家ゴアは凄まじい人口爆発が森林破壊や洪水の激化に繋がっていることを著書『地球の掟 文明と環境のバランスを求めて』（ダイヤモンド社、二〇〇七年）の中で次のように指摘している。

(1) 我が地球文明は何千世代を経た後、第二次世界大戦の終結時には、人口二五億に少し足りない人口に達していたが、一世代の間に三倍近く（筆者注・二〇一五年現在、七三億人）になり、我々自身が今作り始めた極端な気候変動にますます拍車をかける。

(2) ヒマラヤ山麓の人口圧力が過去数十年間に全面的な森林伐採につながり、その結果、雨はいまやバングラデシュからインド東部にかけて、坂を急流で流れ落ち、莫大な量の表土を運び去り、ガンジス川水系を泥で埋め尽くし、その結果、洪水をさらに悪化させている。

アル・ゴア元米国副大統領

ゴアが見る人類の未来は、どのようなものだろうか。近著『アル・ゴア 未来を語る』（角川マガジンズ、二〇一四年）の中で、ゴアは、このままのペースで地球の温暖化が進むと、取り返しのつかない事態になると指摘、「われわれが文明を守るために決断が必要。今すぐ強い決意で行動しなければならない」と訴えている。そし

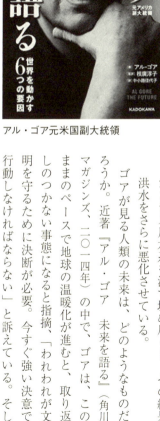

て最後を次の言葉で結んでいる。

「人類文明は長い旅を続けてきたが、今、分かれ道に差しかかっている。二つの道のうち、一つを選ばなければならない。一つの道は、私たちの知っているような文明が終焉を迎える可能性へ向かっている。そしてもう一つの道は未来へと続いている」

◆今世紀末までに何十億人も死ぬ——ラブロック

地球と生物が相互に関係し合い、ある種の「巨大な生命体」を作り上げていると見なすガイア理論(ガイア仮説)の創始者として知られる英国の大気学者、生物物理学者であり、環境主義者でもあるジェームズ・ラブロック(一九一九〜)は地球温暖化の影響を極めてシビアに見る。

ラブロックが一九六〇年代に提唱したガイア理論は生命と環境の相互作用についての理論である。この理論は生態系がそれ自体で固有の価値を有しているとするディープエコロジーの思想に大きな影響を与えた。

ラブロックは二〇〇六年一月、英国の新聞『インデペンデント』のインタビューに対し、地球温暖化の将来予測について、要旨次のように語った。

「地球温暖化が進行すれば、二十一世紀末までに温帯の平均気温は八℃、熱帯の平均気温は最高五℃上昇し、世界のほとんどの土地が居住不可能となり、農業もできなくなる。二十一世紀末には何十億もの人々が死に、気候的に耐えられる極地でごく少数が生き残るだろう。我々は、変化の恐ろしいペースに留意し、残された時間が少ないことを理解する必要がある。各国は可能な限り文明を保持するために資源の最良の使用法を見つけなければならない」

◆「現代文明は崖っぷち」——レスター・ブラウン

『地球白書』を始め、地球環境問題に関する啓発書を長年、書き続け、オピニオンリーダーとなっている環境学者レスター・ブラウンは環境問題を扱う際、事実に即して分析、的確な見通しと警告を抑制の効いた筆致で記述してきた。そのレスター・ブラウンの著述のトーンが近年、変わってきた。人類が生き残ることができるかどうかの瀬戸際に立っているという危機意識のせいか、過去の文明崩壊の事例をしばしば紹介し、危機の克服に努めるよう訴える強い警告が増えたのである。

マヤ文明は九世紀にマヤ地域を襲った干ばつのために崩壊したという見方が有力である。またイースター島は人口増加に伴う食料増産の必要から島にあった亜熱帯性の森林の開墾を進めた。また漁業を営むためのカヌーや家の建造、炊事用の薪の採取などでも樹木を切り倒し、十七世紀には森林が消滅した。人々は生活の基盤をなしている自然のシステムを破壊した結果、滅びへの道を急ぐことになった。

地球環境の危機を警告する世界的なオピニオンリーダー、レスター・ブラウン・アースポリシー研究所長の著書。『地球温暖化』など環境の本46冊の日本語版が出版された。

高度に都市化が進み、技術的にも進ん

だ社会に暮らす現代の人々も、地球の自然に依存していることはマヤ人と変わらない。現代人も今、マヤ文明やイースター島文明の人々と同様に、生活の基盤を形成している自然のシステムを破壊しつつある。レスター・ブラウンは、これでは過去の文明の崩壊と同様、滅びへの道を歩むことになるとして、著書の中で次のように警告している。[12]

「イースター島は、他の場所から食料を得られない孤立した土地で、その資源が枯渇してしまった例である。ここに明示されているのは、資源が限られているにもかかわらず、人間経済が拡大しつづけたらどうなるか、というものである。いまや残されていたわずかなフロンティア（未開拓地）もなくなり、隅々まで統合されたグローバル経済が出現し、人類は全体としてイースター島人が一六世紀に立ち至ったのと同じ転換点に達したのである」

残された時間は多くない

温暖化と人口急増が人類最大の課題

地球温暖化、温暖化に伴う水不足の深刻化と農業生産の不振、世界人口の際限なき増加、これに伴う食料の不足・飢餓、森林、生物種などの環境資源の急速な消失、大量生産・大量消費・大量廃棄などにより地球環境問題が深刻化している。こうした要因はみなバラバラに捉えられがちだが、それぞれが複雑に絡み合い、複合的かつ同時並行的に作用して人類生存の基盤である生態系保持・生命維持システムを崩壊に導きつつある。

先述のとおり、これら多くの問題を深刻化させている主要な要因が地球温暖化と世界人口の急増の二つである。結論的に言えば、人口急増の続いている発展途上国が早急に人口を安定化することができず、世界各国が温室効果ガスの排出を一定限度に抑制することができなければ、この地球の生態系全体が破壊される恐れがある。この二つの克服こそ人類が今、直面している最大の課題である。

地球環境は現代文明存立の基盤をなしている。地球環境が破局に達すれば、これによって支えられている人類文明も崩壊せざるを得ないという関係にある。今、「地球環境が危機を迎えている」と、よく言われるが、崩壊の危機を迎えているのは現代文明そのものである。

本シリーズ『世界の環境問題』全十一巻では世界各国・各地域の環境問題の歴史をたどり、現状を報告した。世界各国・各地域の環境の歴史と現状の総体が今、起こっている地球環境の危機に繋がっている。その危機とは、具体的に言えば、地球温暖化による異常気象の頻発、極圏と高地の氷の融解による海面上昇や砂漠化、森林・生物種の減少などである。

『世界の環境問題』全十一巻を通じての歴史と現状の分析、既に現われている兆候、先に紹介した識者の見解を総合して結論的に言えば、これまでのやり方では、現代文明の崩壊がいつか起こると見なければならない。物が坂を転がり落ちるときには勢いがついていて、転落を食い止めることが困難なように、環境も転換点を超えると、破壊は勢いに乗って急速に進む。敢えて言えば、問題は「崩壊が起こるかどうか」ではない。「止めようのない大規模な環境の崩壊がいつ起こるか」である[13]。

手遅れになる前に

現代文明の崩壊について議論することは今や決して誇張ではないどころか、崩壊の兆候を真剣に議論し、今のうちに、あらゆる可能な方策を実施して、環境劣化の傾向に歯止めをかける必要がある。先に紹介した著名な専門家・識者もこの危機認識を共有しているように思われる。レスター・ブラウンは著書の中で次のように警告している。[14]

「私たちは、危険なほど崖っぷちギリギリのところにいる。ロックフェラー財団の前理事長であるピーター・ゴールドマークはいみじくも、『我々の文明の死は、もはや理論や学術的可能性ではない。それは私たちが進みつつある道なのだ』と言っている」

また、米国の公共政策シンクタンク「新アメリカ安全保障センター」も「戦略と国際関係学センター」と共同で執筆した報告書の中で、地球温暖化がもたらす影響について次のように警告している。

「極端な気候変動の起きる未来にとって、これと比べられる唯一の状況と言えば、冷戦が最高潮に達した時期、米ソの核戦争後の世界はどうなるかを考えた時である」

『壊れゆく地球　気候変動がもたらす崩壊の連鎖』の著者スティーヴン・ファリス（ジャーナリスト）は、この報告書の記述から受けた衝撃について、「人類がかつて体験したことのない大崩壊の時期に突入しかけているのかもしれない」と著書に書いている。[15]

一九八〇年代に国連環境計画（ＵＮＥＰ）事務局長としてオゾン層の保護対策や地球温暖化防止対策などに尽力したモフタファ・トルーバ博士も、同様の警告を行なっている。トルーバ事務局長は一九八七年五月発行の『UNEPプロフィール』の中で、環境問題への取組みの重要性について次のように訴えた。

「人類社会は、もろい生態系の上に成り立っています。清浄な空気、きれいな水、肥沃な土壌、それに再生可能な生物相がなければ、人類は繁栄することができないばかりか、生存すらできません。ここ数十年の間、我々人類は、これらの生存基盤を、修復が不可能なまでにむしばんできました。世界の気候が変動し、予測不可能なほど莫大な影響を全世界に与えるでしょう。いずれの場合も、人間活動が責めを負うべきでしょう」

トルーバ博士は一九八二年一月十三日に東京で開かれたシンポジウム「一九八〇年代の環境問題のゆくえ」で「環境破壊がもたらす被害は、緩慢ではあっても核兵器に劣らない」と述べ、世界的な軍備増強競争をストップし、軍縮によって軍備に各国が投入している膨大な費用を環境保全に振り向けるよう呼びかけた。

モフタファ・トルーバ国連環境計画事務局長。1982 年1月、同事務局長提供。

この発言は「新アメリカ安全保障センター」と「戦略と国際関係学センター」の報告書と同様に、地球温暖化への対処を怠れば核兵器と同様、人類の破滅をもたらす恐れがあるという警告である。

人類文明の崩壊を防ぐ大手術には時間が必要である。だが多くの識者の発言からすれば、危機克服のために残されている時間は、もうそれほど多くないと言えるのではないか。手をこまぬいて対策を取らなければ、やがて「もはや、何をしても、もう手遅れ」と宣告される日が到来するに違いない。それは考えるだけで、ぞっとするような悲劇的事態である。

人類は過去一万年にわたり、営々と努力を重ね、今日の現代文明を築き上げた、今こそ、その英知と実行力を駆使し、残されている貴重な時間を有効に使って、迫り来る現代文明崩壊と人類滅亡という恐るべき大崩壊の危機克服に全力で立ち向かわなければならない。そう願わずにはいられない。

これが『世界の環境問題』全十一巻の結論である。

>>>出典注記

第11巻　地球環境問題と人類の未来

第1章　生命誕生から農耕開始まで

注1　眞淳平著・松井孝典監修『人類が生まれるための12の偶然』（岩波ジュニア新書、二〇〇九年）八四～九四頁。
注2　前掲書九五頁。
注3　NHK制作テレビ番組「地球大進化　第1回・知られざる生命の星の秘密」（二〇〇四年、二〇一四年放送）
注4　前掲テレビ番組。
注5　前掲テレビ番組。
注6　前掲テレビ番組。
注7　川上伸一『生命と地球の共進化』（日本放送出版協会、二〇〇〇年）一七〇～一九二頁。
注8　眞淳平著、松井孝典監修『人類が生まれるための12の偶然』（岩波書店、二〇〇九年）二〇九頁。
注9　NHK制作テレビ番組「ヒューマン　なぜ人間になれたのか　第3集・大地に種をまいた」（二〇一二年放送）
注10　川名英之『世界の環境問題』第9巻・中東・アフリカ（緑風出版、二〇一四年）三一～三六頁。

第2章　世界人口の増加と食料・環境影響

注1　レスター・ブラウン著、日本語版監修・エコ・フォーラム21『地球白書　二〇〇三～二〇〇四』（家の光協会、二〇〇三年）二〇頁。
注2　レスター・ブラウン著、織田創樹監訳『プランB　人類文明を救うために』（ワールドウオッチジャパン、二〇〇八年）二四〇頁。
注3　レスター・ブラウン著、福岡克也監訳『レスター・ブラウン　エコ・エコノミー』（家の光協会、二〇〇二年）一八八頁。
注4　ワールドウオッチ研究所のメルマガ、Eco-Economy-Update 2003-1

注5　国連食糧農業機関の報告書『グローバル土地劣化・改善アセスメント』（二〇〇八年）
注6　『選択』二〇一四年七月号（選択出版）三六〜三九頁。
注7　国連食料農業機関（FAO）の資料。
注8　『毎日新聞』二〇一四年八月三日記事「消えるクロマグロ　乱獲から守れ」
注9　『朝日新聞』二〇一四年五月四日記事「日曜に思う　枯れゆく海が語る『近視眼』」。
注10　NHK制作テレビ番組「クローズアップ現代　魚が消える?環境にやさしい漁業をめざす」（二〇〇七年七月二十三日放送）
注11　レスター・ブラウン著、小島慶三訳『飢餓の世紀　食糧不足と人口爆発が世界を襲う』（ダイヤモンド社、一九九五年）四五頁。

第3章　人類の未来を脅かす地球温暖化

注1　川名英之『世界の環境問題』第5巻・米国（緑風出版、二〇〇九年）二八八〜二八九頁。
注2　川名英之『ドキュメント　日本の公害』第12巻・（緑風出版、一九九五年）六八頁。
注3　前掲書　八七〜八八頁。
注4　前掲書一三一〜一三二頁。
注5　川名英之『世界の環境問題』第5巻・米国（緑風出版、二〇〇九年）三〇四頁。
注6　川名英之『世界の環境問題』第6巻・極地・カナダ・中南米（緑風出版、二〇一〇年）七九〜八一頁。
注7　レスター・ブラウン「インターネット・コーナー・ニュースレター　インドと中国　山岳氷河融解で穀物収量減へ」。
注8　前掲ニュースレター。
注9　レスター・ブラウン、枝廣淳子訳「ピーク・ウォーター　井戸が干上がる時、何が起こるかのか?」、『世界』二〇一三年十月号所収（岩波書店）二二二〜二二三頁。
注10　レスター・ブラウン著、福岡克也監訳『レスター・ブラウン　エコ・エコノミー』（家の光協会、二〇〇二年）五八〜五九頁。

注11　前掲書二二七頁。
注12　レスター・ブラウン、枝廣淳子訳「ピーク・ウォーター　井戸が干上がる時、何が起こるのか?」、『世界』二〇一三年十月号所収（岩波書店）二二五頁。
注13　前掲誌二二六頁。
注14　レスター・ブラウン、枝廣淳子訳「ピーク・ウォーター　井戸が干上がる時、何が起こるかのか?」、『世界』二〇一三年十月号所収（岩波書店）二二三頁。
注15　『ワシントン・ポスト』二〇〇七年六月十六日記事「気候変動がダルフール紛争の大きな原因」。
注16　川名英之『世界の環境問題』第8巻・アジア・オセアニア（緑風出版、二〇一二年）四五四〜四五六頁。
注17　川名英之『世界の環境問題』第6巻・極圏・カナダ・中南米（緑風出版、二〇一〇年）二九三〜二九五頁。
注18　川名英之『世界の環境問題』第7巻・中国（緑風出版、二〇一一年）三三一〜三三四頁。
注19　http://worldwatch-japan.org NEWS/ecoeconomy update 2006-5.html
注20　川名英之『世界の環境問題』第5巻・米国（緑風出版、二〇〇九年）三二三〜三二五頁。
注21　『朝日新聞』二〇一四年五月十三日記事「南極西部　数百年で氷消失　NASA発表　海面上昇最大五メートル」。
注22　スティーヴン・ファリス著、藤田真利子訳『壊れゆく地球　気候変動がもたらす崩壊の連鎖』（講談社、二〇〇九年）二五八頁。
注23　川名英之『世界の環境問題』第5巻・極圏・カナダ・中南米（緑風出版、二〇〇〇年）三三二〜三三四頁。

第4章　化石燃料・エネルギーと環境の歴史

注1　ダニエル・ヤーギン著、日高義樹・持田直武訳『石油の世紀　支配者たちの攻防』（上）（日本放送出版協会、一九九一年）三三二頁、四五頁。
注2　前掲書六四三頁。
注3　前掲書五四六頁。
注4　前掲書五五七頁。

注5　川名英之『世界の環境問題』第6巻・極圏・カナダ・中南米（緑風出版、二〇一〇年）七六～八一頁。
注6　川名英之『世界の環境問題』第1巻・ドイツと北欧（緑風出版、一九九五年）九〇頁。
注7　ジェームズ・ハンセン著、枝廣淳子監訳『地球温暖化との闘い　すべては未来の子どもたちのために』（日経BP社、二〇一二年）五頁。
注8　川名英之『世界の環境問題』第1巻・ドイツ・北欧（緑風出版、二〇〇五年）三九七～三九八頁。
注9　川名英之『ドイツはなぜ脱原発を選んだのか』（合同出版、二〇一三年）一二四～一二五頁。
注10　前掲書一二六～一二八頁。
注11　前掲書二一八頁。
注12　前掲書二一七頁。

第5章　激減する森林と生物種、捕鯨問題

注1　川名英之『世界の環境問題』第9巻・中東、アフリカ（緑風出版、二〇一三年）三四～三五頁。
注2　川名英之『世界の環境問題』第1巻・ドイツと北欧（緑風出版、二〇〇五年）三五三～三五四頁。
注3　川名英之『世界の環境問題』第2巻・西欧（緑風出版、二〇〇七年）二一六頁。
注4　レスター・ブラウン著、織田創樹監訳『プランB　3・0　人類文明を救うために』（ワールドウオッチジャパン、二〇〇八年）一九一頁。
注5　レスター・ブラウン著、浜中裕徳訳『地球白書　一九九九～二〇〇〇』ダイヤモンド社、一九九九年。
注6　前掲書一一一頁、一二七頁。
注7　前掲書一二九頁。
注8　川名英之『世界の環境問題』第8巻・アジア・オセアニア（緑風出版、二〇一二年）五六頁。
注9　前掲書五六頁。
注10　川名英之『世界の環境問題』第6巻・極地・カナダ・中南米（緑風出版、二〇一二年）四二五～四二七頁。
注11　川名英之『ドキュメント　日本の公害』第12巻・地球環境の危機（緑風出版、一九九五年）六八頁。

注12　原剛『ザ・クジラ　世紀末文明の象徴』（文眞堂、一九八三年）二一二頁。
注13　前掲書二一二頁。
注14　『朝日新聞』二〇一四年九月十九日記事「捕鯨再開　延期求め決議　IWC可決　実施なら批判必至」。
注15　金子熊夫「さらば『捕鯨』エゴイズム」、『論座』二〇〇〇年十二月号所収、（朝日新聞社）二八九頁。
注16　前掲誌二九〇頁。

第6章　環境を破壊し続けた戦争・核実験

注1　レスター・ブラウン著、浜中裕徳訳『地球白書　一九九九〜二〇〇〇』（ダイヤモンド社、一九九九年）二七五頁。
注2　福岡克也「戦争が地球環境に与える影響」、『化学物質と環境』No・52（二〇〇二年三月号）一頁。
注3　前掲紙二頁。
注4　川名英之『世界の環境問題』第9巻・中東・アフリカ（緑風出版、二〇一四年）八五〜八六頁。
注5　レスター・R・ブラウン編著『地球白書1992〜93』（ダイヤモンド社、一九九二年）　頁。
注6　米国防省資料「核兵器関連事故のまとめ　1950〜80年」（一九八一年）。
注7　レスター・ブラウン編著、加藤三郎監訳『地球白書　一九九二〜一九九三』（ダイヤモンド社、一九九二年）九頁。

第7章　地球環境問題と国際環境政治の歩み

注1　川名英之『世界の環境問題』第1巻・ドイツと北欧（緑風出版、二〇〇五年）三一頁。
注2　前掲書三二〜三四頁。
注3　川名英之『ドキュメント　日本の公害』第12巻・地球環境の危機（緑風出版、一九九五年）一六頁。
注4　加藤久和「持続可能な開発論の系譜」、『地球環境と経済　地球環境保全型経済システムをめざして』中央法規、一九九〇年
注5　シャロン・ローン著、加藤珪・深瀬正子・鈴木圭子訳『オゾン・クライシス』（地人書館、一九九一年）二六四頁。
注6　川名英之『世界の環境問題』第5巻・米国（緑風出版、二〇〇五年）二七四頁。

注7　川名英之『世界の環境問題』第3巻・中・東欧（緑風出版、二〇〇八年）三九三頁。

終　章　現代文明崩壊の兆候と人類の未来

注1　レスター・ブラウン著、浜中裕徳訳『地球白書　二〇〇〇〜二〇〇一』（ダイヤモンド社、一九九九年）二三五頁、レスター・ブラウン著、福岡克也監訳『エコ・エコノミー』（家の光協会、二〇〇二年）三五七頁。
注2　川名英之『世界の環境問題』第8巻・アジア・オセアニア（緑風出版、二〇一四年）七二〜七三頁。
注3　ジェームズ・ハンセン著、枝廣淳子監訳『地球温暖化との闘い　すべては未来の子どもたちのために』（日経ＢＰ社、二〇一二年）二二〇頁。
注4　クライブ・ポンティング著、石弘之・京都大学環境史研究会訳『緑の世界史』下（朝日新聞社、一九九四年）二七六〜二七八頁。
注5　前掲書二七三〜二七八頁。
注6　前掲書二七三頁。
注7　西沢潤一『人類は八〇年で滅亡する』（東洋経済新報社、二〇〇〇年）三四八〜三四九頁。
注8　前掲書頁。
注9　前掲書三六三〜三六五頁。
注10　坂口謙吾『自滅する人類　分子生物学者が警告する一〇〇年後の地球』二〇二頁。
注11　梅原猛・安田喜憲編著『農耕と文明』（講座「文明と環境」第3巻、朝倉書店、一九九五年）二〇頁。
注12　レスター・ブラウン著、浜中裕徳訳『地球白書　一九九九〜二〇〇〇』（ダイヤモンド社、一九九九年）一八頁。
注13　レスター・ブラウン『地球に残された時間　80億人を希望に導く処方箋』（ダイアモンド社、二〇一二年）一一頁。
注14　前掲書一一頁。
注15　スティーヴン・ファリス著、藤田真利子訳『壊れゆく地球　気候変動がもたらす崩壊の連鎖』（講談社、二〇〇九年）二五八頁。

>> >参考文献

第11巻　地球環境問題と人類の未来

第1章　生命の誕生から農耕開始まで

NHK制作テレビ番組「地球大紀行　生命の星・地球」(一九八七年放送)。

湯浅赳男『環境と文明　環境経済論への道』新評論、一九九三年。

『ディープ・エコロジーとは何か』文化書房博文社、一九九七年。

丸山茂徳・磯崎幸雄『生命と地球の歴史』岩波新書、一九九八年。

川上伸一『生命と地球の共進化』日本放送出版協会、二〇〇〇年。

アラン・ドレングソン・井上有一編『ディープ・エコロジー　生き方から考える環境の思想』昭和堂、二〇〇一年。

池谷和信編『地球環境問題の人類学』世界思想社、二〇〇三年。

和田純夫『宇宙創成から人類誕生までの自然史』ベレ出版、二〇〇四年。

眞淳平著、松井孝典監修『人類が生まれるための12の偶然』岩波書店、二〇〇九年。

NHK制作テレビ番組「ヒューマン　なぜ人間になれたのか　第3集・大地に種をまいた」(二〇一二年放送)。

NHK制作テレビ番組「地球大進化　第1回・知られざる生命の星の秘密」(二〇一四年放送)

今西錦司・池田次郎・河合雅雄・伊谷純一郎『世界の歴史　1　人類の誕生』河出書房新社、二〇一四年。

第2章　世界人口の増加と食料・環境影響

原剛『ザ・クジラ　世紀末文明の象徴』文眞堂、一九八三年。

アレキサンダー・キング、ベルトラン・シュナイダー著、田草川弘訳『第一次地球革命―ローマクラブ・リポート』朝日新聞社、一九九一年。

レスター・ブラウン編著、加藤三郎監訳『地球白書　一九九二～一九九三』ダイヤモンド社、一九九二年。

ポール・ハリソン著、浜田徹訳『破滅か第三革命か　環境・人口・世界の将来』三一書房、一九九四年。

レスター・ブラウン著、浜中裕徳訳『地球白書　一九九六～一九九七』ダイヤモンド社、一九九六年。

レスター・ブラウン著、小島慶三訳『飢餓の世紀　食糧不足と人口爆発が世界を襲う』ダイヤモンド社、一九九五年。

レスター・ブラウン著、今村奈良臣訳『食糧破局　回避のための緊急シナリオ』ダイヤモンド社、一九九六年。

レスター・ブラウン著、浜中裕徳訳『地球白書　一九九九～二〇〇〇』ダイヤモンド社、一九九九年。

レスター・ブラウン著、浜中裕徳訳『地球白書　二〇〇〇～二〇〇一』ダイヤモンド社、二〇〇〇年。

Edited by Michael N. Dobkowski, On the Edge of Scarcity, Environment, Resources, Population, Sustainability, and Conflict, Syracuse University Press, 2002.

レスター・ブラウン著、日本語版監修・エコ・フォーラム21『地球白書　二〇〇三～二〇〇四』家の光協会、二〇〇三年。

カーステン・ダウ、トーマス・ダウニング著、近藤洋輝訳『温暖化の世界地図』丸善、二〇〇七年。

William R.Cline, Global Warming and Agriculture, Impact Estimate by Country, The Center for Global Development and the Peterson Institute for International Economics, 2007.

レスター・ブラウン著、織田創樹監訳『プランB3・0　人類文明を救うために』ワールドウオッチジャパン、二〇〇八年。

Gordon Conway, One Billion Hungry, Can We Feed the World ?, Comstock Associates, Cornell University Press, 2012

第3章　人類の未来を脅かす地球温暖化

アレキサンダー・キング、ベルトラン・シュナイダー著、田草川弘訳『第一次地球革命―ローマクラブ・リポート』朝日新聞社、一九九一年。

レスター・ブラウン著、浜中裕徳訳『地球白書　二〇〇〇～二〇〇一』ダイヤモンド社、二〇〇〇年。

高村ゆかり・亀山康子「地球温暖化交渉の到達点」、『環境と公害』二〇〇三年一月号所収、岩波書店。

カーステン・ダウ、トーマス・ダウニング著、近藤洋輝訳『温暖化の世界地図』丸善、二〇〇七年。

William R.Cline, Global Warming and Agriculture, Impact Estimate by Country, The Center for Global Development and the Peterson Institute for International Economics, 2007.

高村ゆかり「地球温暖化交渉の10年」、『環境と公害』二〇〇八年四月号所収、岩波書店。

朝日新聞社編集・発行『地球異変』二〇〇八年。

レスター・ブラウン著、織田創樹監訳『プランB　3・0　人類文明を救うために』ワールドウオッチジャパン、二〇〇八年。

小西雅子『地球温暖化の最前線』岩波ジュニア新書、二〇〇九年。

スティーヴン・ファリス著、藤田真利子訳『崩れゆく地球　気候変動がもたらす崩壊の連鎖』講談社、二〇〇九年。

マギー・ブラック、ジャネット・キング著、沖大幹、沖明訳『水の世界地図―刻々と変化する水と世界の問題』丸善、二〇一〇年。

ジェームズ・ハンセン著、枝廣淳子監訳『地球温暖化との闘い　すべては未来の子どもたちのために』日経BP社、二〇一二年。

Colin Sage, Environment and Food, Routledge, 2012.

小西雅子「小西雅子の〝なるほど!国際交渉〟」、『地球温暖化』二〇一四年一月〜十月、WWFジャパン。

第4章　化石燃料・エネルギーと環境の歴史

ドネラ・メドウズ、デニス・メドウズ、ウイリアム・ベアランズ著、大来佐武郎監訳『成長の限界』ダイヤモンド社、一九七二年。

大来左武郎監修『講座「地球環境」　第3部・地球環境と経済』中央法規、一九九〇年。

レスター・ブラウン編著、加藤三郎訳『地球白書　一九九二〜一九九三』ダイヤモンド社、一九九二年。

クリストファー・フレイビン、ニコラス・レンセン著、山梨晃一訳『エネルギー大潮流―石油文明が終わり、新しい社会が出現する』ダイヤモンド社、一九九五年。

中村修『なぜ経済学は自然を無限ととらえたか』日本経済評論社、一九九五年。

レスター・ブラウン著、浜中裕徳訳『地球白書　一九九九〜二〇〇〇』ダイヤモンド社、一九九九年。

大前巌『二酸化炭素と地球環境』中央公論新社、一九九九年。

天笠啓祐『石油文明の破綻と終焉』現代書館、一九九九年。

美浦義明『化学汚染と人間の歴史』築地書館、一九九九年。

レスター・ブラウン著、日本語版監修・エコ・フォーラム21『地球白書　二〇〇三〜二〇〇四』、家の光協会二〇〇三年。

田北廣道『日欧エネルギー・環境政策の現状と展望　環境史との対話』九州大学出版会、二〇〇四年。

川名英之『世界の環境問題』第1巻・ドイツと北欧、緑風出版、二〇〇五年。

トビー・シェリー著、酒井泰介訳『石油をめぐる世界紛争地図』東洋経済新報社、二〇〇五年。

ジル・イェーガー著、手塚千史訳『私たちの地球は耐えられるのか？　持続可能性への道』中央公論新社、二〇〇八年。

川名英之『世界の環境問題』第3巻・中東欧、緑風出版、二〇〇八年。

レスター・ブラウン著、織田創樹監訳『プランB3・0　人類文明を救うために』ワールドウォッチジャパン、二〇〇八年。

諸富徹『低炭素経済への道』岩波新書、二〇一〇年。

川名英之『なぜドイツは脱原発を選んだのか』合同出版、二〇一三年。

リチャード・ムラー著、二階堂行彦訳『エネルギー問題入門』楽工社、二〇一四年。

第5章　激減する森林と生物種、捕鯨問題

原剛『ザ・クジラ　世紀末文明の象徴』文眞堂、一九八三年。

エリック・エックホルム著、石弘之・水野憲一訳『地球レポート　緑と人間の危機』朝日新聞社、一九八四年。

L・カウフマン、K・マロリー訳『最後の絶滅―沈みゆく方舟を守る』地人書館、一九九〇年。

ポール・エーリック、アン・エーリック著、戸田清・青木玲・原子和恵訳『絶滅のゆくえ―生物の多様性と人類の危機』新曜社、一九九二年。

世界資源研究所（WRI）・国際自然保護連合（IUCN）・国連環境計画（UNEP）編『生物の多様性保全戦略―地球の豊かな生命を未来につなげる行動指針』中央法規出版、一九九三年。

梅原猛・安田喜憲編『農耕と文明』、講座「文明と環境」（全15巻）の第3巻に所収、朝倉書店、一九九五年。

堂本暁子・岩槻邦男編『温暖化に追われる生き物たち―生物多様性からの視点』築地書館、一九九七年。

レスター・ブラウン著、浜中裕徳訳『地球白書　一九九九〜二〇〇〇』ダイヤモンド社、一九九九年。

金子熊夫「さらば『捕鯨』エゴイズム」、『論座』二〇〇〇年十二月号所収、朝日新聞社。

松下和夫「環境ガバナンスの構築」、『科学』二〇〇二年八月一日号所収（特集・検証地球サミットから10年）、岩波書店。

井上真編著『アジアにおける森林の消失と保全』中央法規、二〇〇三年。

山田勇『世界森林報告』岩波新書、二〇〇六年。

寺西俊一・大島堅一・井上真『地球環境保全への道』有斐閣、二〇〇六年。

Edited by Percy E. Sajise, Marilza V. Ticsay, Cil C. Saguit,Jr, Moving Forward, Southeast Asian Perspectives on Climate Change and Biodiversity, SEARCA, 2010.

Katrin Jordan-Korte, Government Promotion of Renewable Energy Technologies, GABLER RESERCH, 2011.

川名英之『世界の環境問題』第8巻・アジア・オセアニア、緑風出版、二〇一二年。

古木杜恵「〝調査〟捕鯨は誰のものか」、『世界』二〇一四年六月号所収、岩波書店。

第6章　環境を破壊し続けた戦争・核実験

アーサー・フェリル著、鈴木主税・石原正毅訳『戦争の起源』河出書房新社、一九八八年。

メアリー・ベス・ノートン他著、本田創造監修】、上杉忍他訳『アメリカの歴史⑥　冷戦体制から21世紀へ』三省堂、一九九六年。

宇沢弘文「ヴェトナム戦争と環境破壊」、『環境と公害』二〇〇三年四月号所収、岩波書店。

寺西俊一「環境から軍事を問う」、『環境と公害』二〇〇三年四月号所収、岩波書店。

大島堅一・除本理史「アジア各国の軍事環境問題の現状と課題」、二〇〇三年四月号所収、岩波書店。

レスター・ブラウン著、織田創樹監訳『プランB3・0　人類文明を救うために』ワールドウォッチジャパン、二〇〇八年。

ノーム・チョムスキー著、吉田裕訳『複雑化する世界、単純化する欲望　核戦争と破滅に向かう環境世界』花伝社、二〇一四年。

中野剛史『世界を戦争に導くグローバリズム』集英社、二〇一四年。

第7章　地球環境問題と国際環境政治の歩み

生松敬三・木田元・伊東俊太郎・岩田靖夫編『西洋哲学史の基礎知識』有斐閣、一九七七年。

川名英之『世界の環境問題』第1巻「ドイツと北欧」緑風出版、二〇〇六年。

川名英之『世界の環境問題』第3巻「中・東欧」緑風出版、二〇〇八年。

松野弘『環境思想とは何か　環境主義からエコロジズムへ』ちくま新書、二〇〇九年。

川名英之『世界の環境問題』第5巻「米国」緑風出版、二〇〇九年。

国際環境ＮＧＯ　ＦｏＥ　Ｊａｐａｎ編集・発行『英国の気候変動法と低炭素社会の構築』二〇一〇年。

終章　現代文明崩壊の兆候と人類の未来

梅原猛・安田喜憲「農耕と文明」、講座『文明と環境』全15巻中の第3巻所収、朝倉書店、一九九五年。

レスター・ブラウン著、浜中裕徳訳『地球白書　二〇〇〇〜二〇〇一』ダイヤモンド社、二〇〇〇年。

西澤潤一ほか『人類は80年で滅亡する　「CO_2地獄」からの脱出』東洋経済新報社、二〇〇〇年。

ジョン・ベラミー・フォスター著、渡辺景子訳『破壊されゆく地球―エコロジーの経済史』こぶし書房、二〇〇一年。

松下和夫「環境ガバナンスの構築」、『科学』二〇〇二年八月一日号所収（特集・検証地球サミットから10年）、岩波書店。

石弘之「ストックホルムからヨハネスブルクまで」、『科学』二〇〇二年八月一日号所収（特集・検証地球サミットから10年）、岩波書店。

ジャレド・ダイアモンド『文明崩壊　滅亡と存続の命運を分けるもの』上、下　草思社文庫、二〇〇五年。

レスター・ブラウン著、織田創樹監訳『プランB3・0　人類文明を救うために』ワールドウオッチジャパン、二〇〇八年。

ジル・イェーガー著、手塚千史訳『私たちの地球は耐えられるのか？　持続可能性への道』中央公論社、二〇〇八年。

スティーヴン・ファリス著、藤田真利子訳『崩れゆく地球　気候変動がもたらす崩壊の連鎖』講談社、二〇〇九年。

ジャレド・ダイアモンド「文明崩壊か自己保存か、今こそ選択の時」（インタビュー構成）、吉成真由美訳・聞き手、『中央公論』二〇一〇年十月号所収、中央公論新社。

UNEP, Global Environment Outlook 2012, E ARTHSCAN, 2011.

ジャレド・ダイアモンド『続・病原菌・鉄　一万3〇〇〇年年にわたる人類史の謎』上　草思社文庫、二〇一二年。

レスター・ブラウン著、枝廣淳子監訳・中小路佳代子訳『地球に残された時間　80億人を希望に導く最終処方箋』ダイヤモンド社、二〇一二年。

ジェームズ・ハンセン著、枝廣淳子監訳『地球温暖化との闘い　すべては未来の子どもたちのために』日経BP社、二〇一二年。

＞＞ ＞環境歴史年表と重要事項の索引
（巻と頁）

凡　例

※　この年表では『世界の環境問題』の第1巻～第11巻に記述されている事柄を索引できるように、各事項ごとにその記述のある巻数と頁数を示した。第○巻―の数字は各項目がどの巻の何ページに掲載されているかを示している。

※　12・15は12月15日を示す。X・～は何日かが不明、～は月、日とも不明の印。

地球の誕生〜1799年

46億年前
太陽及び原始地球が誕生、太陽系が形成される。 第11巻―10

45億5000万年前
地球の質量の10分の1の惑星が地球に衝突、破片が固まって月が誕生。 第11巻―10

44億5000万年前
月が地球の衛星として地球の周りを回転する。地球の自転速度が遅くなり、それまで6時間だった地球の自転速度が現在の24時間となった。 第11巻―10

43億年前
地球が冷えて大気中の膨大な水蒸気が大量の雨となって長い間、降り注ぎ、「原始の海」(熱い海)が出現した。 第11巻―11

40億年前
海の中で生命が誕生。 第11巻―12

35億年前
35億年前までに光合成をいとなむ藍藻などが出現、酸素ができ始める。 第11巻―13

27億年前
藍藻類が大量に発生、活発に光合成を行なったため、海水中の酸素が増え始め、25億年前 酸素が大気中に蓄積されて行く(原生代の始まり)。 第11巻―14

22億年前
地球の全面が厚い氷に覆われ、海は1000メートルの深さまで凍りつく最初の全球凍結。 11巻―14

20億年前
高層大気圏にオゾン層が形成され始める。オゾン層は生物の生命を守るバリアとしての役割を果たす。 第11巻―15

10億年前
多細胞生物が出現し、海の生物が著しく進化した。 第11巻―18

8〜6億年前
2度目の全球凍結。この後、火山活動に伴う大量の二酸化炭素の排出により、超高濃度の温室効果ガスにより気温が急上昇。海中の藍藻類が爆発的に繁殖、その活発な光合成作用によって酸素が海中に急増した。 第8巻―14、16
この頃、細胞の中に核を持つ真核生物が出現した。同時に細胞と細胞など様々な結合組織をつなぐ役割をするコラーゲンという物質が合成された。このコラーゲンを基に動物の体内に様々な組織がで

き、生物の構造がより複雑化、大型化していった。　第11巻—16

5億5000万年前

脊椎動物が出現、最初の魚が現れた。生物の爆発的な増加。（なし）

4億3800万年前

大気中の酸素が増えてオゾン層が形成され、植物が海から陸に進出した。植物が陸上で繁殖。　第11巻—18

4億800万年前

種子が誕生、昆虫、両生類が出現した。（なし）

3億6000万年前

両生類が上陸。動植物は陸上で大繁殖し、最初の爬虫類、硬骨魚類が現れた。　第11巻—18

2億5000万年前

パンゲラ大陸が誕生　（なし）

2億4800万年前

最初の哺乳類が出現。（なし）

1億8000万年前

パンゲア大陸が地殻変動でゴンドワナ大陸（南半球）とローラシア大陸（北半球）に分裂し始める。（なし）

1億4400万年前

最初の鳥類の始祖鳥、最初の被子植物が出現。大型恐竜が全盛、その後、衰退。（なし）

1億年前

分裂・移動を繰り返してきたゴンドワナ大陸が、この頃までに現在の南極、南アメリカ、アフリカ、オーストラリアの諸大陸とアラビア半島、インド半島、ニューギニアなどになる。　第9巻—265

1億～7000万年前

最初の霊長類、最も原始的なサルの原猿類が出現。（なし）

6500万年前

〈インド〉インド亜大陸とアフリカ大陸に挟まれていたマダガスカル島が現在の地に移動。島の動植物は独自の進化を遂げ、生態学的に発展する。（なし）

1000万年前

アフリカ大陸東部で地殻変動が起こり、全長六四〇〇キロメートル、幅五〇キロメートルを超える大地溝帯が出現。これにより乾燥化が進み、植生、野生動物の生息環境を大きく変えた。　第9巻—285～286

700～400万年前

〈アフリカ〉アフリカの大地溝帯で直立して二足歩行する猿人、ホモ・エレクトス（アウストラロピテクスやホモ・ハビリスなど）が出現。現生人類（ホモ・サピエンス）の祖先とされている。人類は二足歩行によって手が発達、脳が大型化し、やがて道具を使っての狩猟・採集・漁労や火の利用が可能となるなど奇跡的な進化を遂げていく。　第11巻―20

260万年前

南極大陸と北極圏の島々で氷床が発達し、ヒマラヤ山脈が形成された。　（なし）

500万年前

〈アジア〉ジャワ原人、北京原人などの原人が出現、打製石器を使って狩猟・採集の生活をした。北京原人は火を使った。（旧石器時代）　（なし）

20〜19万年前

アフリカ大陸で旧人から進化したホモ・サピエンス（現生人類）が出現、ユーラシア大陸に移動、生活圏を広げる。　第11巻―20

16〜13万年前

氷河期。　第11巻―19

3〜1万4000年前

〈北米大陸〉アジアのモンゴロイド人種（アフリカからユーラシア大陸に移動したホモ・サピエンスの一部）が陸地化したベーリング海峡（ベーリング陸橋）を経て北アメリカ大陸に渡る。後にアメリカ・インディアンと呼ばれる。　第5巻―13〜14

1万7000〜1万年前

氷河期。　第11巻―19

紀元前8400年頃

〈メソポタミア地方〉温暖かつ湿潤な気候に変わり、狩猟・採集生活を営んできた人類が肥沃な三日月地帯に定住、農耕生活を始める。この頃の世界人口は推定500万人。　第9巻―30、第11巻―19〜20

紀元前7500年頃

〈メソポタミア地方〉栽培用小麦の栽培地域が黒海周辺にまで広がる。　第9巻―31

紀元前5000年頃

〈中国〉長江流域で稲作を中心とした文明が栄えた。　第7巻―20

紀元前2700年

〈メソポタミア地方〉楔形文字で書かれたバビロニア時代の叙事詩『ギルガメシュ叙事詩』にレバノンスギの破壊が主題として扱われる。森林破壊を扱った人類最初の文学。　第9巻―32

紀元前597年

〈バビロニア〉ティグリス・ユーフラテス川下流地方を領土に持つ新バビロニアがイスラエルの都、エルサレムに侵攻、イスラエルは滅亡。　第9巻―38

紀元元年

〈世界〉世界人口は推定3億人。

紀元66年

〈イスラエル〉イスラエルを支配していたローマの歴代長官らの悪政に反発するユダヤ教の急進派、熱心党などが反乱（第1次）。70年9月、マサダ要塞に立て籠って抵抗したユダヤ人960人のほぼ全員が集団自決。　第9巻―40

131年

〈ユダヤ〉秋、反乱（第2次）。　第9巻―41

135年

〈ユダヤ〉夏、ローマ軍がエルサレムを陥落し、ユダヤの呼称をパレスチナに変更。ユダヤ教を弾圧、エルサレムから全ユダヤ人を追放。民族の離散を余儀なくされたユダヤ人たちはローマ帝国内の各地で異邦人としての苦難の生活を送り始める。今日に至るイスラエル問題の発端。　第9巻―41～42

6世紀初め

〈ベネチア〉ベネチア湾の軟弱地盤に木杭を打ち込んで人工基盤を築き、海上都市を建設した巨大土木工事用材にレバノンスギ1億5000万本を使用、レバノンスギの森がほぼ消滅。　第9巻―35

1530年代

〈英国〉ヘンリー八世の指示で製鉄業者ウイリアム・レヴェットが50を超える製鉄工場を建設、鉄を製錬しながら大砲を製造。鉄の精錬のため、森林を伐採して薪を燃料に使用。　第2巻―213

1572年

〈英国〉エリザベス一世は危機的な状況の国家財政を立て直すため、ウイリアム・セシルを大蔵卿に任じる。セシルは製錬業、ガラス産業、製鉄業を育成し、商船、漁船、海軍の艦船の建造を進めた。薪の需要が増大し、広大な森林が伐採される。　第2巻―213～214

1590年代

〈英国〉薪や木材の入手が困難なうえ、価格が高くなる。多くの産業が薪の代わりに石炭を使い始める。　第2巻―215

1620年

〈英国〉哲学者フランシス・ベーコンが『ノヴム・オルガヌム―新機関』（主著）を著す。この中で、ベーコンは発明発見や科学技術により、あるがままの自然に人間の手を加えるべきだと主張。1597年には「科学の目的は自然を支配することである」と述べていた。

1628年

〜　〈英国〉チャールズ一世は父から受け継いだ膨大な借金返済のため「ディーンの森」など王室所有の森林の樹木を切り売りし、フランスと戦争を始めるなど専横で恣《し》意《い》的な施政。チャールズ一世が戦費に困って議会を招集、議会は森林の切売りを問題にした。　第2巻—214

1652年

4・〜　〈アフリカ〉オランダ東インド会社が南アフリカ南端のケープを東洋への中継・補給基地として着目、ここに入植農民を送った。アフリカの植民地化の始まり。　第9巻—272

1661年

〜　〈英国〉ジョン・イヴリンがチャールズ二世に宛ててロンドンの大気汚染に関する報告書『フミギウム』（煙という意味）に深刻な汚染状況を書く。　第2巻—117〜118

1670年代後半

〈英国〉石炭の利用が急速に広まり、1670代後半までには製鉄業以外のほとんど全ての産業がエネルギー源に石炭を使用。　第2巻—215

1747年

〜　〈英国〉溶鉱炉でコークスを燃やし、良質な鉄を製造する技術が確立される。　第2巻—215

1750年

〜　〈英国〉大半の製鉄業者が燃料を木炭から石炭に切り替える。　第2巻—215

1791年

〜　〈英国〉食塩からソーダを工業的に生産する「ルブラン法」が発明され、ソーダがガラスや石鹸を製造する原料として用いられる。生産工程で発生する塩酸が硫黄酸化物とともに大気を汚染、やがて酸性雨を降らせる。　第2巻—119

1800年〜1944年

1803年

〜　〈デンマーク〉デンマークが奴隷貿易を廃止、1807年に英国議会が奴隷貿易を禁止する法案を成立させる。　第9巻—271

1826年

5・11　〈英国〉酸性雨により田園地帯が荒涼たる風景に一変。　第2巻—119

1845年

〜　〈国際〉チャールズ・ダーウィンが『ビーグル号航海記』を大幅に書き直し、生物進化を示唆する内容を盛り込んだ第2版を刊行。　第6巻—377

1852年

〜　〈オランダ〉ハーレム湖の干拓工事に着手。　第2巻―12

1859年

8・29　〈米国〉エドウィン・ドレイクがペンシルベニア州タイタスビル近くの油井から機械掘りによる石油採掘に成功。石油大量生産の始まり。　第11巻―106

11・24　〈国際〉チャールズ・ダーウィン著『種の起源』が出版される。　第6巻―37

1860年

〜　〈英国〉哲学者、社会学者ハーバート・スペンサーが『総合哲学体系』を著す。スペンサーはダーウィンの進化論に共鳴、これにヒントを得て進化は人間の社会や文化などをも貫く第一原理であると書いた。この考え方は社会ダーウィニズムと呼ばれる。

1864年

〜　〈米国〉リンカーン大統領がヨセミテ渓谷とマリポサの森、合わせて約150平方キロメートルを自然公園にする目的でカリフォルニア州に譲渡。　第5巻―36

1867年

〜　〈米国〉カリフォルニア州がヨセミテ州立公園を創設。その後、ジョン・ミューアが連邦政府にヨセミテ国立公園の設置を強く働きかけた。　第5巻―36

1872年

〜　〈米国〉ユリシス・グラント大統領がイェローストーン公園法に署名。世界最初の国立公園の誕生。

1873年

〜　〈英国〉ロンドンで高濃度の硫黄酸化物による霧が立ち込め、1週間に約700人が死亡。　第2巻―120

1879年

〜　〈日本〉栃木県・足尾銅山が銅製錬の機械を据え付けて操業開始。88年、渡良瀬川の洪水による農地鉱毒汚染が激化。　第10巻―78〜79

1881年

〜　〈英国〉アルカリ等工場規制法、制定。　第2巻―119

1882年

〜　〈英国〉王立野鳥保護協会、設立。　第2巻―184

1884年

11・15　〈アフリカ〉ドイツの首相ビスマルクの呼び掛けで欧米14カ国代表がベルリンに集まり、国際会議。85年2月までにアフリカ分割の原則と手続きを決定。この会議がアフリカ分割時代の幕開け。　第9巻―275

1890年

10・1　〈米国〉ヨセミテ国立公園が設置される。9月〜10月、グランド・キャニオン、セコイア両国立公園が誕生。　第5巻―34

1892年

5・28 〈米国〉ジョン・ミューアが仲間と協力して自然保護団体「シエラ・クラブ」を設立。ミューアは初代会長に選ばれた。 第5巻─34

1893年

2・〜 〈日本〉愛媛県・別子銅山新居浜製錬所が本格稼働し、農作物被害が激化。1898年12月、製錬所を四阪島に移転させた後も煙害が続いた。 第10巻─308

11・〜 〈英国〉歴史的環境、共有地、自然の保護・保全運動に関わってきた弁護士のロバート・ハンターら3人がナショナル・トラストの創設を協議。 第2巻─177

1894年

〜 〈米国〉連邦政府がイエローストーン国立公園内のバイソン殺害を禁じる連邦法を制定。 第5巻─68

1895年

〜 〈英国〉優れた自然環境や歴史的環境を買い取り、保存するナショナル・トラストが法人として設立される。 第2巻─177

1899年

〜 〈オランダ〉野鳥の会とオランダ鳥類保護連盟が結成される。オランダ鳥類保護連盟は欧州最古の自然保護団体。 第2巻─17

1903年

5・〜 〈米国〉ルーズベルト大統領がジョン・ミューアとシエラネバダのキャンプ旅行体験。 第5巻─36

1906年

6・〜 〈米国〉ヨセミテ渓谷やマリポサの森をカリフォルニア州から連邦政府に返還させる法案が下院に次いで上院も通過、ルーズベルト大統領が署名。 第5巻─36〜37

〜 〈米国〉連邦議会は法律の制定によることなく、布告によって国立記念物を創設する権利を大統領に付与。以後、大統領は法案の通過が困難な場合、まず自らの権限でいったん国立記念物に指定し、法律制定後に国立公園に昇格させた。 第5巻─37

〜 〈米国〉ヨセミテ国立公園の景勝地にダムを建設する計画。ジョン・ミューアが反対運動を起こす。 第5巻─38

1907年

10・〜 〈英国〉ナショナル・トラストを法人団体として再構成する「ナショナル・トラスト法」(第1次ナショナル・トラスト法)を制定。 第2巻─178

10・〜 〈米国〉バイソンが絶滅状態になる。 第5巻─69

1909年

〜 〈米国〉ルーズベルト、大統領の任期を終える。1903年以降6年間の任期中に5つの国立公園を

指定、森林保護区の面積を3倍の60万平方キロメートルに増やす。 第5巻―37

1912年

〜 〈米国〉ネブラスカ州の牧場主がある野生生物保護区に8頭のバイソンを寄付。この後、アメリカバイソン協会が保護区に生き残っていたバイソンを繁殖プロジェクトに役立てる。 第5巻―69

1916年

8・25 〈米国〉内務省に国立公園局が創設され、同局が大統領の布告した国立記念物と議会が設置した国立公園を管理・運営。 第5巻―37

1917年

11・2 〈中東〉バルフォア英国外相がユダヤ人財閥、ロスチャイルドに「英国政府はユダヤの民族的故郷をパレスチナに建設するために最善の努力を行なうであろう」という内容の書簡を送り、戦費提供の約束を取り付ける。 第9巻―43

1920年

〜 〈中東〉英国によるエルサレム統治はユダヤ人のパレスチナ移住を加速、移住者数が大戦前の6倍、約30万人。 第9巻―46

1930年

〜 〈米国〉バイソンの繁殖計画が軌道に乗り、４０００頭に増加。２００９年5月現在、各地の公園や野生生物保護区、牧場などのバイソン合計数は約10万頭。 第5巻―69

1931年

9・18 〈中国〉関東軍が南満洲鉄道の線路を爆破する謀略事件（満州事変）を起こす。 第7巻―104〜105

〜 〈英国〉ナショナル・トラストに土地や建築物などの資産を遺贈する場合、その資産に対しては相続税を免除する条項を盛り込んだ歳入法案が下院で可決成立。 第2巻―178

1932年

3・1 〈中国〉関東軍が清朝最後の宣統帝、溥儀を執政（後に皇帝）に据えて満州国を建国。 第9巻―105

3・〜 〈オランダ〉アイセル湖とワッデン海を隔てる延長32キロの堤防が完成、アイセル湖は淡水湖となる。 第2巻―14

1933年

ユダヤ人がナチス政権の迫害を逃れてドイツやポーランドなどからパレスチナに移住を始める。この地のユダヤ人は１９４６年に60万８２３０人。 第9巻―44〜46

1936年

3・〜 〈米国〉環境保護庁が北の隣国カナダを統治する英

国、メキシコとの間にそれぞれ渡り鳥保護条約を締結、この条約を国内で実施するために渡り鳥保護法を制定。 第5巻―71～72

1937年

7・～ 〈英国〉ナショナル・トラストの目的の中に国民的、歴史的、芸術的な家具・絵画や動産を保存する条項を盛り込んだ「第2次ナショナル・トラスト法案」が可決成立。1938年、ナショナル・トラストに寄贈・遺贈が増え、英国きっての大土地所有者となる。 第2巻―179

1940年

～ 〈スウェーデン〉北欧諸国で酸性雨が降り始める。 第1巻―78

1945年～1959年

1945年

7・16 〈米国〉ニューメキシコ州アラモゴードで原爆実験に成功。 第5巻―150

8・6 〈米国〉米軍の重爆撃機B29「エノラゲイ」から広島にウラン235爆弾「リトルボーイ」が投下される。9日、長崎にプルトニウム爆弾「ファットマン」投下。 第4巻―192、第5巻―152、第11巻―157、159

8・～ 〈中国〉日本が敗戦を迎えると、旧日本軍各部隊はイペリットなどの毒ガスの詰まった化学兵器や砲弾を吉林省ハルバ嶺や黒竜江省などの中国各地の地中に遺棄して日本に引き揚げる。 第7巻―133

1946年

7・1 〈米国〉米軍は南太平洋マーシャル諸島ビキニ環礁で核実験「クロスロード作戦」を開始し、米ソ関係は一挙に悪化。ビキニ環礁の住民167人全員をビキニ環礁の西約200キロにある無人の環礁ロンゲリック環礁に強制移住させたうえで、長崎型原爆「エーブル」を投下実験。25日には地下原爆実験。 第5巻―157、第8巻―494

1947年

6・～ 〈ソ連〉原爆第1号製造中のマヤーク・コンビナートの核施設で、プルトニウム生産に伴い、排出する液体放射性廃棄物の扱いについて協議する会議が開かれ、高レベル放射性廃液を貯水池など自然水域に投棄することを許すという結論が出された。テチャ川に流入した放射性物質は流下してオビ川に流れ込み、約1500メートル離れたカラ海を経て北極海にまで達した。 第4巻―282、284

11・29 〈国連〉国連が英国の依頼を受けて作成したパレスチナ分割決議案が、採択。パレスチナ分割とユダヤ人国家の建設が国際社会で認められる。アラブ高等

委員会は武装闘争を訴える。　第9巻―46

〜　〈米国〉ナイアガラフォールズ州の旧発電所用運河（延長7・2キロ）に電気化学会社「ケミカル・フッカー」が化学工場から出たドラム缶入りの有毒化学廃棄物を投棄し始める。投棄量は1953年までの8年間に少なくとも2万1800トン。　第5巻―360、362

〜　〈米国〉カリフォルニア州南部では1940年代半ば頃から自動車排出ガスや工場などの固定発生源による大気汚染が激化、州が工場などからの汚染物質排出規制を目的とした「大気汚染防止地区法」を制定。　第5巻―228

1948年

5・14　〈国際〉ベン・グリオンがイスラエル国の初代首相に就任、「イスラエル国独立宣言」を読み上げる。翌15日、ヨルダン、レバノン、シリア、イラク、エジプトのアラブ諸国が「国連決議は受け入れられない」としてユダヤ国家の廃止を求め、イスラエルに侵攻。第1次中東戦争　第9巻―47

10・10　〈ソ連〉スターリンが北方・シベリア転流計画を中心とする「自然改造15年計画」を発表。　第4巻―379

10・25　〈米国〉ペンシルバニア州の西ペンシルバニア山脈中のモノンガヒラ川沿いに鉄鋼、針金、鉛・亜鉛などの工場を中心に発展した工業都市、ドノラで、工場地帯から出る汚染大気が渓谷状のV字型地形に滞留、気温の逆転現象が起こり、全住民の42・7パーセント、5910人が呼吸器などに影響を受けた。　第5巻―221〜222

〜　〈米国〉アインシュタインが日本のノーベル賞受賞の核物理学者、湯川秀樹に「ルーズベルト大統領宛に原子爆弾をつくるように勧告したことは生涯における重大な過ち。核兵器廃絶のために全力を挙げよう」と働きかける。　第5巻―209

〜　〈国際〉国際自然保護連合（IUCN）が設立される。本部はスイスのグラン市。

1949年

2・24　〈国際〉アラブとイスラエルが国連の調停で休戦協定に調印。第1次中東戦争の結果、パレスチナにおけるイスラエルの領域は国連の分割案より25パーセント余り上回り8パーセントに増加、アラブ人約70万人が難民となる。　第9巻―47〜48

8・29　〈ソ連〉ソ連最初の原爆実験がセミパラチンスク核実験場で成功。ソ連は核保有国となり、米ソの核軍備増強競争が始まる。原爆実験では爆発で生じた放射性物質、「死の灰」が核実験場の北東約500キロメートルのロシア共和国アルタイ州ビースク市にも降下し、多くの住民に健康被害が発生。多くの核実験が周辺住民を避難させずに行なわれ、実験場の周辺地域で10シーベルト以上の放射線を浴びた人は推定約50万人。 第4巻—208~210、第5巻—158

10・1 〈中国〉中華人民共和国が成立。政府と中国共産党の主席は毛沢東、首相は周恩来。 第7巻—144~145

1950年

1・31 〈米国〉トルーマン大統領が原爆よりはるかに大きな威力を持つ水素爆弾の開発・製造を急ぐよう指示。開発・製造は推進派のエドワード・テラーを中心に進められた。 第5巻—158

6・25 〈朝鮮半島〉朝鮮民主主義人民共和国（北朝鮮）軍が南北を隔てる北緯38度線を南下し、朝鮮戦争が勃発。27日、国連安全保障理事会は北朝鮮の武力攻撃を韓国への侵略と認定、戦争行為の即時停止と38度線以北への撤退を要請する決議。1953年7月27日、米国、北朝鮮、中国の3国に国連を加えた4者が休戦協定に調印。韓国は調印せず。 第8巻—360~363

1950年

～ 〈南アフリカ〉国民党が白人と、黒人、カラード、インド人の4人種を社会のすべての面で分離する人種差別政策（アパルトヘイト）を実行に移し始める。 第9巻—448

1951年

4・～ 〈欧州〉「欧州石炭鉄鋼共同体設立条約（通称・パリ条約）」が調印される。 第3巻—345

12・～ テチャ川への垂れ流しが中止され、工場に近いカラチャイ湖に流し込まれるようになった。テチャ川と、その下流のイセチ川の流域住民12万4000人以上が被曝。1953~1960年に20カ村の約7500人が避難命令を受けて移住。 第4巻—284~285

～ 〈フィリピン〉日本がマホガニーの丸太輸入を開始。輸入量が年々増加。 第8巻—22

1952年

7・23 〈エジプト〉ガマル・アブデル・ナセル大佐ら若手将校たちがクーデター。ファルーク国王を退位させる。 第9巻—194

10・3 〈英国〉英国が西オーストラリア州モンテ・ベロ諸島で最初の原爆実験を行ない、核保有国となる。英国は1955~1963年に南オーストラリア州の諸島や大陸南部のグレートビクトリア砂漠で11回の原爆実験を実施。 第8巻—499

10・30 〈中国〉毛沢東国家主席が運河を建設して長江の水を黄河に引き込む構想を立て、国務院当局が検討を

始める。 第5巻―70

12・5 〈英国〉首都ロンドンで大規模な大気汚染公害事件が発生、数週間に約4000人が死亡した。家庭で使う暖房用の石炭から出る硫黄酸化物や煤塵が大気をひどく汚染していたところに、気温の逆転現象が起こり、地表付近に滞留した高濃度の汚染物質を含む濃いスモッグのために呼吸器疾患が多発した。 第2巻―120

1953年

1・20 〈米国〉アイゼンハワーが大統領に就任。就任後、すぐ核兵器開発予算を増額。またベトナムが共産化すれば脅威は東南アジア全体に及ぶとする「ドミノ理論」を唱える。 第5巻―406～407

3・5 〈ソ連〉スターリン首相兼共産党書記長が脳溢血で死去。9月2日、フルシチョフが党第一書記に選出される。 第4巻―91、93

7・23 〈エジプト〉ナセル大佐ら若手将校らが共和国の成立を宣言。初代大統領にムハンマド・ナギブ将軍が就任。 第9巻―194

7・～ 〈英国〉英国政府がヒュー・ビーヴァー卿（土木技師）を議長とする「大気汚染調査委員会」を設けてロンドン・スモッグ事件の原因の究明と対策の検討に着手。原因究明作業の結果、二酸化硫黄（亜硫酸ガス）の濃度・煤煙濃度と死者の数の間に明らかな相関関係が認められた。石炭火力発電所と各家庭の暖房などから出る二酸化硫黄や煤塵の複合汚染と見られる。 第2巻―121

8・12 〈ソ連〉ソ連が水爆実験に成功。衝撃を受けた米国は核爆弾、核ミサイルなどの核軍備を増強して対ソ優位確保に全力を挙げ、米ソの核開発・核軍備増強競争が熾烈化。 第4巻―215～217、第5巻―159

11・1 〈中国〉新中国の政府統計局が北京大学学長、馬寅初の提案を受け入れ、初めて人口国勢調査（センサス）を実施した結果、自然増加率が推計2パーセントと高い数値。 第7巻―194

12・27 〈中国〉劉少奇が全国人民代表委員会委員長に就任、国務院の関係部局の責任者を集めて開いた会議で劉少奇が産児制限を提唱。周恩来も劉少奇と同様の人口抑制論。 第7巻―195

1954年

3・1 〈米国〉米国がマーシャル諸島のビキニ環礁で水爆実験シリーズ「キャッスル作戦」を開始。水爆「ブラボー」の炸裂で放出された「死の灰」が爆心地のビキニ環礁から500キロメートル離れた地点にまで飛散、ビキニ、ロンゲラップ、クワジェリン、マジュロなどの各環礁住民が被曝。〈日本〉静岡県焼津のマグロはえ縄漁船「第五福竜丸」はビキニ島の東約159キロの「危険区域」設定外の海域にいて米国の警告なしの水素爆弾実験の「死の灰」を浴び、乗組員23人全員が急性放射能障害を起こす。「第五福竜丸」乗組員のうち久保山愛吉無線長が9月23日に死亡。
第5巻―159~164

9・14 〈ソ連〉ソ連軍が南ウラル地方オレンブルクでの原爆投下実験の際、原爆投下直後の危険な状況の中、ガスマスクなどの対化学兵器用の防護装備を身に付けた兵士4万5000人を動員して実戦さながらの大規模軍事演習。参加兵士の大部分が演習時の被曝の後遺症で心臓や胃腸などの内臓疾患や骨の異常、皮膚病などを患い、演習から35年間に死亡。
第4巻―218~220

1955年

4・18 〈国際〉インドネシアのバンドンにアジア・アフリカ29カ国代表が集まって「アジア・アフリカ会議」（通称・バンドン会議）を開く。平和共存と反植民地主義をうたい、植民地の独立機運を高める。
第8巻―124~125、第7巻―163

7・~ 〈中国〉馬寅初が第1回全国人民代表大会（略称・全人代）第2次会議に論文『人口抑制と科学研究』を提出。党幹部たちがこの論文に集中的な批判を浴びせる。
第7巻―195

1956年

5・1 〈日本〉熊本県水俣市の新日本窒素水俣工場で水俣病患者が公式に発見される。
第10巻―186

6・29 〈エジプト〉ナセル大佐が大統領に就任。7月26日、スエズ運河の国有化を宣言、「運河会社の運営による益金を新アスワン・ダムの建設に充てる」と発表。
第9巻―194

11・5 〈中東〉英国、フランス両軍がエジプトを攻撃、第2次中東戦争が始まる。イスラエルは東エルサレムを含むヨルダン川西岸を占領、イスラエルへの併合を宣言。7日、停戦が実現。
第9巻―51~52

11・6 〈中東〉ブルガーニン・ソ連首相が第2次中東戦争の勃発に関連してベングリオン・イスラエル首相に書簡を送り、「ソ連はイスラエルへのミサイル攻撃も辞さない」と警告。イスラエルはフランスに核兵器開発への協力を依頼、その結果、フランスが核開発に必要な大型の原子炉をイスラエルに供給することになる。
第9巻―51~52、68~69

11・~ 〈中東〉フランスがイスラエルの核兵器開発に必要な大型の原子炉をイスラエルに供給する政治協定と一連の技術契約に調印。フランスは濃縮ウランの提供とプルトニウム抽出施設の建設も確約。

〜〈ナイジェリア〉国際石油資本、シェルがニジェール・デルタで油田を発見、１９５８年に原油の採掘を始める。　第９巻―68　第９巻―385

１９５７年

2・〜〈中国〉最高国務会議は毛沢東、劉少奇、周恩来、陳雲、鄧小平らが出席して開かれ、馬が人口抑制論を持ち出す。毛沢東は冷笑。　第７巻―196

5・〜〈英国〉中部太平洋マルデン島付近の海上で第１回水爆実験を実施、この後、翌59年にかけて同島とクリスマス島で、水爆実験を6回、原爆実験を2回、実施。　第８巻―500

6・〜〈中国〉馬寅初が人口抑制のための議案と建議を全人代第4次会議に提出。　第７巻―196

9・27〈ソ連〉ウラル南東部、ソ連の核秘密都市「チェリャビンスク65」のマヤーク・コンビナート核施設中にあるプルトニウム製造工場の高レベル放射性廃棄物貯蔵タンクの一つが爆発、約200万キュリーの放射性物質が南西の風に乗ってチェリャビンスク州のほか、北東方向のスベルドロフスク州、チュメニ州などの約200町村を汚染した。被曝者の数は約45万人。白血病を患い、死亡する住民が続出。「ウラルの核参事」と呼ばれる。　第４巻―282〜284

１９５８年

5・5〈中国〉共産党第8回大会第2回会議で三つの政策からなる「社会主義建設の総路線」を提案、採択される。8月末、３つの政策の一つ、「大躍進政策」が始まる。　第７巻―149

7・2〈中国〉中国共産党政治局拡大会議、始まる。「大躍進政策」の見直しを求める意見が共産党幹部の中から出る。8月16日まで。　第７巻―153

１９５９年

4・〜〈中国〉第2期全国人民代表大会第1回会議で、毛沢東は「大躍進政策」の失敗を事実上、認めた形で、国家主席の地位を正式に退き、劉少奇が後継の国家主席に選出された。中国は１９６０年以降、「大躍進政策」を見直し、経済を調整する政策を取る。　第７巻―154〜155

11・13〈日本〉厚相が水俣病の原因に関する諮問機関（食品衛生調査会）答申内容を報告、池田勇人通産相が「有機水銀が新日本窒素水俣工場から流出したという結論は早計」と発言。この後、9年間、水銀廃水の放流が続き、水俣病患者の発生が続いた。　第11巻―210

11・5〈英国〉ダーウィンの著作『種の起源』の出版百周年の１９５９年、エクアドル政府はユネスコの勧告

を受けて新しい法律を制定、ガラパゴス諸島のほぼ全域を国立公園に指定して動植物の保護区域を設定。　第6巻―348

～　〈中国〉飢饉が発生、農作物が大打撃を受けた。農民たちが鉄鋼生産に駆り出され、農作業ができなかったために深刻な食料不足に陥る。翌60年も飢饉が襲い、膨大な数の餓死者が出る。　第7巻―152

1960年～1969年

1960年

1・3　〈中国〉馬寅初が北京大学教育部長に辞表提出を命じられる。全人代常務委員も罷免され、自宅謹慎とされる。　第7巻―198～199

1・～　〈ソ連〉フルシチョフ共産党第一書記が北方・シベリアの河川からカスピ海とアラル海まで転流させるための運河の建設を党中央委員会に提案。　第4巻―379

2・13　〈フランス〉アルジェリアのサハラ砂漠で初の原爆大気圏内実験。　第8巻―500、第9巻―212～213

5・9　〈ソ連〉バイカル湖の湖岸で建設されている二つのセルロース工場の操業を規制する法律が制定される。同法の規定は事実上、無視された。　第4巻―54

6・30　〈コンゴ共和国〉ベルギーから独立、カサブブが大統領、ルムンバが首相にそれぞれ就任。この年、カタンガ州（現シャバ州）が独立を宣言、モブツ大佐がカサブブ大統領派の実権を掌握してルムンバ首相を逮捕、翌61年に殺害。カサブブ派とルムンバ派が妥協して手を組み、国連の支援を取り付けて勢力を拡大。　第9巻―428、430

8・～　〈米国〉食品・医薬品局（ＦＤＡ）は製薬会社からサリドマイド剤の許可申請を受ける。担当職員、ケルシー女史は胎児への安全性がまだ十分に確認されておらず、安全性に責任が持てないと考え、結論の先送りを繰り返した。米国の薬事法は医薬品の許可申請を受け付けてから60日以内に結論を出すよう定めているため、ケルシーは60日間ごとに結論を先送りして許可を求める製薬会社に抵抗した。受付から1年3カ月経った1961年11月、ドイツのレンツ博士が「サリドマイド剤には催奇形性がある」と警告、ケルシーはこれを基に許可申請を却下。被害の発生を水際で防いだケルシーの功績に対し、ケネディ大統領は公務員として最高の勲章を贈る。　第5巻―387～388

～　〈国際〉フランスがアルジェリアのサハラ砂漠で核実験。核保有国となる。　第9巻―212

1961年

8・〜 〈ベトナム〉米軍が開発した枯葉剤を実戦に使うための秘密の試験散布をコンツム北部の山林と農地で実施する。 第5巻―422

夏頃 〈日本〉三重県・四日市市石油化学コンビナートの本格稼働から4年目、呼吸器疾患の訴えが急増。67年9月、患者が三重地裁四日市支部に提訴、72年7月24日の判決で患者側が全面勝訴。 第10巻―334〜337

9・11 〈国際〉世界自然保護基金（WWF）がスイスで設立される。同国のグラン市に本部を置く。2015年10月現在、会員数は約470万人（90カ国以上）。

10・30 〈ソ連〉北極海ノバヤゼムリャ島の核実験場で広島型原爆の約3200倍に当たる58メガトンという世界最大の爆発威力を持つ水爆の大気圏実験。先住民約500人が実験前に島から追い出された。 第4巻―237〜238

11・30 〈米国〉ケネディ大統領が米軍による解放勢力殲滅のための枯葉剤散布計画を承認、「ランチハンド作戦」と呼ばれる散布作戦が始まる。内陸の密林地帯アルオイ地区やホーチミン市（旧サイゴン市）西部の森林ボイロイ地区、カマウ半島などに枯葉剤が集中散布された。 第5巻―422〜424

1962年

5・29 〈キューバ〉ソ連のフルシチョフ第一書記が米国のキューバ侵略・攻撃を抑止するため、使節団をキューバに送り、カストロに中距離弾道弾、爆撃機の他に、最新の地対空ミサイル、沿岸防衛ミサイル、戦車部隊、数万人の兵士を送ることを提案。キューバ側が受け入れる。 第6巻―207〜208

7・3 〈国際〉アルジェリアが独立を達成、フランスが使っていた核実験場を閉鎖。フランスは1960〜1962年の間にサハラ砂漠中央部のレッガーヌで大気圏内核実験を4回、東南のインエケルで地下核実験を13回、実施。 第9巻―212〜213

8・5 〈南アフリカ〉ネルソン・マンデラが逮捕され、密出国と扇動の罪で5年の懲役判決。ロベン島の刑務所に収監され、27年間の刑務所暮らしが始まる。 第9巻―450

9・〜 〈米国〉生物学者で自然ライターのレーチェル・カーソン著『沈黙の春』が出版される。ヘリコプターからの殺虫剤大量散布を告発。8月29日、ケネディ大統領は記者会見で「カーソン女史の著作の影響も考慮して農務省や公衆州衛生院に調査を指示した」と語る。 第5巻―343〜345

10・4 ソ連から搬送された核兵器がキューバに到着。 第5巻―250

10・14 〈米国〉U2型偵察機がキューバで建設中の中距離

弾道弾と準中距離弾道弾の基地と組み立て中のイリューシン28爆撃機の航空写真を撮影。ソ連の手で進められていることを確認。16日、航空写真と分析結果がケネディ大統領や閣僚たちに報告される。
第5巻—250～251

10・22 〈米国〉ケネディがキューバ周辺海域の海上封鎖作戦を決める。
第4巻—252

10・28 〈米国〉フルシチョフがモスクワ放送で「キューバから兵器を撤去するよう命令した」と英語で演説。11月20日、ソ連がキューバからのイリューシン爆撃機の撤去に同意し、これを受けて米国が海上封鎖を解除、核戦争勃発の危機が回避される。
第4巻—257～258、第6巻—210～211

11・25 〈日本〉胎児性水俣病の原因が胎盤経由のメチル水銀中毒によることが、武内忠男熊本大学医学部教授と原田正純同大学大学院医学研究科生の患者の遺体解剖結果や状況証拠などに関する発表から究明された。「毒物は胎盤を通過しない」としてきた医学の定説が覆された。
第10巻—274～276

12・～ 〈英国〉非常に濃いスモッグが英国各地で発生し、人々は目、のど、鼻の痛みを訴える。1956年に制定された大気清浄法は二酸化硫黄の汚染防止に効果が少ないことが判明。
第2巻—123

～ 〈韓国〉朴正煕《パク・チョンヒ》が国土総合開発計画に基づく第1次国土開発5カ年計画をスタートさせ、工業化の第一弾として蔚山《ウルサン》を選び、工業団地に指定。
第8巻—370～371

1963年

5・26 〈ソ連〉ソ連を構成する15の共和国の全てが「自然保護のために」という法律を採択、未処理汚染水の排出を防ぐため浄化装置の設置を命じた。しかし基本法が励行されていないため、一般法を制定しても実効があがらなかった。
第4巻—144～145

5・～ 〈中国〉毛沢東が階級闘争と農村工作の重要性を訴える文書を出す。劉少奇側は生産を阻害しないよう訴える文書を出し、毛沢東側と衝突。怒った毛沢東は65年1月、新たな農村工作の文書を発表、党内の資本主義の道を歩む実権派の粛正が運動の重点であると明言。「文化大革命」の発端。
第7巻—155～156

6・20 〈国際〉キューバ危機後の米ソ両国の急速な接近により、ホワイトハウスとクレムリンに直通電話（ホットライン）の設置が決まる。8月30日に開通。
第4巻—259

8・5 〈国際〉部分的核実験停止条約が締結される。10月10日、条約が発効。
第4巻—259～260

11・22 〈米国〉ケネディ大統領が暗殺され、副大統領のジョンソンが大統領に就任。その後、ジョンソンは南ベトナムにマクナマラ国防長官を通じて「米国は南ベトナムにこれまでと変わらない援助をする」と約束。　5巻―411

〜　〈米国〉建築家で思想家・作家のバックミンスター・フラーが『宇宙船地球号操縦マニュアル』を著し、人類の生存を持続可能なものとするための概念・世界観を提唱した。　第11巻―210

1964年

3・〜　〈ブラジル〉カステロ・ブランコ陸軍大将率いる陸軍がクーデターを起こす。ブランコは大統領に就任後、間もなく、土地を失った多くの農民たちや干ばつに悩むブラジル東北部の貧民たちをアマゾンの過疎地に入植させて貧困問題を解決するとともに、牧場を増やして牛肉を増産、輸出を伸ばす政策を打ち出す。　第6巻―264〜268

10・16　〈中国〉中国が初の原爆実験に成功。1967年6月17日、初の水爆実験。

10・〜　〈中国〉中国が中央アジアのロブ・ノールで核実験。中国は核保有国になる。　第5巻―193

1965年

1・〜　〈旧ソ連〉セミパラチンスク核実験場の隣接地に核爆発を利用してチャガン人造湖を造る。この人造湖建設の際、核爆発によって約50万人が放射能被害を受ける。　第4巻―146〜149

5・31　〈日本〉新潟県・阿賀野川流域で新潟水俣病が公式発見される。　第10巻―221

12・〜　〈米国〉カリフォルニア州の先駆的な対策に突き上げられた連邦議会は「大気浄化法」を制定、さらに67年には「大気の質法」（Air Quality Act）を制定。　第5巻―229

〜　〈英国〉開発による自然海岸破壊に危機感を抱いたコンラド・ローンズリィが海岸を買い取り、保全する「ネプチューン計画」を自ら指揮して推進。自然海岸の保全が進んだ。ナショナル・トラスト運動の発展。　第2巻―182〜183

1966年

7・2　〈フランス〉フランス領ポリネシアのムルロア環礁で最初の核実験、続いて9月11日に2回目の実験。9月の2回目の実験では死の灰が東風によってクック、サモア、フィジーなどの島々に達し、高い濃度の放射性物質が検出される。1966〜1974年までの9年間に、フランスがムルロア環礁で実施した大気圏内核実験は39回、ファンガタウファ環礁では5回。1968年の実験でフランスは水素爆弾の保有国となる。　第8巻―501〜502

1967年

1・〜　〈スウェーデン〉種子消毒に使うメチル水銀による環境汚染が広がったため、スウェーデン政府は水銀濃度が1ppm以上の魚の生息する区域での漁獲禁止を決定。　第1巻―96

2・〜　〈米国〉米国の科学者約5000人（うち17人はノーベル賞受賞者）がベトナムでの枯葉剤散布の即時中止を求める決議文をジョンソン大統領に提出。　第5巻―426

3・18　〈英国〉巨大タンカー「トリー・キャニオン号」が中東から原油11万8000トンを積んで航行中、英国南西部コーンウォール半島の沖で岩礁に乗り上げ、座礁。積んでいた約3万トンの原油が流出。28日、ウイルソン首相が「トリー・キャニオン号」に爆弾投下を命じる。　第2巻―161〜162

5・22　〈国際〉アラブ連合共和国（1958年2月、エジプトとシリアが樹立）のナセル大統領がアカバ湾閉鎖を宣言。イスラエルは、これに抗議して6月5日、アラブ側に大規模な奇襲攻撃をかけ、第3次中東戦争が始まる。6月10日、戦争が終わる。　第9巻―52〜53

5・〜　〈スウェーデン〉土壌学者スバンテ・オーデンが酸性雨原因物質である二酸化硫黄の90パーセント、窒素酸化物の約80パーセントがドイツ、ポーランド、英国などの欧州諸外国で排出、風によって運ばれ、飛来したものであることを突き止める。　第1巻―83

春　〈ソ連〉高濃度の放射性廃液が垂れ流されていたカラチャイ湖の水が干ばつで干上がり、湖底に厚く堆積していた放射性廃棄物の層から放射性物質が風で舞い上がって飛散、1800平方キロが放射能汚染、推定約43万6000人が放射能を浴びた。　第4巻―285〜286

1968年

5・8　〈日本〉厚生省が「イタイイタイ病の原因は三井金属鉱業神岡鉱業所の排出したカドミウムである」と原因を断定し、イタイイタイ病を公害病と認定する「見解」を発表。　第10巻―142〜143

5・〜　〈国連〉スウェーデンのアストローム大使がストックホルムで開かれた国連欧州経済社会委員会理事会で人間環境に関する国際会議の招集を議題とするよう提案。満場一致で可決。　第1巻―85

7・1　〈国際〉核拡散防止条約、締結。　第4巻―259

8・〜　〈米国〉ジョンソン大統領が「ビキニ環礁は安全」と声明。　第5巻―183

9・26　〈日本〉厚生省が熊本、新潟両水俣病を公害と認め、「厚生省見解」発表。その4カ月前の5月、チッソ

が水銀廃水の放流を中止した。　第10巻―227～230
11・1　〈米国〉北爆停止命令。　第5巻―418
12・～　〈スウェーデン〉第23回国連総会でスウェーデン政府代表が「人間環境会議」をストクホルムで開催することを提案、満場一致で可決。　第1巻―85
～　〈米国〉ニクソンが70年秋の中間選挙を意識し、「公害を制する者が中間選挙の勝利者になる」として、年初から野党民主党の先手を打つ形で公害防止措置を矢継ぎ早に実施。　第5巻―214

1969年

1・～　〈ソ連〉バイカル湖の水質を保全するため、バイカリスクのセルロース・紙工場に新しい排水浄化装置の設置を求める法律が制定される。しかし同法も効果を発揮せず。　第4巻―55～56
5・～　〈米国〉ファイファー博士ら米国の科学者たちで構成する調査団が南ベトナムの枯葉剤散布地域を訪れ、軍に守られながら水路を船で約100キロ移動しながら散布が環境と人体に及ぼす影響について調査。博士らは帰国後、枯葉剤により散布地域の住民に深刻な健康被害が出ていることを確認、ニクソン大統領に報告書を提出。　第5巻―426
7・～　〈スウェーデン〉初の本格的な環境法である環境保護法を施行。重油中の硫黄分低減の規制がスタート。　第1巻―101

1970年～1979年

1970年

1・1　〈米国〉ニクソン大統領は議会に提出した一般教書の中で「5年間に100億ドルの公害対策費を投入する」と宣言、年初から具体案の作成に取り組む。さらに環境アセスメントの実施を定めた国家環境政策法案に署名、これを立法化した。　第5巻―214～215
1・～　〈スウェーデン〉政府がディルドリンとアルドリンの殺虫剤としての使用を完全に禁止。DDTとリンデン（ガンマーBHC）の家庭用および園芸用の使用を禁止。　第1巻―98
2・10　〈米国〉ニクソン大統領が『環境に関する特別教書』を議会に提出。この教書は今後、取り組む施策として、自動車排出ガスの排出基準の強化、1973年型新車から窒素酸化物規制、75年型新車から微粒子規制の実施、全国大気汚染防止基準の設定、工場排水排出基準の作成など37の具体的な環境改善施策を挙げている。　第5巻―216～217
3・～　〈国連〉スウェーデンの提案により開催が決まった国連主催環境国際会議の準備委員会と政府間作業部会が発足。　第1巻―85

3・～　〈国際〉イタリアの実業家アウレリオ・ペッチェイが英国の科学者アレクサンダー・キングや世界各国の識者とともに人口・経済・軍備拡張・環境破壊などの問題に対処するため「ローマ・クラブ」を設立した。

4・15　〈米国〉国防総省が枯葉剤2、4、5―Tの使用を今後、中止すると発表。71年2月、米国は枯葉剤の散布作戦をやめた。南ベトナム政権は１９７５年４月のベトナム戦争終結まで枯葉剤散布を続けた。14年間にわたる枯葉剤散布作戦の結果、ベトナムでは220万ヘクタール（南ベトナム200万ヘクタール、北ベトナム20万ヘクタール）の森林が枯死した。枯葉剤の大量散布で被害を受けた森林は南ベトナム全土の14パーセントに当たる。　第5巻―428、436

4・22　〈米国〉ワシントン、ニューヨーク、ロサンゼルスなど全米の都市の約１５００大学、２０００地域で、公害反対統一行動「アースデー」が一斉に行なわれた。参加者は全米で２０００万人を超える。スタンフォード大学の学生で、大学自治委員会委員長だったデニス・ヘイズが学生組織委員長となって第1回アースデーの開催を呼びかけ、全米規模で準備。　第5巻―445

4・～　〈米国〉4月から7月にかけて、米国内の20州やカナダとの国境周辺の主な河川や湖沼で許容基準をはるかに上回る有機水銀が検出され、全米に衝撃を与えた。エリー湖の水銀汚染については、オハイオ州のローズ知事が漁獲禁止を指示。　第5巻―357～358

7・9　〈米国〉ニクソン大統領は各省庁に分散していた公害・環境対策関係の各部局を統合し、一本化して環境行政を専管する独立の中央環境行政機関として環境保護庁を新設する機構改革計画を議会に提出。　第5巻―218

7・～　〈米国〉ニクソン大統領が環境保護庁（ＥＰＡ）設置法案に署名、12月2日、同庁が発足。初代長官はウイリアム・ラッケルズハウス。職員数は約５６００人。　第5巻―219

10・～　〈英国〉環境省（ＤＯＥ）が既存の住宅・地方自治省を拡大・改組して新設される。　第2巻―143

11・19　〈米国〉カリフォルニア州大気資源委員会は「空気1立方メートル当たり１・５マイクログラム以下（30日平均）に抑える」鉛の環境基準を設定。オキシダントと一酸化炭素についても、環境基準をより厳しい数値に改定した。　第5巻―229

11・～　〈ベトナム〉北ベトナムのトン・タツ・ツウン博士はフランスのオルセイで開かれた「世界科学者会議」で枯葉剤による出産異常などの健康被害調査結果に

ついて報告。 第5巻―426

12・18 〈日本〉公害特別国会最終日、14の公害関係法が与野党一致で可決成立。 第10巻―408

12・31 〈米国〉自動車排出ガスに含まれている窒素酸化物、一酸化炭素、炭化水素の排出量を、1971年規制値と比べて一挙に90パーセント削減するという厳しい規制値を盛り込んだ意欲的・積極的な「1970年・大気浄化法改正法案」（通称・マスキー法案）が成立。 第5巻―236

1971年

2・2 〈国際〉「特に水鳥の生息地として国際的に重要な湿地に関する条約」（通称・ラムサール条約）がイランのラムサールで採択された。1975年12月21日、発効。

5・30 〈米国〉環境保護庁が「1970年・大気汚染防止法」に基づき、二酸化硫黄、窒素酸化物など6大気汚染物質について、全国一律の環境基準（国家環境大気質基準）を設定する。 第5巻―232～233

5・～ 〈米国〉米国環境保護庁が「1970年・大気汚染防止法（マスキー法）」に基づく規制の細目を基に公聴会を開く。席上、ゼネラル・モーターズ（GM）のコール社長が「窒素酸化物を90パーセント減らすことは到底できない」と主張、「マスキー法」実施の延期を要望。その後GMなど自動車メーカー5社が環境保護庁にマスキー法実施時期の1年延長を申請。 第5巻―236

6・～ 〈デンマーク〉容器・包装が健康被害や環境汚染、ゴミ処理事業への障害防止のためビール及び清涼飲料の容器に関する法律を制定。 第1巻―411

7・1 〈日本〉1970年の公害国会で制定された公害関係14法を所管し、環境行政を専管する官庁として環境庁が発足。 第10巻―421

7・9 〈米国〉ニクソン大統領がベトナム戦争終結と米中国交樹立を絡め、内密にキッシンジャー国家安全保障補佐官を中国に派遣。中国と外交関係を結ぶことを中国に約束。 第4巻―164～166、第5巻―419

9・～ 〈西ドイツ〉社会民主党のブラント政権が「予防原則」などを盛り込んだ先進的な「環境プログラム」と環境問題を学校で教えるための「環境教育プログラム」を閣議決定。これにより、ドイツでは環境教育が世界で最も早い時期に開始され、後に国民の環境保全意識の向上に大きく寄与した。また「予防原則」は環境・化学物質政策に導入され、92年6月の「地球サミット」で採択された「リオ宣言」の原型となる。 第1巻―186

10・25 〈中国〉第26回国連総会本会議でアルバニアが提案

した中国の国連参加・台湾追放案が圧倒的多数の賛成で可決され、中国の国連加盟が実現。第7巻―163

〜 〈ブラジル〉クリチバ市の市長にジャイメ・レルネルが就任。レルネルは1993年までの22年間の在任中に土地利用計画、公共交通政策、緑地の拡大政策、公害型工場の郊外立地政策などを推進し、快適な街づくりに取り組む。クリチバのマイカー交通量は都市の規模が同程度のブラジルの他都市と比べ30パーセント以上、減った。環境教育に力を入れ、市民の高い環境保全意識をバックに環境施策を一層充実・強化。 第6巻―305～306

〜 〈国際〉「シエラ・クラブ」の活動家だったデビッド・ブラウアーが国際環境保護団体「地球の友」を創設した。サポーターは2015年10月現在、68カ国、約100万人。 第5巻―39

1972年

2・〜 〈米国〉ニクソン大統領が中国を訪れ、毛沢東共産党主席ら中国政府首脳と会見。米国側は会談後の「上海コミュニケ」の中で、ベトナム休戦後の米軍撤退を表明。 第5巻―419

2・〜 〈国際〉ローマクラブが資源の消費、人口の増加、環境汚染などの趨勢の分析を基に「人口の急増と経済成長が続けば、環境汚染や資源の枯渇などの問題が生じ、成長は百年以内に限界に達する」と予測した『成長の限界』を発表し、世界に衝撃を与えた。 第11巻―214、235

4・10 〈米国〉環境保護庁が大気浄化法に基づく乗用車排出ガス1975年規制の実施時期を1年延長する問題についての公聴会を開催。米国の自動車メーカーと米国に輸出している海外の自動車メーカーが延期申請の正当性を主張。ラッケルズハウス環境保護庁長官は5月12日、「自動車業界は現在の技術水準からすれば、マスキー法に定められている排出ガスの基準に適応できるはずだ」と述べ、自動車メーカー5社の1年延長申請を却下。 第5巻―239～240

5・22 〈国際〉ICBM迎撃用ミサイル制限条約および戦略攻撃兵器暫定協定、締結。 第4巻―259

6・5 〈スウェーデン〉国連人間環境会議がストックホルムで開かれ、スウェーデンは酸性雨被害に関する調査報告書を提出。 第1巻―86

6・16 〈国連〉国連人間環境会議で「人間環境宣言」が採択される。宣言の第21条に「国家の活動が国境を越えた領域の環境に害を及ぼさないようにする責任がある」との条項が盛り込まれ、この条項を基に経済協力開発機構（OECD）が72～77年に北欧酸性雨の実態調査を実施。 第1巻―86

6・〜 〈中国〉中国はスウェーデンの首都、ストックホルムで開かれた国連人間環境会議に代表を送り、「人口の増加それ自体が環境の悪化と破壊をもたらし、貧困と後進性の原因となるという主張はまったく根拠がない」と主張。 第7巻―200

10・〜 〈EC〉EC（欧州共同体）は国連人間環境会議を受けて「共通環境政策」という枠組みのもとで、「環境行動計画」（期間は数年）の第1次分を策定・実施するを決める。 第3巻―346

11・13 〈国連〉ロンドンで開かれた政府間海事機構の会議で「放射性廃棄物の投棄による海洋汚染の防止に関する条約」（通称・ロンドン・ダンピング条約）が採択される。1975年に発効。 第2巻―163

12・〜 〈国連〉「国連環境計画」（UNEP）が発足。 第1巻―31

〜 〈西ドイツ〉環境保護市民イニシアティブ全国連合（略称・BBU）、設立。 第1巻―193

〜 〈タイ〉環境関係法の基本となる国家環境質法が制定される。 第8巻―245

1973年

1・27 〈米国〉米国が停戦を取り決めた「ベトナム和平協定」に調印。29日、米軍が南ベトナムから撤退。 第5巻―419

1・〜 〈欧州〉英国、デンマーク、アイルランドの3カ国がECに加盟。（第1次拡大） 第3巻―359

3・2 〈国際〉「絶滅のおそれのある野生動植物の種の国際取引に関する条約」（通称・ワシントン条約）がワシントンで81カ国により採択される。1975年、発効。 第9巻―321

4・12 〈米国〉自動車業界からのマスキー法実施時期延長要請を拒んできたラッケルズハウス環境保護庁長官は、延期要請を拒みきれず、実施を1年、延期。11月、さらに1年間、再延長した。 第5巻―240

4・30 〈ベトナム〉「解放民族戦線」軍がサイゴンに進攻、南ベトナムの新大統領、ドン・バン・ミンの政権が無条件降伏。北ベトナムと南ベトナムの統一実現へ。 第5巻―419

6・〜 〈ソ連〉セミパラチンスク核実験場の放射線防護部長を20年近く務め、全ての核実験に立ち会って来たセルゲイ・トラーピン大佐がブレジネフ共産党書記長宛てに核実験の危険性を訴え、核兵器の全廃を主張した手紙を送る。8月、トラービンは核実験に関する資料に接する権限を全て奪われ、核実験場を去る。 第4巻―224〜227

8・〜 〈中国〉「第1回全国環境保護会議」が周恩来の提唱により北京で開かれ、環境保全に関する最初の文書、「環境の保全と改善に関する若干の規定」が採択された。「規定」の中に①「三同時」制度、②中国最初の環境保護基準である「三廃」(廃水・廃ガス・廃棄物）再利用のための排出試行標準の二つが盛り込まれる。 第7巻―183～184

10・6 〈中東〉エジプト軍が停戦協定を破ってシナイ半島に駐留しているイスラエル軍を攻撃、第4次中東戦争が勃発。24日、第4次中東戦争の停戦が発効。 第9巻―54

10・～ 〈デンマーク〉デンマーク政府は第4次中東戦争で発生した石油危機に大きな衝撃を受け、、石油（エネルギー消費量の90パーセントを輸入石油に依存）に代わる安定的なエネルギー源の開発と石油から国産資源利用への転換を推進する方針を固める。 第1巻―393

11・～ 〈米国〉カリフォルニア大学のシェリー・ローランド教授と若い研究者モリーナ博士が地上で放出されたフロンが成層圏でオゾン層を破壊する可能性があるという研究結果を得る。 第5巻―264

～ 〈米国〉環境保護庁（EPA）のバーンバウムらが2、3、7、8―四塩化ダイオキシンがごく僅かな濃度でも奇形を引き起こすことを実験で確認。 第5巻―427

～ 〈英国〉経済学者エルンスト・シューマッハーが『スモール・イズ・ビューティフル』を著す。巨大主義・膨張主義や科学信仰を見直し、簡素で安価な「中間技術」を活用するよう提言。 第11巻―211

1974年

2・～ 〈北欧〉北欧環境保護条約が締結される。 第1巻―117

3・26 〈インド〉ヒマラヤ山脈の麓、ウッタルプラデシュ州のアラクナンダ川源流域で女性たちが木々の幹にしがみついて業者の伐採から森林を守る。このチプコ運動が非暴力主義的な環境保護運動の一モデルとなる。 第8巻―315～318

3・～ 〈北欧〉バルト海海洋環境保護会議が沿岸7カ国代表の参加で開かれ、バルト海洋環境保護条約が締結される。 第1巻―116

3・～ 〈マレーシア〉環境の質法が施行される。これを皮切りに1977年、自動車排煙・排出ガス規制法、1978年、環境の質（大気浄化）法がそれぞれ制定される。 第8巻―149

4・～ 〈韓国〉温山《オンサン》工業団地が産業開発促進法に基づく工業団地に指定される。 第8巻―371

6・27 〈国際〉地下核兵器実験制限条約、締結。

第4巻—259

6・〜 〈米国〉フロンが上昇してオゾン層を破壊するというローランド・カリフォルニア大学教授を中心とする研究チームの研究論文が英国の科学雑誌『ネイチャー』に掲載される。 第5巻—265

8・〜 〈中国〉ブカレストの国連主催、世界人口会議で中国代表がストックホルムの国連人間環境会議と同様の主張を展開、このため主催者側が予定していた「人口静止」(人口増加を止める)に向かうための行動計画の採択ができなかった。 第7巻—200〜201

9・〜 〈マレーシア〉地方自治・環境省が設置される。同省は、その後、地方自治・連邦直轄領省と科学技術・環境省の2省に分離され、後者に設置された環境局が環境行政の中心的な機関となる。 第8巻—150

10・〜 〈中国〉黒竜江省チャムス市では浚渫船が毒ガス砲弾を巻き上げ、作業員の李臣らが砲弾に触れて皮膚障害や呼吸器疾患にかかる。 第7巻—133

10・〜 〈中国〉国務院の省庁に当たる計画委員会、工業部、農業部、水利部、衛生部などの責任者で構成される環境保護指導小組が発足。 第7巻—183

秋 〈国連〉国連総会で砂漠化に対処するための国際協力に関する決議を採択。 第9巻—300

〜 〈タイ〉憲法に環境保全に関する条項が盛り込まれ、政府の政策、立法に大きな影響を与える。75年、憲法の環境条項を基に国家環境質保全法が制定される。 第8巻—245〜246

1975年

1・〜 〈中国〉第4期全国人民代表大会で、周恩来が今後、中国が目指すべき課題として「四つの現代化」を提案、採択される。 第7巻—160

1・〜 〈西ドイツ〉ヴィール原発建設に対する住民投票で建設賛成が55パーセントを占める。2月に着工され、農民や主婦など約800人が建設予定地に座り込んで工事を実力阻止。 第1巻—197〜198

3・〜 〈西ドイツ〉フライブルク行政裁判所はヴィール原発建設の一時中止を求める判決を下す。同時にバーデン、エルザス両地方の農民や環境保護グループが原発反対の訴訟を起こしたため、着工はこの訴訟の判決が出るまで延期。 第1巻—198

6・〜 〈マーシャル諸島〉マーシャル諸島の議会や旧ビキニ環礁住民から土壌などの放射能汚染状況についての調査を求められた米国政府が再調査に乗り出す。その結果、ビキニ環礁の野菜や果実、水から許容量をはるかに上回るストロンチウム90、セシウム137、プルトニウム239などが検出される。帰島した住民の血液や尿からも基準以上の放射性物質が検出され、

米国国務省は8月27日、再びビキニ環礁の住民145人全員をキリー島に移す。 第5巻―183〜184

7・20 〈西ドイツ〉ドイツ環境・自然保護連盟（略称・BUND）が発足。会員数は97年1月の時点で約26万人、2013年3月現在、約50万人。 第1巻―193

8・〜 〈太平洋諸国〉南太平洋諸国会議（13カ国と自治領からなる）の第6回会議がトンガ王国で開かれ、核実験中止や核廃棄物投棄の要請を盛り込んだ「南太平洋非核地帯宣言」を採択。 第8巻―505

1976年

1・8 〈中国〉周恩来首相が膀胱ガンのため死去。 第7巻―173

3・〜 〈西ドイツ〉ブロクドルフに原発を建設する計画について市長が市民と周辺地域住民を対象にアンケート調査を実施、回答者の75パーセントが建設反対を表明。10月、当局はブロクドルフ原発の着工に許可を与え、着工。これに対し反対派が抗議の座り込みやデモを続ける。 第1巻―198〜199

4・5 〈中国〉天安門事件が発生。 第7巻―173〜174

4・13 〈カンボジア〉ポルポト政権が成立。大虐殺が始まる。 第8巻―232〜233

7・2 〈ベトナム〉南北ベトナム統一され、ベトナム社会主義共和国が成立。 第9巻―205

7・6 〈フィリピン〉環境保全対策の総合的立案のため環境保全合同委員会が設置される。 第8巻―180

7・10 〈イタリア〉北部のメダ市セベソでイクメサ社化学工場の2、4、5―Tトリクロロフェノール（枯葉剤の原料）製造工程で爆発事故。皮膚疾患、流産、死産などが多発。 第2巻―354〜356

9・9 〈中国〉毛沢東が死去。鄧小平が実質的な最高指導者となる。 第7巻―174〜175、224

10・6 〈中国〉王洪文、江青ら四人組が逮捕される。 第7巻―175

11・〜 〈欧州〉フランス、オランダ、西ドイツ、ルクセンブルク、スイスの5カ国がライン川汚染防止条約をボンで締結。 第1巻―228

12・〜 〈デンマーク〉市民運動団体「原子力発電情報組織」（OOA。1974年1月、結成）が「風力発電を中心とする再生可能エネルギーと天然ガスによる電力生産を推進すれば、原発を建設しなくとも、需要増に対応できる」として、独自の代替エネルギー・シナリオを策定。 第1巻―395

〜 〈イラク〉フランスがイラクに核開発の協力をすることを正式に調印、首都、バグダッド郊外のオシラクで原子炉建設が始まる。 第9巻―72

1977年

1・〜 〈国連〉ノルウェー政府が西欧、東欧諸国の参加する長距離越境大気汚染防止のための国際条約の締結を国連欧州経済委員会に提案。 第1巻―156

1・〜 〈米国〉カーター政権がスタート、内務長官アンドラスがレッドウッド国立公園の拡大を提唱。提案は多くの支持を集め、保護が必要とされていた土地が国立公園になる。 第5巻―73〜74

2・〜 〈西ドイツ〉連邦政府が電力会社とともに推進してきたブロクドルフ原発建設計画は粘り強い反対運動のために棚上げされる。連邦政府とドイツ核燃料再処理会社は放射性廃棄物最終処分場をゴアレーベンに建設する計画を発表、反対デモや集会が続く。 第1巻―199

3・〜 〈西ドイツ〉フライブルク行政裁判所がヴィール原発建設工事の中止を命じる判決。反対運動発展の足がかりとなる。原子炉発注数は1980年代まで連続ゼロ。 第1巻―198

7・24 〈米国〉全米科学アカデミーの研究機関である全国研究評議会が報告書を作成、①大気中に放出される二酸化炭素の量が増加すると、それが太陽熱を吸収、地上の気温を上昇させる、②今後175〜200年以内に二酸化炭素が4〜8倍に増加すると仮定すれば、地球の平均気温は6〜9℃上昇する恐れがある――と警告。 第5巻―289〜290

8・3 〈米国〉米国議会上下両院協議会はマスキー法による基準値の実施を最低2年間延期するなど同法を大幅に緩和する改正案に合意し、法案が可決。 第5巻―241

〜 〈国連〉国連砂漠化防止会議が初めて開かれ、「砂漠化防止行動計画」が採択される。

〜 〈ケニア〉ワンガリ・マータイ博士が植樹を通じて土壌侵食や砂漠化の防止、女性たちの薪採取の悩みの解決につなげようと、環境保護団体「グリーンベルト運動」を創設。 第9巻―353

1978年

3・〜 〈西ドイツ〉政治集団「緑のリスト」の結成が始まる。 第1巻―203

3・5 〈中国〉憲法を改正、その第11条に「国家は環境を保全し、天然資源を保護し、行政及びその他の公害を防除する」と明確に環境保護を規定。翌79年、憲法のこの規定を根拠にして環境保護の基本法である環境保護法（試行）が制定される。1989年、試行の環境保護法が正規の環境基本法として改めて制定される。 第7巻―334

5・〜 〈西ドイツ〉セベソ事件後に行方不明になった汚染

土壌入りドラム缶が北フランスの村の倉庫で見つかる。6月、スイスで焼却処理される。　第2巻―362

6・15　〈米国〉テネシー渓谷開発公社（TVA）がリトルテネシー川に建設中のテリコ・ダム（着工・1966年）について、ダムの建設に反対する環境保護団体や先住民、農民が「国家環境政策法」に義務づけられている環境アセスメントを実施していなかったことを問題にして1971年に起こした工事差し止め訴訟で、連邦最高裁が工事の続行を禁じる判決を出す。TVAのロビー活動により、テリコ・ダムは例外的に「絶滅危惧種法」（制定・1973年）の適用を除外され、ダムは1979年に完成したが、これを機にダム建設への批判が高まる。　第5巻―447

6・〜　〈米国〉有毒化学廃棄物入りドラム缶が埋め立てられたラブ・キャナル地区で地下のドラム缶が腐食、中の廃液や有毒化学物質が大雨で地表に染み出して悪臭が漂い始めたことが新聞に報道される。12月9日、排水溝からダイオキシン、79年2月には大気中から4種の発ガン物質を検出。　第5巻―362〜365

6・〜　〈中国〉「計画的に人口を抑制せよ」という内容の論文が中国共産党の理論誌『紅旗』6月号に掲載され、人口増加抑制策実施の機運が生じた。　第7巻―202

9・17　〈国際〉サダト・エジプト大統領とベギン・イスラエル首相がジミー・カーター米国大統領の仲介で米国キャンプデービッドで会談、紛争解決の包括的枠組みについて合意文書に署名。サダトとベギンは中東和平に果たした役割が評価され、ノーベル平和賞を受賞。　第9巻―196〜197

12・10　〈イラン〉パーレビ国王の施策に反対する空前の大規模デモ。翌79年1月16日、パーレビはエジプトに亡命。　第9巻―126

〜　〈インドネシア〉開発環境省が設置される。同省は1983年、人口・環境省に改組され、1993年3月、同省が環境行政を専管する環境省に改組される。　第8巻―132、133

〜　〈国連〉ガラパゴス諸島がユネスコ（国連教育科学文化機関）により、世界遺産の第1号として登録される。　第6巻―350

1979年

2・1　〈イラン〉パーレビ国王から追放処分されていた、イスラム教シーア派の最高指導者、アヤトラ・ホメイニが亡命先のパリから帰国。4月1日、ホメイニはイラン・イスラム共和国の樹立を宣言、男性と女性の分離が復活される。　第9巻―127

3・28　〈米国〉ペンシルベニア州の州都ハリスバーグの南

15キロ、サスケハンナ川中州に設置されているスリーマイル島原発2号基で、午前4時頃、二次冷却水を蒸気発生器に戻す2つの給水ポンプが故障し、突然停止。同7時頃、一次系の冷却水から高濃度の放射能が検出され、7時20分、「一般緊急事態」が宣言された。12時半、州知事は原発から八キロ以内の学齢前の児童と妊婦は避難させるよう勧告、原発周辺地域にある23の学校をすべて閉鎖するよう命令した。事故に抗議するデモや反対集会が連日、全国各地で開かれた。 第5巻―461～462

3・28 〈デンマーク〉国民が米国・スリーマイル島の原発事故により衝撃を受け、原発の安全性への不信感が高まる。原発反対のデモが頻発。 第1巻―395～396

3・31 〈米国〉カリフォルニア州のランチョセコ原発1号炉がスリーマイル島原発2号炉とほぼ同一設計の姉妹炉だったため、ランチョセコ原発操業反対集会が同原発近くで開かれ、安全確認までの暫定的な運転停止を求めて徹夜で抗議行動。翌4月1日、ブラウン・カリフォルニア州知事が米国原子力規制委員会に対しランチョセコ原発の運転停止を求める。 第5巻―447

3・31 〈西ドイツ〉スリーマイル島原発事故の影響で、放射性廃棄物最終処分場をゴアレーベンに建設するプロジェクトに反対する運動が盛り上がる。一時棚上げを決める。ニーダーザクセン州は建設計画を見直し、廃棄物貯蔵3施設の建設だけに縮小。 第1巻―200～201

7・～ 〈中国〉共産党中央が人口抑制政策を提唱して１９６０年以来、自宅軟禁を強いられていた馬寅初（98歳）を解放、名誉を回復させる。 第7巻―219

8・22 〈中国〉「上海市革命委員会の計画出産推進に関する若干の規定」という上海市条例が制定され、これを機に各省が一人っ子政策を施行。中国共産党中央委員会と国務院が共産党員と共産主義青年団員全員に公開書簡を送り、20世紀末までに人口を12億以下に抑制する目標実現のため全党員に大衆への宣伝・教育を求める。 第7巻―203～204

10・14 〈国際〉国際環境保護団体「グリーンピース・インターナショナル」が設立された。本部はオランダのアムステルダム市。２０１５年10月現在、会員数は290万人。

11・4 〈イラン〉急進的な学生がテヘランの米国大使館を占拠、大使館員など53人を人質とする。 第9巻―127

11・～ 〈国連〉欧州経済社会委員会（ＵＮ／ＥＣＥ）と国連環境計画（ＵＮＥＰ）が環境担当閣僚会議を開催、西欧と東欧の31カ国が「長距離越境大気汚染に関するジュネーブ条約」を締結。しかし西ドイツと英国は北欧の酸性雨原因物質の削減について、「汚染物質の削減は努力目標の設定に留める」と発言、実効ある削減対策は決められなかった。　第1巻―89～90

12・26　〈ソ連〉ブレジネフ政権下のソ連がアフガニスタンに軍4000～5000人を進駐させる。ソ連軍とイスラム教徒反政府ゲリラとの長い泥沼戦争の始まり。　第9巻―138～140

～　〈インド〉中央政府が「ナルマダ川流域総合開発計画」を策定。大小3000以上のダムを建設、水力発電を行なうとともに、灌漑用水と飲料などの生活用水を供給する計画。世界銀行は1985年5月、融資を決定。日本の海外経済協力基金（OECF）は環境アセスメントを実施せずに9月、円借款を供与。1987年、ダム着工。　第8巻―323

～　〈中国〉上海市条例をきっかけに、中国の各省が一人っ子政策を試行。　第1巻―204

1980年～1989年

1980年

1・12　〈西ドイツ〉緑の党が結成される。　第1巻―204

2・～　〈日本〉政府は原子力発電によって排出され、山積している低レベル放射性廃棄物を南太平洋の海底にドラム缶5000～1万本を投棄する計画を立てパラオ、グアム、北マリアナなどの南太平洋島嶼諸国に提案。　第8巻―506～509

3・6　〈国際〉国連環境計画（UNEP）、国際自然保護連合（IUCN）、野生生物基金（WWF。後に世界自然保護基金と改称）の3者が「世界自然保全戦略」を発表。　第8巻―36～37

3・～　〈西ドイツ〉緑の党の全国綱領が採択される。緑の運動各派の一本化が実現する。　第1巻―204

3・～　〈スウェーデン〉スリーマイル島原発事故を機に原発建設の是非を問う国民投票が実施され、建設反対が多数を占め、原発の新規建設停止と既存原発12基の2010年までの廃止を求める。議会は投票結果を承認し、「2010年までに原発を廃止すべきである」とする。　第1巻―137

5・17　〈米国〉環境保護庁の医師数人がラブ・キャナル事件の現地を訪れ、「住民36人について行なった染色体調査の結果、11人に染色体異常が認められた」と伝える。19日、住民は同庁職員2人を5時間にわたって缶詰状態に置き、即時移転の実現を訴えた。　第5巻―367

5・21　〈米国〉ホワイトハウスがラブ・キャナル地区住民に「連邦政府はラブ・キャナル地区の810家族

2500人を緊急避難させる。その費用は連邦政府が負担する」との決定を伝える。カーター大統領は一時避難計画と本格的な住民健康調査の実施方針を明らかにし、住宅買い上げ費用に対する政府の緊急財政支援を承認。　第5巻―367～368

7・9　〈パラオ〉3回目の住民投票の結果、核兵器と原発、その廃棄物などの有害物質の使用、実験、貯蔵、処分を基本的に禁止する条項を盛り込んだ核なき憲法が成立。翌81年1月1日、発効、同時に「パラオ共和国自治政府」が発足。　第8巻―490

7・～　〈米国〉カーター政権が人口、資源、食料、環境、エネルギーなどの2000年時点の予測を報告書『西暦2000年の地球』に取りまとめ、発表。　第1巻―32

8・14　〈太平洋諸国〉日本政府の原子力安全局次長ら同局幹部職員4人が南太平洋地域首脳会議（グアム島で開催）に出席、日本が1980年2月、提案した低レベル放射性廃棄物入りドラム缶の南太平洋海底投棄計画について、安全性を強調。北マリアナ連邦とグアムの知事が「太平洋四十数カ国のうち、38カ国が公式に投棄に反対している」として、投棄反対の立場から厳しい質問。翌15日、南太平洋地域首脳会議は「日本政府は太平洋の公海での投棄計画を即時停止せよ」との決議を採択。1985年1月、太平洋4カ国を訪問した中曽根康弘首相はソマレ首相との会談の中で低レベル放射性廃棄物の南太平洋投棄計画放棄を表明。　第8巻―506～510

9・22　〈中東〉サダム・フセインのイラクがイランに対して軍事攻撃。ホメイニはイスラムに対する攻撃と見なして「ジハード（聖戦）」を宣言。イラン・イラク戦争は9年間続き、1988年8月20日に停戦。　第9巻―128

11・12　〈米国〉自然保護団体の主張の9割が盛り込まれた「アラスカ国有地保全法案」が成立。この法律の制定により、カーター大統領が造った国立記念物公園の多くが国立公園に昇格し、広大な面積を持つ国立公園や保護区が数多く誕生した。　第5巻―54

12・11　〈米国〉ラブ・キャナル事件を機に全米の危険な土壌汚染地区を浄化・復元するよう求める世論が起こり、包括的環境対処・補償・責任法（略称・スーパーファンド法）が5年間の時限立法として制定される。　第5巻―369

～　〈ブラジル〉ブラジル政府とリオ・ドセ社が日本にブラジル北東部、カラジャス開発計画の調査を依頼、国際協力事業団（JICA）が開発評価と開発のためのガイドラインを作成。　第6巻―270

1981年

1・20 ＜国際＞共和党の前カリフォルニア州知事、ロナルド・レーガンが大統領に就任。 第4巻—260、第5巻—124

3・〜 〈オランダ〉干拓地組合、水道協会、自治体の下水処理局などが「フランスはライン川汚染防止条約を守らない」として、フランスの裁判所に行政訴訟と刑事訴訟を起こす。 第2巻—46〜47

5・20 〈米国〉レーガン政権の環境保護庁長官に就任したゴーサッチ（女性）は、それまでの環境保護庁の大気汚染防止対策について「時間と資金を浪費させ、政府と産業の間に対立と不信を残した」と批判。さらに環境保護庁の部局のうち、各州や企業との折衝に当たる部門を廃止。 第5巻—249

5・〜 〈国連〉国連環境計画は第9回管理理事会でオゾン層保護のための条約策定を決め、法律・技術の専門家による特別作業部会を発足させる。 第5巻—271

6・7 〈中東〉イスラエル空軍は、イラクのサダム・フセイン政権がオシラクに密かに建設していた原子力関連施設を独力で空爆。ベギン首相はオシラク原子炉空爆作戦案に反対する副首相や閣僚の意見を押し切って空爆作戦の実行を許可していた。12日に開かれた国連安全保障理事会では米国のイスラエル支持が決め手となって、イスラエルに対する具体的な制裁措置は決められなかった。 第9巻—74〜75

7・〜 〈デンマーク〉政府が「ビール及び清涼飲料容器に関する省令」を出し、リターナブル容器の使用とデポジット制度の導入を義務づけ、認可容器以外の容器の流通を禁止。 第1巻—411

12・〜 〈ソ連〉シベリアの河川からカスピ海とアラル海まで転流させる計画に反対するグループが初めて公開の場で会議を開き、「文化・歴史記念物保護委員会が環境アセスメント実施の準備をすべきである」との決議を採択。 第4巻—383

1982年

1・〜 〈米国〉米国のアン・バーフォード環境保護庁長官が公害企業と癒着していたことが明るみに出て辞任に追い込まれる。 第5巻—130

4・9 〈西ドイツ〉米国が中距離核ミサイルを米軍保有のまま西ドイツに配備することに反対する大行進。英国、オランダ、米国などでも反核運動が盛り上がる。

5・〜 〈中国〉馬寅初、死去。党中央組織部長・中央秘書長の胡耀邦（後に党主席に就任）は「1人を誤ってしまったために、5億もの人口を増やしてしまった。もうこんな愚劣な過ちを犯してはならない」と

語る。　第7巻―219

6・7　〈国連〉第5回国連軍縮特別総会が始まる。これを機に、反核運動が頂点に達する。

6・〜　〈欧州〉スウェーデンの主催する「環境の酸性化に関する会議」で、自国の森林の酸性雨被害を抱える西ドイツ政府が酸性雨原因物質削減目標の義務化に賛成する。その結果、硫黄酸化物の排出量を1990年までに1980年に比べて30パーセント削減することが決まり、10カ国（北欧4カ国とオランダ、フランス、スイス、オーストリア、カナダ）の合意文書ができる。　第1巻―90

夏　〈西ドイツ〉連邦農林省が全国の森林面積の7・7パーセントに枯死や異常落葉などの衰弱が出ていると発表。　第1巻―214

9・〜　〈中国〉共産党第12回大会で「20世紀末までに国民所得を4倍に増やす」という目標が宣言される。　第7巻―229

12・5　〈米国〉タイムズビーチ市のメラメク川が氾濫、道路などにまいたダイオキシンなどの毒物が土壌を広く汚染、土壌中のダイオキシン濃度が安全基準の100倍超の地点もあった。　第5巻―372

12・〜　〈中国〉憲法の環境保護に関する規定が「国家は、生活環境及び生態環境を保護し、改善し、汚染その他公害を防止する。国家は植樹、造林を組織し、奨励し、樹木・森林を保護する」と改められた。また憲法を改正して人口抑制を義務付け、規制措置を明記。　第7巻―205、334

12・〜　〈オランダ〉地下水と水道水に有害物質が混入したことがきっかけで暫定土壌浄化法が制定される。　第2巻―50

〜　〈韓国〉温山地区の住民約1000人に全身の麻痺、神経痛、原因不明の皮膚病などが発生、「温山病」と呼ばれる。　第8巻―372

1983年

2・〜　〈EC〉セベソの化学工場爆発事故（1976年7月）で発生したダイオキシン土壌の越境移動事件（1982年9月）を受けて、EC（欧州共同体）が「EC域内及びEC域内外からの廃棄物輸送に係る監視と規制に関する規則」の全加盟国への適用を理事会決定として採択。　第3巻―395

2・〜　〈国際〉第7回ロンドン条約締約国会議で放射性廃棄物の海洋投棄の規制強化を求める投棄海域近辺の国々の意向に配慮して海洋投棄の一時中止が決議される。英国が1949年から34年間、続けてきた低レベル放射性廃棄物の海洋投棄をやめる。　第2巻―163〜164

3・～〈西ドイツ〉連邦議会選挙では「森の死」を機に起こった国民の環境保全意識の高揚と既成政党の環境軽視政策への批判が強く、緑の党が27議席を獲得。各政党は環境・廃棄物政策に力を入れて取り組み始める。　第1巻—218～219

7・～〈オランダ〉水道協会などがライン川汚染防止のため起こしていた行政訴訟5件のうちの1件を審理していたストラスブール行政裁判所が、アルザス・カリ鉱山に対するフランスのオー・ラ県知事の排水行政認可を取り消す判決。　第2巻—47～48

7・～〈西ドイツ〉連邦汚染防止法の施行規則に基づく大規模燃焼施設規制令が施行される。この規則を基に排煙脱硫装置の設置と低硫黄重油の使用を一定期限までに義務付ける。　第1巻—224～225

11・～〈マレーシア〉三菱化成がマレーシアの鉱石会社と設立した合弁会社「エイシアン・レア・アース」（ARE）が工場裏の空き地に大量のトリウム鉱さいを投棄、住民が反対運動。　第8巻—157

12・～〈中国〉第2回全国環境会議で李鵬首相が演説の中で「環境問題は基本国策である」と発言、環境保護を改めて基本国策として明確に位置づけた。環境法体系の整備も進んだが、環境法の効果的な運用がなされず、環境の悪化傾向は続いた。　第7巻—334～335

～〈ブラジル〉渓谷状地形のクバトン工業地帯で、酸性度の非常に高い酸性雨（pHの最高は3・7）が降り、呼吸器疾患を中心とする公害病で死亡する人が1983年以降、毎年100人を超える。大気汚染と酸性雨により、マール山脈の山腹から山頂にかけての樹木は大半が枯死または衰弱、森林の保水能力が大きく失われた。　第6巻—303～304

1984年

3・5〈サヘル地域〉1983年から続いていた干ばつが深刻化し、10月には27カ国が飢餓状態になる。世界各国で救援活動が起こる。　第9巻—300～301

3・～〈欧州〉カナダのオタワで北欧の酸性雨被害の原因物質削減目標について協議する会議が開かれ、亜硫酸ガスの排出を1980～1993年に30パーセント削減する目標の義務化に9カ国が賛成、合意文書がまとまる。削減目標の義務化に反対していた西ドイツが82年6月の会議で、賛成に転じたためである。汚染物質主要排出国のドイツが、目標義務化の9カ国を支持し、10カ国が合意。「30パーセント・クラブ」の成立。　第1巻—90

4・22〈米国〉米国野生動物協会が1980年から取り組んできた酸性雨公害に関する調査報告書を発表。汚染物質の濃度はペンシルベニア州北東部では汚染さ

れていない雨と比べて63倍、メリーランド州キャンプデービッドの近くでは同40～158倍。 第5巻―243

4・～ 〈中国〉沿海部14都市の開放などの対外経済活動を活発化させるための施策が取られる。これ以降、市場経済の大胆な導入、外資企業、とりわけ香港や台湾、東南アジアの華人企業の進出、国民投資の急増などによって、中国経済がめざましく発展。 第7巻―229

5・～ 〈中国〉国務院に国家環境保護委員会が設置される。12月、同委員会直属の常設機関として国家環境保護総局が設置される。 第7巻―247

6・19 〈マレーシア〉政府が国際原子力機関（ＩＡＥＡ）に対し、ＡＲＥがパパン村で建設中のトリウム鉱滓保管・貯蔵施設についての安全調査を依頼。国際原子力機関は現地調査の結果、「この施設にトリウム鉱滓を投棄するのは危険である」との判断を下す。住民たちのバリケード封鎖が続き、ＡＲＥは施設建設工事を中止。 第8巻―157

7・3 〈米国〉環境保護団体が「レーガン政権の規制緩和政策が酸性雨原因物質の野放しをもたらしている」として起こした行政訴訟に対し、最高裁が「レーガン政権下で取られた大気汚染防止措置の緩和は大気浄化法に抵触する」との判断を示す。

8・～ 〈フィリピン〉ミンダナオ島とルソン島を襲った台風「ジューン」による崖崩れや土壌流出、洪水で、約３０００人が死亡、約240万人が被災。 第5巻―249～250

8・～ 〈中国〉メキシコ市で開かれた国際人口会議で、中国代表が人口抑制に賛成し、メキシコ会議では家族計画の有効性が国際的に認知された。中国は１９７９年から始めた1人っ子政策を機に、人口抑制の立場に転換、それが国際社会の人口政策に直結した。 第7巻―201

9・4 〈フィリピン〉ルソン島の南端、カラカ町にフィリピン初の大型石炭火力発電所第1号機が日本のＯＤＡ（政府開発援助）などにより完成、操業を開始。燃料が低質石炭のために硫黄酸化物、粉塵、窒素酸化物が煙突から大量に排出され、呼吸器疾患が多発。 第8巻―181～182

10・～ 〈国連〉国連食糧農業機関（ＦＡＯ）は独立していない西サハラを含むアフリカ27カ国が飢餓状態にあると発表、食糧援助依存国に指定、約１億５０００万人に食料を援助。 第9巻―301

10・～ 〈英国〉南極基地ハレーベイで南極上空のオゾン量を測定していたジョセフ・ファーマンがオゾン量の40パーセント減少という注目すべき測定値を得る。

ファーマンは、この測定結果を1985年5月16日発行の科学雑誌『NATURE』に発表し、大きな反響を呼ぶ。　第2巻—156～157

12・3　〈インド〉ボパール市の郊外に位置している米国の化学企業、ユニオン・カーバイド・インド社（UCIL）で農薬工場の殺虫剤製造工程から致死性の有毒化学物質、イソシアン酸メチル（NIC）約40トンが噴出する大事故が発生。呼吸困難などで7000人以上が死亡、目の障害、精神障害など治療の必要な重症者は3万～5万人。世界の産業史上、最大の惨事となった。　第8巻—303

1985年

1・～　〈ブラジル〉サンパウロ市マール山脈の森林が酸性雨で枯死・衰弱、保水能力を失ったため、集中豪雨の際、大規模な土砂崩れが発生した。サンパウロ州政府は汚染物質の排出規制の強化に乗り出し、公害防止機器の設置を各工場に義務付け、違反者に罰金を科した。ブラジル政府は1989年、工場の煙突から吐き出される亜硫酸ガスなどの汚染物質と自動車排出ガスの規制計画に着手した。　第6巻—304

2・1　〈マレーシア〉ブキ・メラー村のARE工場周辺住民代表7人が、同工場が野外に放置した放射性廃棄物（トリウム鉱滓）によって白血病などの健康被害を受けたとして、AREの操業停止と損害賠償を求めてイポー高等裁判所に提訴。　第8巻—158

3・11　〈ソ連〉ゴルバチョフがソ連共産党書記長に就任、新思考外交を展開。　第4巻—260

3・17　〈米国〉カナダ側の度重なる酸性雨原因物質削減要請によりレーガン大統領がカナダを訪問、マルルーニ首相と酸性雨問題の解決策について会談。この会談で、酸性雨の原因を究明する両国の合同委員会設置で合意した。　第5巻—250、第6巻—68

3・22　〈国連〉ウィーンで開かれた外交会議でオゾン層保護の基本原則を定めただけの「オゾン層の保護のためのウィーン条約」を採択。モスタファ・トルバUNEP事務局長が招集した非公式会議で、フロン規制を盛り込んだ議定書の作成を求める提案に米国が賛成したが、欧州共同体（EC）諸国、日本、ソ連がそれぞれ自国・地域内のフロン関係業界の強い規制反対に押されて議定書採択に反対し、採択が見送られる。　第5巻—271

5・～　〈英国〉南極上空のオゾン量を観測していたジョセフ・ファーマンがオゾン量の著しい減少について科学雑誌『NATURE』に論文を発表。米国航空宇宙局（NASA）のゴッダード宇宙飛行センターはファーマン論文に驚き、宇宙衛星「NIMBUS7

号」のオゾン量測定値の洗い直し作業を実施、その結果、南極の春（日本の秋）、上空にオゾン濃度が低くなっている円形状の穴、「オゾンホール」が存在し、それが南極大陸全体に広がりつつあることを確認。全世界に大きな衝撃を与えた。
第2巻―156～157、第5巻―272

6・～ 〈ソ連〉『今日のソ連邦』6月15日号にオビ川、エニセイ川などのシベリアの北方河川の転流計画が発表され、転流計画賛成派と反対派の論争がマスコミで活発化。ソ連科学アカデミーの経済学者アガンベギャンら5人は1986年2月12日の『プラウダ』紙上で「転流による水の再配分は誤った予想に基づいている」と批判、転流計画を五カ年計画から除外するよう主張。
第4巻―385～386

6・～ 〈デンマーク〉デンマークは二酸化硫黄の排出量30パーセント削減をうたった長距離越境大気汚染防止に関する条約の「ヘルシンキ議定書」に参加し、二酸化硫黄の排出量の削減対策を進める。1993年までに1980年レベルから30パーセント削減する目標を達成。
第1巻―91、385

7・～ 〈欧州〉長距離越境大気汚染に関するジュネーブ条約に基づき、酸性雨原因物質の一つである硫黄酸化物の排出量を1993年までに1980年比で30パーセント削減する削減目標を定めたヘルシンキ議定書が採択される。英国が長距離越境大気汚染条約に基づくヘルシンキ議定書に参加し、削減対策に着手。英国は署名を強く拒んできた「ヘルシンキ議定書」の硫黄酸化物30パーセント削減目標をわずかな対策の実施で達成。
第1巻―223、第2巻―134

12・26 〈米国〉ランチョセコ原発で電気回路の誤作動により1号炉炉心の過冷却事故が発生し、炉心が緊急停止した。サクラメント電力公社は運転再開を目指し、4億7000万ドルを投入して修理。27カ月後の1988年3月、運転を再開。
第5巻―473

12・～ 〈韓国〉温山工業団地に進出した11の公害発生工場に対し、被害住民が4億8400ウォンの損害賠償を請求して釜山《プサン》地裁に提訴。
第8巻―374

～ 〈デンマーク〉議会が世論の動向に沿って原発計画の放棄を決議。これに伴いデンマーク政府は2000年までに電力生産の10パーセントを風力発電の拡充によって賄うことを決定する。
第1巻―397

1986年

1・～ 〈マレーシア〉サラワク州奥地で暮らすプナン族が橋の上に2日間、座り込んで封鎖。同年秋、別の地に棲むプナン族約60人が伐採道路を5日間封鎖し、警官隊に排除される。
第8巻―32

1・〜　〈国際〉スペインとポルトガルがＥＣに加盟。（第3次拡大）　第3巻—345〜346

2・25　〈ソ連〉第27回共産党大会の政治報告の中で、ゴルバチョフ書記長はオビ川とエニセイ川の転流計画に反対する広範な国民世論の高まりに言及、国民の意見に耳を傾ける必要性を指摘。8月15日の政治局会議は書記長の指摘を受けて「計画の中止が得策である」と結論。計画は白紙撤回された。　第4巻—387〜388

2・〜　〈欧州〉欧州共同体を設立するローマ条約174条1項に環境保護の規定を初めて盛り込んだ単一欧州議定書が調印される。盛り込まれたＥＣの環境政策の目標と環境政策の基本原則は①環境の質の保全、保護、改善、②人の健康の保護、③天然資源の慎重かつ合理的な利用、④地域的、世界的環境問題に対処するための国際的レベルでの施策の促進。これにより、ＥＣが環境保護に責任を有することが明確になる。翌87年、発効。　第3巻—347〜349

3・〜　〈英国〉中央電力生産協議会（ＣＥＧＢ）が１９９７年までに約8億ポンドの巨費を投入して既存の発電所を改築、硫黄酸化物の排出量を半減させるとともに、排出ガス規制を強化し、窒素酸化物と炭化水素の排出量を低減する計画を発表。政府が9月、計画を認可。　第2巻—134〜135

4・26　〈ソ連〉ウクライナ共和国の首都、キエフ市郊外のチェルノブイリ原子力発電所4号炉が爆発、大量の放射性物質が放出された。原子炉本体と建屋の一部が大破し、火災が発生。事故で噴き上げられた数億キュリーの放射性物質は南東の風に乗って北西方向へ流れる。　第4巻—314、322

4・28　〈ポーランド〉チェルノブイリ原発の爆発事故で放出された放射性物質は28日にポーランド北東部に達し、この地の気象観測所が大気中から平常値の700倍の放射能、10倍のガンマ線量を検出。放射性物質はバルト三国、スウェーデンなどを3日間にわたって汚染したあと、西ドイツ、フランス、イタリア、ルーマニア、ブルガリア、ユーゴスラビア、トルコなどに向かう。　第4巻—322

4・29　〈西ドイツ〉チェルノブイリ原発の爆発事故で噴き上げられた放射性物質が29日にバイエルン州に飛来、29日〜5月2日までの降雨で農産物、乳製品、土壌が放射能によって汚染され、人びとの恐怖と怒りが募る。　第1巻—271

4・〜　〈フィリピン〉日本が１９８１〜８４年にフィリピンから輸入した木材455万２０００立方メートルのうち半数を超える247万６０００立方メートルがフィリ

ピン税関の正規の手続きを経ていなかったことが判明。　第8巻―177

5・3　〈ソ連〉ソ連政府が布告によってチェルノブイリ原発から半径30キロ以内を「避難区域」に指定、この区域における人の居住を禁止して1993年4月までに約30万人を避難させる方針を発表。　第4巻―331

7・〜　〈ソ連〉ソ連政府が国際原子力機関（IAEA）にチェルノブイリ原発事故後、指定した「避難地域」を含む面積5230平方キロメートルの放射能の平均汚染度について「人間の居住できる濃度をはるかに超える1平方キロ当たり1000キュリー以上という高い数値」と報告。1平方キロメートル当たり1キュリー以上のセシウム137で汚染されている地域はロシアの19州・共和国にわたり、原発事故による放射能汚染の影響を受けている地域の住民の数は400万人とわかる。　第4巻―352〜353

8・15　〈ソ連〉ゴルバチョフ政権時代の共産党が政治局会議で北方河川を南のアラル海方向へ逆流させる奇想天外な計画の中止を決める。　第4巻―387

8・25　〈西ドイツ〉社会民主党が8月25〜29日の日程でニュールンベルクで大会を開き、ヴィリー・ブラントを再び党首に選出するとともに、①稼動中の原発19基の操業を10年以内に段階的に停止する、②新規の原発建設を認めない、③代替の再生可能エネルギー開発の推進――を盛り込んだ翌87年1月の連邦議会選挙綱領を満場一致で決定。これが1998年の社会民主党と緑の党の連立政権樹立と、同政権による原発の段階的廃止につながる。　第1巻―210

10・17　〈ラトビア〉ラトビアの週刊新聞『文学と芸術』に大規模水力発電所建設計画を「環境破壊」と批判する投稿記事が掲載され、その影響で3万人が水力発電所建設反対署名。　第3巻―335〜336

11・1　〈オランダ〉スイス・バーゼル市の化学物質貯蔵倉庫密集地帯の倉庫で火災が発生、劇物・毒物や爆発性の危険物が燃え、倉庫に保管中の塩素化合物、殺虫剤、除草剤、有機水銀化合物が消火の水とともにライン川に流出。汚染物質は11月12日、ライン川河口に達し、北海を汚染。　第2巻―48

〜　〈マレーシア〉パーム油生産のための油ヤシ農園の面積が1976年の53万ヘクタールから10年間に112万ヘクタールに倍増。パーム油の生産量は、この間に138万トンから454万トンと3・3倍に増え、パーム油工場の排水による汚染が増大。　第8巻―152

1987年

1・〜　〈ソ連〉ソ連閣僚会議がラトビア・ダウガヴァ川中流の大規模水力発電所建設計画中止を決定。

第4巻—336

2・27 〈国連〉「環境と開発に関する世界委員会」（WCED）が2年4カ月間の審議の結果、「持続可能な開発」を最優先課題として取り組むことが必要である」との「東京宣言」を採択した。
第1巻—34、第11巻—60、177

3・23 〈ブラジル〉米国・マイアミで開かれた米州開発銀行の年次総会でロンドニア州（ブラジル）の開発で起こった環境の荒廃について議論、ヨーロッパの政府代表団からアクレ州（同）のアマゾン横断道路建設への融資中止を求める意見が出る。この後、米州開発銀行と世界銀行は、この道路建設のための融資を断念した。
第6巻—275～277

3・〜 〈マレーシア〉サラワクのプナン族の何百人もの大人の男女や子どもたちがバラム川上流とリンバン川上流で森林伐採道路封鎖。封鎖は7カ月間、続いた。
第8巻—32

4・〜 〈ソ連〉ゴルバチョフ政権下の共産党中央委員会が、バイカル湖流域での経済活動の厳しい制限などを決議。政府は、この決議に基づき1995年までに、この改善策の実施を定めた政令を出した。これを受けてロシア共和国閣僚会議がバイカル湖の流域における経済活動と環境保護を調整していくための長期的総合計画を承認した。バイカル湖の水質を保全することを目的とする党や政府による決議は1960年から1987年まで5回も行なわれたが、実施されなかった。
第4巻—56～57

5・〜 〈国際〉国際熱帯木材機関（ITTO）が熱帯林減少の実態調査結果を発表、「現在のペースで伐採が続けば、保護地域以外の原生林は11年間（1998年まで）で消滅する」としてマレーシア政府に対し、熱帯林の伐採量を現行より30パーセント削減するよう勧告。11月、日本の熱帯木材輸入商社に対し、サラワク州からの輸入量の36パーセント削減を求める。
第8巻—38

6・23 〈ソ連〉ソ連政府機関紙『イズベスチヤ』がソ連の宇宙ステーション「サリュート6号」に乗り込んだ宇宙飛行士撮影のアラル海の写真を掲載。1950年代から1980年代にかけてのアラル海の著しい縮小ぶりがわかる。
第4巻—374

8・〜 〈台湾〉環境保護署（環境保護省）が設置される。
第8巻—410

9・〜 〈国連〉「オゾン層を破壊する物質に関するモントリオール議定書」、採択。
第1巻—58

10・26 〈マレーシア〉警察が道路封鎖に加わったカヤン族42人を逮捕。警察は道路封鎖運動で重要な役割を果たした「地球の友・マレーシア」のハリソン・ガウ代表を国内治安法によって拘置。道路封鎖と直接、関係のない政治家、大学教員、弁護士、環境・人権・労働分野の運動家など約50人も治安法違反を理由に逮捕し、主要新聞3紙を発行停止処分。 第8巻―33

秋 〈タイ〉タイ南部のマレーシアとの国境に近いロンピブン村の錫鉱山近くで、皮膚病に罹った婦人が慢性ヒ素中毒患者であることが判明。 第8巻―557

12・8 ＜国際＞米ソ首脳会談がホワイトハウスで開かれ、米国とソ連が保有する中距離核戦力（ＩＮＦ）を全廃する中距離核戦力全廃条約に両首脳が調印。98年に発効し、91年に廃棄を完了。 第4巻―265

〜 〈バングラデシュ〉国土の40パーセントが水没し、約6000人が死亡。 第8巻―100

1988年

2・12 〈ソ連〉セミパラチンスク核実験場で行なわれた地下核実験で、核爆発と同時に放射性のガスが漏れ、ガスが軍関係者と、その家族の住む地区に流れ込み、地区住民に避難命令。軍人の1人が規則に反して「カザフの民族詩人」と呼ばれている作家で、ソ連人民代議員であるオルジャス・スレイメノフに電話で通報。スレイメノフは2月27日のテレビ出演の際、地下核実験で放射性ガスが漏れた事実を明らかにし、カザフスタンの実験場閉鎖を訴えた。 第4巻―231〜233

2・28 〈ソ連〉カザフスタン共和国の首都アルマアタ（後にアルマティに変更）にあるカザフ作家同盟会館で開かれたセミパラチンスク核実験場の閉鎖を求める集会に約5000人が参加、実験で深刻な健康被害を受けた人々が苦しみを訴えた。参加者たちはスレイメノフがテレビで読み上げた声明を運動の公式声明として採択。 第4巻―233〜234

4・〜 〈国際〉バルト海の西部で黄色の藻が発生、海水温度の上昇とともに異常繁殖。藻はスカンジナビア半島沖の北海、デンマークとスウェーデンを隔てるカテガット海峡、ノルウェー南西部海岸沖、デンマーク、西ドイツ、オランダの西海岸沖に広がる。異常増殖海域では海水中の酸素が藻の異常増殖のために欠乏して、アザラシが呼吸困難になり、死体が海岸に打ち上げられる。アザラシの死体は10月末までの半年間にこれらの海域に生息していたアザラシの半数に当たる推定1万7936頭。 第1巻―309

4・〜 〈米国〉米国の中西部、西海岸、南部の農業地帯で大干ばつが発生。 第5巻―288

4・14 〈ソ連〉アフガニスタンからのソ連軍の撤退に関す

る協定文書に調印。アグガニスタン戦争で死亡したアフガニスタン人は約150万人、ソ連兵の戦死は約3万5000人。国内外に難民となった人は推計約600万人。　第9巻―140

5・26　〈米国〉ニューヨーク州当局はロングアイランド電力会社との間で進めてきた同電力会社のショーラム原発について、「ロングアイランド海峡に面して立地しているため、事故が発生した際には住民の避難先と避難方法が限定され、避難は危険」として、同原発を操業せずに廃棄することを決定。　第5巻―476～478

5・～　〈フィリピン〉10項目の行動指針から成る「持続可能な開発のためのフィリピン戦略」が大統領とフィリピン議会で承認される。　第8巻―181

6・～　〈米国〉世界的に著名な気象学者のジェームズ・E・ハンセン米航空宇宙局（NASA）ゴッダード宇宙研究所教授が議会上院エネルギー資源委員会の公聴会で、「温室効果は既に始まっている」として、①1989年末まで過去百年の米国の気温をみると、最高から6位までが1980年代に集中し、現在の気温は観測史上、最高、②これが真の温暖化現象によるものと言えよう、③私見では、温室効果は今や気候を変えつつある――と証言。米国の記録的な大干ばつとハンセン証言が地球温暖化問題を燃え上がらせる導火線の役割を果たす。　第5巻―288～289

6・～　〈英国〉英国は欧州共同体（EC）から既存の大型燃焼施設からの硫黄酸化物総排出量を79パーセント削減するよう求められ、その順守に努める。　第2巻―135

6・～　〈ナイジェリア〉放射性廃棄物やPCBなどの有毒廃棄物の入ったドラム缶約8000本がココ港に不法に陸揚げされ、放置されていることが首都、ラゴスの新聞によって報じられる。イタリア政府の輸出許可証を偽造していたことが判明。イタリア政府はナイジェリア政府から厳重抗議を受けて西ドイツ船籍の貨物船「カリンB号」と、もう一隻の船「ディープシー・キャリア1号」をチャーター、有毒廃棄物は翌89年8月までにイタリアのリヴォルノで最終処分。　第9巻―392～394

7・～　〈米国〉30州が干ばつ被災地に指定された。8月、農商務省が発表した同年の穀物需給予想ではトウモロコシの生産は過去最大の前年度比37パーセント減、大豆は同23パーセント減、小麦は同14パーセント減。　第5巻―288

9・27　〈国連〉シェワルナゼ外相は国連総会本会議で演説、①国連人間環境会議20周年に当たる1992年6月に地球環境問題を協議するための大規模な国際会議を開催するよう提唱する、②地球環境問題に対処するため、現在の国連環境計画（UNEP）を国連の中の最重要組織である安全保障理事会並みの機関に強化・格上げすべきである――と提案。　第4巻―272〜274

9・〜　〈バングラデシュ〉降雨続きで3大河川と250の中小河川が一斉に氾濫、国土の62パーセントが水没して約3000万人が浸水被害を受けた。洪水と、これに伴って発生した伝染病によって2400人が死亡。　第8巻―100

10・〜　〈バングラデシュ〉ベンガル湾沿岸をサイクロンが襲い、死者・行方不明約1500人。　第8巻―100

11・〜　〈国連〉国連環境計画（UNEP）がナイジェリアのココ港で発生した有毒産廃投棄事件を受けて有毒廃棄物の不法な越境投棄を規制する条約作りに着手。翌89年3月、スイスのバーゼルで開いた外交会議で「有害廃棄物の越境移動及びその処分の管理に関するバーゼル条約」（通称・バーゼル条約）が採択され、1992年に発効。　第9巻―394

12・22　アマゾンの熱帯雨林保護運動を推進していたシコ・メンデスが暗殺された。　第6巻―278

〜　〈スウェーデン〉社会民主労働党内閣が1995年と96年に各1基の原発（バルセベックにあるシドクラフト社所有の原発とリングハルス州所有の原発）を廃止するよう提案、議会がこの提案を可決。この年、緑の党が3年以内の原発廃止などを掲げて総選挙に臨み、20議席を獲得。　第1巻―139〜140

〜　〈国連〉「長距離越境大気汚染に関するジュネーブ条約」に基づく窒素酸化物の排出量を1987年レベルに凍結することを定めた「ソフィア議定書」が採択される。　第1巻―91

1989年

1・〜　〈タイ〉政府が森林伐採を全面禁止。カンボジアから違法伐採の木材がタイに流入。　第8巻―258〜260

2・1　〈韓国〉釜山《プサン》地裁は「温山公害訴訟」の判決で住民の健康被害や農作物被害に対する工場側の責任を認め、被告工場に対し慰謝料の支払いを命じる。公害被害住民には総額2100億ウォンの移住補償費用が支払われる。　第8巻―374

3・5　〈英国〉サッチャー英国首相がUNEPとともにオゾン層保護に関する閣僚級会議をロンドンで開催。この会議で5種類の特定フロンの2000年までの全廃を満場一致で採択　第1巻―58〜59、第5巻―273

3・10　〈国際〉地球温暖化防止対策に関する「地球大気に

関する首脳会談」がオランダ、ノルウェー、フランスの3国首相の提唱で開かれる。24カ国が参加、討議の末、地球温暖化を防止するための基本的な条約の検討に着手すべきであるとの合意が成立、「ハーグ宣言」に盛り込む。　第2巻—28、第5巻—292

3・19　〈ネパール〉インドがネパールとの間で締結していた通商条約（1978年に締結。期間10年）の期限切れ後の1988年、理由を説明することなく、この条約改定交渉の中止をネパールに突然、通告。ネパールの森林は人口増加圧力に、インドの禁輸措置による石油の輸入ストップが加わって減少を続け、国土に占める森林面積の割合は1964年の45パーセントから2001年には27・4パーセントに低下。　第8巻—341～343

3・24　〈米国〉プリンス・ウイリアム湾の港から40キロ沖で、国際石油資本「エクソン」の大型タンカー「エクソン・バルディーズ号」が座礁、積んでいた原油126万バレルのうち25万7000バレル（約4万1000キロリットル）が流出。鳥類が25万羽以上死んだ。　第5巻—61～64

5・～　〈オランダ〉ルベルス政権が「国家環境政策計画（NEPP）」を策定。「持続可能な開発」を一世代のうちに実現することを呼び掛けたもので、向こう20年間の環境政策の目標と戦略と1990～94年の政策的措置が盛り込まれる。　第2巻—23

5・～　〈国連〉ヘルシンキでモントリオール議定書第1回締約国会議が開かれ、3月の閣僚級会議で採択された5種類の特定フロン全廃提言を受け入れ、同様の宣言を満場一致で採択。　第1巻—59

6・6　〈米国〉ランチョセコ原発の運転を存続すべきか否かを問う住民投票が行なわれ、存続に反対が53・4パーセントで、存続賛成の46・6パーセントを7ポイント近く上回った。ランチョセコ原発の閉鎖が決定。　第5巻—474

6・21　〈国際〉カナダのトロントで開かれた主要先進国首脳会議が「経済宣言」で取り組むべき重要課題として地球温暖化対策を位置づける。　第5巻—290

6・27　〈カナダ〉カナダ首相主催の専門家国際会議「変化する大気　世界の安全への対応」が始まる。30日に採択された宣言文に①先進国は二酸化炭素排出量を2005年までに1988年比で一律20パーセント削減を当面の政策目標にすべきである、②国連が専門の組織を設置し、政府間の討議の音頭を取る——の2点が盛り込まれた。　第5巻—290～291

7・1　〈フィリピン〉アキノ大統領が合板やベニア板など一部の製品を除き、木材輸出を全面的に禁止。この措置までにフィリピンの森林面積は国土の約19パーセントとなる。木材の対日大量輸出が始まってからの38年間に4分の1に減少。　第8巻―22～24、177

7・15 〈リトアニア〉リトアニアにソ連最初の「緑の党」が創設される。翌1990年の共和国最高会議（国会）選挙に候補者を立てて生態系の保護、自然保護の優先、リトアニアの非武装化と平和などを訴えて選挙戦を戦い、4人が当選。　第3巻―329～330

7・～ 〈国際〉第15回主要先進国首脳会議（アルシュ・サミット）が「経済宣言」で「熱帯林行動計画」（1986年採択）と熱帯雨林保全対策の早急な実施を求める。　第8巻―39

9・～ <国連>第44回国連総会で「環境と開発に関する国連会議」（国連環境開発会議。略称・地球サミット）を1992年6月、ブラジルのリオデジャネイロで開催することが決まる。　第4巻―274

9・～ 〈ソ連〉東京で開かれた「地球環境保全に関する東京会議」でソ連代表が自国の環境汚染の状況について、①4300万人の住む68都市で大気汚染が許容基準を上回っている、②アラル海に流入する河川の水量が激減、このため湖水が干上がっている面積が増え続けている、③カスピ海やアゾフ海（黒海の北）では水質基準を満たさない汚染水域が多くなり、商品価値のある魚の水揚げが激減した――と報告。　第4巻―158～160

9・～ 〈米国〉18の環境保護団体と16の投資団体（投資信託会社など）が「バルディーズ号」の座礁事故を教訓にして「環境に責任を持つ経済のための連合」をつくり、企業がもっと環境に配慮した行動をとってもらうための指針「バルディーズ原則」を決める。　第5巻―447、第11巻―218～219

10・16 〈国際〉スイスのローザンヌで開かれた第7回ワシントン条約締約国会議で、アフリカゾウ商業取引の原則全面禁止が決まる。象牙取引の扱いは「付属書I」に分類される。1990年1月、ローザンヌ会議で象牙取引を禁じたワシントン条約が発効。　第9巻―321～322

11・7 〈国際〉オランダ政府が国連環境計画（UNEP）と世界気象機関（WMO）の協力を得て「大気汚染と気候変動に関する環境大臣会議」をノールトヴェイクで開催。7日、「ノールトヴェイク宣言」を満場一致で採択。　第2巻―30、第5巻―292

11・～ 〈米国〉カーター大統領がスリーマイル島原発事故発生から1週間後の4月5日、設置した「大統領特別委員会」が、発足から10年8カ月後、米国における原発の安全を確保するための包括的な報告書を大統領に提出。報告書は①原発の建設、運転に関する一般公衆の安全や相対的リスクを厳密に評価し、原子力産業界が実施すべき必要事項の履行状況を厳しくチェックする「原子炉安全委員会」の設置などを提言。　第5巻―467～470

11・～　〈国連〉国連環境計画（UNEP）と世界気象機関（WMO）が地球温暖化に関する科学的知見の集約と評価を主要な業務とする「気候変動に関する政府間パネル」（IPCC）を共同で設立する。　第5巻―291

12・2　＜国際＞米国大統領ジョージ・ブッシュとソ連最高会議議長ゴルバチョフがマルタ島で首脳会談。3日、両首脳が冷戦の終結を宣言。　第4巻―269、272

12・～　〈中国〉試行されていた環境保護法を環境保護の基本法に格上げして制定。　第5巻―334～335

1990年～1994年

1990年

1・～　〈ケニア〉マレワ川支流のトラシャ川に取水ダムを建設し、ナクル市まで81キロメートルの送水管を敷設する工事に着手。下水処理施設が造られなかったため、未処理の生活排水が川を伝ってナクル湖に流入して高濃度の汚染物質を含む藍藻が大繁殖、フラミンゴがこの藍藻を食べて大量死。　第9巻―292～293

1・～　〈スウェーデン〉酸化炭素排出量を削減するため二酸化炭素税を導入。　第1巻―106～107

1・～　〈韓国〉環境庁が環境省（環境部）に昇格。この年の「公害国会」では環境保全法を廃止、代わりに環境政策基本法が制定される。併せて大気環境保全法、水質環境保全法、騒音規制法、振動規制法、有害化学物質管理法、環境汚染被害紛争調整法も制定され、環境行政の出発点となる。　第8巻―378～379

2・11　〈南アフリカ〉大統領フレデリック・デクラークが南アフリカ国内の激しい反アパルトヘイト闘争と反アパルトヘイトの国際世論に押されて、ANCの黒人指導者ネルソン・マンデラ（27年間、牢獄）を釈放。　第9巻―452

3・9　〈インド〉ナルマダ・ダムの建設により水没が予定されている地域の住民が橋に座り込み、33時間にわたり道路を封鎖。　第8巻―324

4・21　〈日本〉東京で「アースデー・シンポジウム　誰のための援助か?――インド・ナルマダ・ダム計画の現場から」が「地球の友・日本」などの共催で開催される。5月15日、首都ニューデリーで約1500人が集会を開き、座り込む。反対派住民支援のデモと座り込みも相次ぐ。　第8巻―324

5・〜 〈ソ連〉「ネバダ・セミパラチンスク運動」が米国ボストンに本部を持つ「核戦争防止国際医師の会」との共催で、アルマアタ市（現アルマティ市）で「核戦争禁止条約のための国際市民会議」を開催。外国の代表約300人が参加。 第4巻―234

5・〜 〈デンマーク〉政府が「エネルギー政策2000」を策定。①2005年時点のエネルギー消費と二酸化炭素（CO_2）排出量を1998年レベルに比べ、それぞれ15パーセント、20パーセント削減する、②2005年までに再生可能エネルギーの利用による発電量を倍増する、③石炭消費量を45パーセント、石油消費量を40パーセント、それぞれ削減し、天然ガス利用を170パーセント増やす――の3目標を掲げる。 第8巻―397〜398

6・25 〈国際〉パリで開かれた「対インド援助国会議」で、日本政府代表がサルダル・サロバル・ダムに対する追加融資の中止を正式に表明。 第8巻―324〜325

6・〜 〈国連〉モントリオール議定書第2回締約国会議では①93カ国が2000年までにフロンの使用を全廃する、②規制の対象外だった数種のオゾン層破壊物資を条約の規制対象に含める、③開発途上国のフロン代替品購入を援助するため、総額2億4000万ドルの基金の設置――の3点を決める。 第1巻―59

6・〜 〈西ドイツ〉コール政権が「10万の屋根・太陽光発電プログラム」に着手。これ以降、西ドイツは自然エネルギー開発を推進する。 第1巻―321

7・〜 〈国際〉ヒューストン・サミットで、「地球サミット」（1992年6月開催）までに世界の森林保護について具体的な合意を図ることが了解される。 第8巻―39〜40

8・2 〈中東〉サダム・フセインの率いるイラクがクウェートに侵攻し、全土を制圧。6日、国連安全保障理事会がイラクに即時撤退を求める決議を採択、フセインは無視。その後、多国籍軍が米軍（54万人）主導のもと28カ国で編成され、イラク攻撃態勢に。多国籍軍は翌91年1月17日、イラク空爆を開始、湾岸戦争が勃発。 第9巻―80〜81

8・7 〈南アフリカ〉南アフリカ政府とアフリカ民族会議が政治犯の釈放で合意し、アフリカ民族会議が武装闘争の停止を宣言。 第9巻―452

9・〜 〈スウェーデン〉与党の社会民主党大会で原発2基廃止時期の延期が決議される。 第1巻―140

10・3 〈ドイツ〉東西ドイツが統一される。旧東ドイツ地域の環境レベルを西ドイツ並みに改善することになり、飲料に適する水道水の給水、公害多発型の発電所・工場の閉鎖、土壌汚染地の浄化対策工事の実施

などに向けて準備が始まる。 第1巻—252

10・18 〈ソ連〉セミパラチンスク核実験場での核爆発実験による住民健康被害者が結成した「ソ連核実験被害者同盟」が世界各国の反核団体やジャーナリストなどを招いてセミパラチンスク市で第1回大会を開いた。 第4巻—234～235

10・29 〈国連〉第2回世界気候会議がジュネーブで始まる。11月3日、「先進国は2005年までに二酸化炭素排出量の20パーセント削減を目指すべきである」との合意が成立。 第11巻—53

11・10 〈統一ドイツ〉東ドイツ政府がそれまで活動停止命令を出してきた新しい市民組織「新フォーラム」の結成を認める。「新フォーラム」は同様の3団体と協議して「90年連合」を結成。「90年連合」は1993年に旧西ドイツの緑の党と合併、「緑の党・90年連合」と改称。 第1巻—242～243

11・15 〈米国〉改正大気浄化法が成立。 第5巻—255

11・27 〈インド〉「ナルマダを救う会」がチャンドラ・シェカール首相に対しサルダル・サロバル・ダム・プロジェクト全体の見直しを求める公開質問状を送る。これに怒ったシェカール政権は見直し要求を無視、「救う会」が12月25日にダムサイトへ向けてのロングマーチ（大行進）を実施。参加者は約2000人。30日に6000人に増える。91年1月4日、ロングマーチ参加者の野営キャンプを警官隊が襲い、140人を逮捕。 第8巻—326

11・～ 〈ドイツ〉地球温暖化防止のため二酸化炭素排出量を2005年までに1987年比で25パーセント削減する目標を閣議決定。 第1巻—322、第10巻—661

11・～ 〈米国〉オレゴン、コロラド、オハイオ、アリゾナ、ワシントン、モンタナの6州で、原発の建設、操業などを規制する住民立法の可否を問う住民投票。その結果、オレゴン州は接戦だったが、その他は3対7近い大差で、いずれも否決。 第5巻—471～472

12・7 〈ドイツ〉再生可能エネルギーで発電した電力の固定価格買取りを電力会社に義務付ける「再生可能エネルギー発電電力の公共網供給法」制定。翌91年1月、施行。太陽光、風力発電の爆発的な拡大のきっかけとなる。 第1巻—321、第10巻—660～664

～ 〈米国〉カリフォルニア州が「一定台数以上の車を州内で販売する自動車メーカーに対し、販売車の車種区分ごとに平均排出基準を達成すること、およびゼロ排出ガス車を一定比率、販売すること――の2点を義務付けるプログラムを導入。 第5巻—231

1991年

1・17 〈国際〉多国籍軍がイラク空爆を開始、湾岸戦争が勃発。米軍が戦車部隊を壊滅させるため破壊力の強い劣化ウラン弾を初めて実戦に使用。環境汚染だけでなく、米軍や英軍の兵士やイラク住民が白血病やリンパ腺などのガンに侵された。 第9巻―84～85

2・25 〈国際〉湾岸戦争でイラク軍が敗走。これに先立ち、イラク全土にある推定約1200本の油井のうち、500本以上に放火。原油の炎上により黒煙が空を覆い、黒煙中の窒素酸化物や発ガン物質のベンツピレンなどの残さいが地表に立ち込めた。イラク軍はクウェートの油井の原油や海水の淡水化に使っていた淡水化プラントの重油をペルシャ湾に流し込む。膨大な数の海鳥や渡り鳥が油まみれに。 第9巻―81～83

2・26 〈中東〉湾岸戦争でイラク軍が撤退、クウェートは解放される。4月3日、国連安全保障理事会は恒久停戦を定めた決議を採択、11日に停戦。 第9巻―83～84

3・4 〈日本〉木材輸入商社が政府当局の指導により、サラワクの熱帯林伐採の段階的削減と将来の撤退およびサラワク木材の輸入量削減を決める。 第8巻―41

3・～ 〈韓国〉内陸の亀尾《クミ》市にある斗山電子《トサンチョンジャ》からフェノール原液約30トンが洛東江《ラクトンガン》に流入する事故が発生、下流の大邱市、釜山市などの流域の水道システム全体を汚染。 第8巻―384

3・～ 〈ソ連〉バイカリスクのセルロース・製紙工場閉鎖を要求する住民6万人の署名が集められ、イルクーツク州議会が政府管理の2つのセルロース・製紙工場を2年後に閉鎖するよう求める決議を採択。ゴルバチョフ政権は2工場を木工家具生産工場に転換する計画を策定、政令を出したが、91年8月の保守派によるクーデターやソ連崩壊（12月）で実施されず。 第4巻―56～59

4・3 〈国連〉国連安全保障理事会が湾岸戦争の恒久停戦を定めた決議を採択。4月11日、停戦が発効。 第9巻―83～84

5・～ 〈バングラデシュ〉大型のサイクロンがベンガル湾を襲い、洪水と高潮の被害が重なって死者が13万8000人にのぼる。 第8巻―100～101春

春 〈ソ連〉ゴルバチョフ政権が核実験被害の責任を初めて認め、計約60万人に1人最高300ルーブルの補償金を支払う。 第4巻―230

6・17 〈南アメリカ〉南アフリカで人種差別政策の根幹であるアパルトヘイト法や差別政策を支えてきた原住民土地法、集団地域法、人口登録法などが廃止される。 第9巻―452

6・19 〈中国〉中国政府主催「環境と開発に関する開発途

上国閣僚会議」（41カ国の環境担当閣僚が出席）の最終日、「環境と開発に関する開発途上国閣僚会議宣言（北京宣言）」を採択。「宣言」は「地球温暖化やオゾン層破壊などは歴史的に先進諸国が引き起こした問題であり、その責任は先進諸国にある」との考え方を明確に打ち出した。　第7巻─342〜344

6・〜　〈ドイツ〉「包装・容器廃棄物の発生回避に関する政令」が制定される。　第1巻─280、第3巻─396

7・〜　〈英国〉環境大臣がドイツの「包装廃棄物の発生回避に関する政令」制定（1991年6月）の影響を受けて、「政府の直接介入ではなく、業界の自主的な規制努力が望ましい」として、包装・容器廃棄物の関係業界連合に対し、2000年までに包装廃棄物の50〜75パーセントをリサイクル計画の策定を要請。　第2巻─196

7・〜　〈米国〉テオ・コルボーン博士が世界の研究者20人に呼び掛け、ウイスコンシン州のウイングスブレッドで化学物質が野生生物に及ぼしている影響をめぐって討議。数カ月後、「ウイングスブレッド宣言」として発表された。　第5巻─352

8・12　〈国連〉「地球サミット」第3回政府間準備会合で日本、英国、フランスの3国が熱帯林保全の条約をつくるという2段階方式の提案をまとめ、全体会合に提案。マレーシアやブラジルなど熱帯雨林保有国が「森林は自国の資源。保有国には、これを開発する権利がある」と主張、地球環境保全の観点からの条約づくりに強く反対する。　第8巻─40

8・29　〈ソ連〉カザフスタン共和国のナザルバーエフ大統領がセミパラチンスク核実験場における核実験を永久に禁止する大統領令を公布し、実験場の閉鎖が確定した。　第4巻─235

9・1　〈バルト3国〉バルト海の汚染に抗議するバルト3国の市民数千人がバルト海海岸に集まり、汚染に抗議し、汚染防止対策の強化を訴える。　第3巻─335

9・6　〈バルト3国〉エストニア、ラトヴィア、リトアニアの独立をソ連国家評議会が承認。　第1巻─118

9・16　〈フィリピン〉議会上院がフィリピン・米国友好協力条約批准案を否決。1992年9月30日、米軍がスービック湾岸にあった「スービック海軍基地」をフィリピンに返還し、撤退。基地の造船所からの排水によるスービック湾の重金属汚染、薬品や地下燃料タンクから漏れた重油・ガソリンなどによる土壌・水質汚染などが残された。　第8巻─178〜179

9・〜　〈ソマリア〉激しい干ばつに内戦が重なり、1992年11月末までの1年3カ月間に30万人が死亡。　第9巻─234

9・〜 〈ドイツ〉包装・容器製造・販売関連の企業95社が政令で義務付けられた回収・リサイクルを実施するためDSD社（デュアル・システム・ドイチュラント）を設立。DSDは回収したプラスチックのリサイクルを「ドイツプラスチック・リサイクル協会」（DKR）に委託。 第1巻―281〜282

10・〜 〈インド〉最高裁がボパール市のユニオン・カーバイト社工場事故について、①事故の責任企業と、その企業の責任者を再び裁判に掛けること、②インド政府もまた被災者に補償を行なうべきである――との判決。 第8巻―310

11・12 〈ソ連〉ソ連科学アカデミー地理学研究所の研究者らが作成した「エコロジー災害地図」が『モスクワニュース』に掲載される。環境問題の発生箇所は全国で300カ所、合計面積は国土の16パーセントに当たる約370万平方キロメートル。問題地域の住民はソ連人口の5分の1。 第4巻―160

11・〜 〈韓国〉農耕地、産業団地、観光団地の造成を目的に群山《クンサン》市と扶安《プアン》市を結ぶ世界最長、33キロメートルのセマングム防潮堤の建設工事と干拓事業が始まる。干拓事業に反対する環境保護団体や周辺漁業者は数次にわたって工事差止め請求を行なったが、1999年と2005年の2度、最高裁により訴えが退けられた。2010年4月、防潮堤が完成。 第8巻―388

11・〜 〈国連〉モントリオール議定書第3回締約国会議では、2000年までだった既存の規制物質削減スケジュールの全廃期限を5年前倒しして1995年までに全廃することとした。また代替フロンの1種であるHSFC類の生産を2019年までに全廃することも決議。 第5巻―274

11・〜 〈ドイツ〉連邦環境省が統一後最初の「全ドイツ森林被害白書」を発表し、樹木全体の64パーセントが酸性雨・大気汚染の被害を受けていることを明らかにした。 第1巻―215

11・〜 〈フィリピン〉レイテ島を大型台風が直撃、森林伐採で保水能力を失った山々から鉄砲水がオルモック市内に流れ込み、死者・行方不明者が6000人以上。 第8巻―87

12・〜 〈ソ連〉ソ連の消滅と独立国家共同体の誕生に伴い、過去四十年間に467回を数えた核実験によって高濃度の放射能に汚染されたセミパラチンスク核実験場と膨大な数の被爆者がカザフスタン共和国に引き継がれた。 第4巻―238

12・〜 〈ロシア〉ソ連が崩壊し、後継国であるロシア連邦政府は社会主義経済から市場経済への移行に伴う経済的困難に直面、シベリアや極東の森林を貴重な外貨獲得源とみて、積極的に伐採して外国に輸出する政策を推進。旧ソ連時代、環境・天然資源保護省の下に置かれた森林委員会が実質的に新生ロシア連邦共和国の森林管理を所管。　第4巻―30、41

12・〜　〈ソ連〉チェルノブイリ原発事故の責任を第一に負うべきソ連政府が崩壊し、事故対策の責任が新たに誕生したロシア、ベラルーシ（1991年までは白ロシア共和国）、ウクライナの各共和国に移る。3共和国は、それぞれ被災者を救済する法令を制定、汚染地住民や事故処理作業者に対する社会的保障や特典を与える制度を整備。　第4巻―340〜341

〜　〈国際〉サラワクの熱帯林輸入から撤退した日本、韓国、米国、マレーシア、シンガポール、香港などの関係企業がソロモン諸島とパプアニューギニアの熱帯丸太輸入に転じる。その後、日本の木材輸入商社は熱帯雨林の保全を求める国際世論に配慮し、パプアニューギニアなどの熱帯雨林の直接伐採・輸入を段階的に削減、1993年からシベリアやサハリンの針葉樹林タイガ、90年代半ば頃からカナダのブリティッシュ・コロンビア州の森林地帯の木材輸入を増やし始める。　第4巻―31、第6巻―93、第8巻―42

1992年

1・21　〈リトアニア〉包括的な環境保護法を制定。　第3巻―327

3・21　〈国連〉「地球サミット」前の最後の政府間準備会合（第4回）で①「森林に関する原則声明」を地球サミットで採択すること、②21世紀の行動計画「アジェンダ21」にも森林保全対策の条項を盛り込むこと――の2点を決める　第8巻―40

3・〜　〈国際〉バルト3国（1991年9月、ソ連から独立）と北欧4カ国、ドイツ、ロシア、ポーランドなど11カ国が第1回環バルト海諸国評議会（CBSS）でバルト海汚染の浄化への協力をうたった協定に調印。　第3巻―335

3・〜　〈チリ〉大統領府、経済関係省、厚生省、教育省からなる国家環境委員会が設立される。1992年9月、環境基本法案を国会に提出、1994年1月、同法が成立。　第6巻―398

4・〜　〈オランダ〉環境NGO「地球の友・オランダ」が「持続可能なオランダ・アクションプラン」を作成。　第2巻―20

4・〜　〈中国〉巨大多目的ダムの三峡ダム建設が全国人民代表大会で出席者総数の3分の2を僅かに上回る賛成で可決。環境への影響を懸念、反対または棄権が

3分の1。 第7巻―73

5・～〈フィリピン〉アキノ大統領の後継、ラモス国防相が大統領選挙で当選。 第8巻―179

5・～〈国連〉生物多様性条約がケニアのナイロビで採択される。 第8巻―77

6・3〈国連〉国連環境開発会議（略称・地球サミット）がリオデジャネイロ（ブラジル）で開催される。生物多様性条約が地球サミットで157カ国の署名を得て同年12月29日に発効。 第8巻―77

6・～〈アフリカ〉アフリカ諸国が地球サミット（国連環境開発会議）で改めて法的拘束力のある砂漠化対処条約づくりを強く要望。その結果、「アジェンダ21」に砂漠化対処条約を協議する国際的な政府間交渉委員会の設置を求める文章が盛り込まれた。 第9巻―302

6・～〈国連〉ブートロス・ガリ国連事務総長が安全保障理事会サミットの要請に基づき『平和への課題』を国連総会に提出。この中でガリは国際的問題などの解決に国際的NGO組織の力を役立てるよう提言した。 第11巻―214

7・11〈マレーシア〉「ARE公害訴訟」一審判決で白瑞真《ベー・スイチン》裁判官が住民側の主張を認め、住民側勝訴の判決。 第8巻―162～163

7・～〈EC〉欧州閣僚会議がEC独自の「包装廃棄物指令」を決定。 第3巻―396

7・～〈オランダ〉オランダが一般燃料に対する新たな課徴金を導入。 第2巻―34

9・～〈マレーシア〉サバ州が熱帯丸太の輸出を禁止。日本の総合商社と外国の木材輸入企業は丸太の輸入活動をサバ州からサラワク州に移す。 第8巻―28

10・～〈国際〉「地雷禁止国際キャンペーン（ICBL）」が欧米の6つのNGOによって結成され、対人地雷禁止条約の条文づくりが始まる。こうした活動実績の積み重ねのうえに1996年、カナダのオタワで対人地雷全面禁止に向けた国際会議が開かれる。 第9巻―440～441

12・～〈国連〉国連環境開発会議（通称・地球サミット）で採択された持続可能な開発実現のための具体的な行動計画「アジェンダ21」の実施・進捗状況のフォローアップ・監視と今後の行動計画の検討のための機構として「国連持続可能な開発委員会」（UNCSD）が設立された。

1993年

1・～〈タイ〉運輸省陸運局と内務省警察局が自動車排出ガス中の一酸化炭素、窒素酸化物、炭化水素の排出削減に着手、排出ガス浄化装置の設置を義務付け

る。　第8巻—252

2・〜　〈ロシア〉環境問題担当のアレクセイ・ヤブロコフ大統領顧問を委員長とする「放射性物質海洋投棄問題委員会」（設置・1992年9月）が報告書『ロシア連邦領土に隣接する海洋への放射性廃棄物の投棄に関する事実と問題』（略称・海洋投棄白書）にまとめ、エリツィン大統領に提出。「グリーンピース」が、この報告書を入手、4月1日、その内容を世界に公表。　第4巻—299〜301

3・1　〈オランダ〉環境関係の法律の本格的な統合法、「環境保護法」が制定される。　第2巻—24

3・〜　〈ロシア〉地域に即した森林政策を地方政府が行なえるよう地方政府に一定の権限を与える「ロシア連邦森林基本法」が制定される。　第4巻—41

3・〜　〈南アフリカ〉フレデリック・デクラーク大統領が、南アフリカが核兵器を所有していたことを公表。　第9巻—452

4・6　〈ロシア〉西シベリアの旧ソ連の核秘密都市、「トムスク7」の核兵器用再処理工場プルトニウム回収タンクが薬品の異常反応で爆発、40キュリーの放射性物質が放出され、長さ約20キロ、幅8キロの地域が汚染された。　第4巻—290

5・30　〈ロシア〉ロシア最高会議はマヤーク核施設の爆発事故やテチャ川の放射能汚染、カラチャイ湖の枯渇で舞い上がった放射性物質、「トムスク7」の軍事用核燃料再処理施設での爆発事故による健康被害者保護の法律を採択。　第4巻—291

5・〜　〈ロシア〉旧ソ連専門商社12社でつくっている「日ロ協同貿易」が東シベリアのブリヤート自治共和国とロシア材輸入に関する基本協定に調印。　第4巻—31

10・17　〈ロシア〉ロシア海軍の核廃棄物投棄船「ＴＮＴ—27」、同船を曳航する船、放射能を測定する調査船「ｐｅｇａｓ」の3隻が日本海中央部で核廃棄物の投棄を始める。この船団を追跡していた「グリーンピース」の調査隊は全員がエンジン付の小型ボートに乗り移って「ＴＮＴ—27」に接近、撮影した核廃棄物海洋投棄現場の映像を通信衛星によってロンドンに送り、それが通信社を経由して全世界に配信。　第4巻—303〜304

11・8　〈国際〉ロンドン条約の第16回締約国会議がロンドンで始まり、「全ての放射性廃棄物海洋投棄の全面禁止案」が討議される。各国代表が日本海への放射性廃棄物投棄問題をめぐって相次いでロシア政府を非難、最終日の12日、「放射性廃棄物海洋投棄の全面禁止」の決議が賛成37、反対0、棄権5の圧倒的

多数で採択。 第4巻―308、第8巻―509

11・21 〈ロシア〉チェルノムイルジン首相が11月15日までに計画していた2回目の核廃棄物投棄の停止を正式に決定。その後、ロシア政府はウラジオストック近郊の港湾に貯蔵量800トン程度の廃棄物貯蔵施設、処理プラント、セメント固化装置の三つを併せ持つ海上浮体施設を建設して放射性廃棄物を処理する意向を表明。1994年5月、着工、1996年に完成。 第4巻―307

11・〜 〈カンボジア〉環境省が設置される。 第8巻―235

12・23 〈マレーシア〉最高裁判所のアブドル・ハミッド・オマール裁判長がARE側の主張を採用、操業停止命令を出したイポー高裁の判決を破棄、ARE側が逆転勝訴。 第8巻―164

12・〜 〈ロシア〉森林委員会が独立の森林局に再編され、森林局―地方森林管理局―レスホーズという組織系統で森林の管理が始まる。 第4巻―33

〜 〈マレーシア〉サラワク州政府が丸太輸出を禁止。 第8巻―30

1994年

1・〜 〈チリ〉環境基本法が制定される。 第6巻―398

1・〜 〈ウクライナ〉クラフチュク大統領がウクライナ保有の核兵器を向こう7年間に全て廃棄するロシア、ウクライナ間の条約にモスクワで調印。ソ連時代に各共和国に配備されていた核兵器については、エリツィン・ロシア大統領がソ連の後継国家であるロシアに一元的に移すべきだと主張してウクライナと折衝、クラフチュク大統領が条約に署名。 第4巻―401

4・6 〈ルワンダ〉ルワンダでハビャリマナ大統領ら10人が乗った小型専用機がロケット弾で撃墜される事件が発生。フツ族内の強硬派民兵らが僅か100日間に80〜100万人を殺害。ツチ族主体の「ルワンダ愛国戦線」がフツ族に対して報復行動を開始、内戦に発展。大虐殺や内戦による死亡、難民としての流出などで800万人の人口が約3分の2に減少。 第9巻―371〜372

4・〜 〈コンゴ民主共和国、ルワンダ〉部族対立でツチ族がフツ族を80万人も殺害したことへの、フツ族の報復を恐れて隣国に難民として流出した200万人を超えるツチ族のうちの125万人がマウンテンゴリラの多く生息しているビルンガ火山群に近いザイール（現コンゴ民主共和国）のゴマ付近に住みつく。難民たちが炊事用の薪採取や農地の開墾、住宅建設などのために森林を伐採したため、生息環境が破壊され、これに密猟が加わり、ビルンガ火山群のマウンテンゴリラ生息数は300頭ほど（世界のマウンテンゴリラは約

790頭）にまで減少。　9巻―433～434

4・29　〈南アフリカ〉全人種参加の総選挙でアフリカ民族会議が62・5パーセントを獲得して第1党、国民党が20・4パーセント、インカタ自由党が10・5パーセントを獲得。　第9巻―453

5・1　〈南アフリカ〉アフリカ民族会議議長のネルソン・マンデラが大統領、副議長のターボ・ムベキと国民党党首のデクラークが副大統領にそれぞれ就任、南アフリカ初の全人種参加の政権が成立。アパルトヘイト体制が終わる。　第9巻―453

6・～　〈国連〉「国連砂漠化対処条約」、採択。条約は1996年12月に発効。　第9巻―302

6・～　〈EU〉欧州議会選挙でEU加盟6カ国の緑の党から22人が当選。　第3巻―361

7・～　〈ドイツ〉「循環経済・廃棄物法」（環境経済の促進及び環境に調和する廃棄物の処理確保に関する法律）を制定。　第1巻―290

8・18　〈マレーシア〉最高裁判所の逆転勝訴判決を受けたAREは「現地での希土類鉱物の生産が既に国際競争力を失った」として操業をやめることを発表。　第8巻―165

9・5　〈国連〉国連主催の「国際人口開発会議」（カイロ会議）でリプロダクティブヘルス・ライツ（性と生殖に関する健康および権利）の推進が今後の人口爆発緩和政策の大きな柱となるべきことが合意される。具体的な目標の焦点は、すべて女性の健康や地位向上、教育の普及などに関することで占められている。　第9巻―504

10・～　〈ドイツ〉ドイツが将来世代の責任という観点に立ち、基本法（憲法）の第20条aに「自然的生活基盤の保護」を国家の責務として明文化する。　第1巻―349

12・～　〈スウェーデン〉政府が議会に新たな化学物質政策の必要性を指摘した報告書「環境　我々の共通の責任」を提出する。　第1巻―122～123

12・～　〈EU〉欧州議会が、EC委員会指令とドイツの政令（1991年制定）および循環経済・廃棄物法（1994年制定）の生産者責任の概念を大幅に取り入れて、包装・容器とその廃棄物に関する理事会指令を発令。　第3巻―396

～　〈中東〉南東アナトリア開発計画（GAP）の中核となるアタチュルク・ダムがシリアとの国境近くに完成、操業開始。下流のシリアでは水の使用量が減り、両国の対立が始まる。　第9巻―113

1995年～1999年

1995年

3・3 〈ベトナム〉『ベトナム通信』が「ベトナム戦争で散布された枯葉剤により、200万人が健康被害を受け、このうち5万人が奇形児だった」と報道。 第5巻—433

5・〜 〈インド〉最高裁がエビ養殖公害についての調査結果を基に、判決が出るまでの期間、新たな養殖場設置の中止と現存養殖場の地下水利用の一時的な禁止を命じる判決。 第8巻—319

6・3 〈ロシア〉第1回ロシア環境保護会議が開かれ、安全保障会議のヤブロコフ環境安全委員長が①チェルノブイリ原発事故で放射能汚染の影響を受けている地域に棲む住民の総数は約400万人、②資源探査などの目的で実施された地下核実験は地域住民の健康や生態系に長期間、影響を及ぼす、③原発事故や核兵器生産工場の爆発事故、核実験、工場の排水による汚染など何らかの形で放射能汚染を受けている地域の合計面積はロシア全土の4分の1——と報告。 第4巻—156〜157

6・13 〈フランス〉ジャック・シラク大統領が核実験の再開を宣言。9月5日、フランスがムルロア環礁で地下核実験。 第2巻—259

9・14 〈太平洋諸国〉パプアニューギニアで開かれた南太平洋諸国会議（16カ国・地域で構成）の首脳会議はフランスがムルロア環礁で行なった地下核実験に強く抗議し、実験中止を求める共同声明を発表。 第8巻—503

10・30 〈中国〉中国最初の廃棄物に関する法律「固形廃棄物による環境汚染防止法」（略称・廃棄物法）が公布され、翌96年4月1日、施行。法規制による廃棄物管理行政がスタート。 第7巻—253

12・〜 〈国連〉モントリオール議定書第7回締約国会議で、開発途上国のフロン消費量を２０１６年に２０１５年レベルのまま凍結し、２０４０年に全廃することを決める。 第1巻—59、第5巻—274

1996年

5・8 〈南アフリカ〉憲法を制定。「十分な水へのアクセスは人権である」という趣旨の宣言を憲法に盛り込み、この宣言を実現する手立てとして１９９７年に「水サービス法」、翌98年に「国家水利法」（ＮＷＡ）を制定。 第9巻—456〜457

9・10 〈国連〉包括的核実験禁止条約（略称・ＣＴＢＴ）が国連総会で採択される。 第5巻—193

10・〜 〈中国〉郷鎮企業の自然資源の合理的な開発と環境保護に関する具体的な規定を盛り込んだ「中華人民共和国郷鎮企業法」が制定される。国務院が9月30

日から翌87年1月末までに石綿、砒素、放射能、水銀、硫酸、鉛、金、メッキ、農薬、なめし、石油精製、捺染、製紙、染料、コークスの15業種、約6万企業を行政命令によって閉鎖・廃業させる。　第5巻―252

10・〜　〈ドイツ〉「循環経済・廃棄物法」が施行される。　第1巻―290、第11巻―182

11・2　〈ザイール〉ザイール政府軍が東部を拠点とするツチ族系住民の武装組織「コンゴ・ザイール解放民主勢力連合」（ADFL）を攻撃。ADFLはルワンダなどの支援を得てザイール政府軍に反撃、内戦が一挙に国際戦争に発展。　第9巻―430〜431

〜　〈EU〉EUが「改正EU廃棄物戦略」でOECD（経済協力開発機構）の導入した「拡大生産者責任」の概念を採用する。その結果、生産者責任と拡大生産者責任の考え方が世界的に普及。　第3巻―398

1997年

2・3　〈スウェーデン〉与党社会民主党が反原発の2大政党である中央党と左翼党との間に原発廃棄の政策協定を結び、バルセベック原発1号炉を1998年7月までに、同2号炉を2001年7月までに閉鎖することを決める。　第1巻―141

4・〜　〈バングラデシュ〉保健省予防社会医学研究所職業環境保健部門とシャムタ村砒素対策委員会が合同でシャムタ村の全井戸282本の水質を調べた結果、バングラデシュが飲料水の砒素の基準と定めている「1リットル当たり〇・〇五ミリグラム」を超える井戸が69・4パーセント（252本）。シャムタ村で砒素中毒患者と確認された人は363人。　第8巻―554

4・〜　〈バングラデシュ〉国際協力事業団（JICA）がバングラデシュの砒素汚染対策をODAの対象にすることを決め、宮崎県土呂久の砒素中毒症被害住民支援の環境NGO「アジア砒素ネットワーク」（ANS）と共同で対策事業を開始。　第8巻―556

5・〜　〈英国〉総選挙で労働党が勝利し、政権交代でブレア首相の率いる労働党政権が成立。翌98年6月4日、マイケル・ミーチャー環境担当閣外相が「英国は温室効果ガスの排出量を2010年までに1990年比で20パーセント削減する」と表明。　第2巻―148、第11巻―184〜185

5・〜　〈コンゴ民主共和国〉ザイール共和国が国名をコンゴ民主共和国に改称。　第9巻―430

6・〜　〈インドネシア〉カリマンタン島で発生した森林火災の火がエルニーニョ現象で異常に乾燥した泥炭につき、降雨がなかったために大規模火災に発展。刺激性のガスや微粒子を含む煙が秋までにマレーシ

ア、シンガポール、タイ、フィリピンの一部に及ぶ。第8巻―54～56

8・～　〈リベリア〉国際社会の監視下で実施された大統領選挙でテーラーが大勝、大統領に就任。暫定国家評議会が発足。第9巻―400

9・18　〈国際〉対人地雷禁止条約の起草会議がオスロで開かれ、これを機に「オスロ・プロセス」と呼ばれる条約交渉が始まる。地雷禁止国際キャンペーン（ICBL）は60カ国以上から1000を超えるNGOの結集する大きな組織に発展。第9巻―441

9・28　〈マレーシア〉森林火災で泥炭が燃え、刺激性ガスや微粒子を含む煙が立ち込め、空港、港の閉鎖、休校、工場の休業が相次ぐ。マレーシア政府がサラワク州に非常事態宣言を発令。第8巻―54

11・6　〈ドイツ〉連邦政府が生ゴミの堆肥化を推進するため「循環経済・廃棄物法」に基づきバイオ廃棄物政令を閣議決定する。第1巻―297

11・～　〈英国〉マーシャル卿が「経済的手法と産業部門におけるエネルギー利用」と題する報告書、いわゆるマーシャル・レポートを取りまとめ、財務相に提出。報告書は気候変動税、気候変動協定、排出権取引制度をパッケージとして、それぞれを巧みに組み合わせ、総合的にエネルギー、産業、運輸、家庭部門の温室効果ガス排出量を減らしていくことを提言。第2巻―148～149

12・3　〈国際〉「対人地雷の使用、貯蔵、生産、及び移譲の禁止並びに廃棄に関する条約」の署名がオタワで開始される。1999年3月21日、条約が発効。第9巻―441

12・11　〈国連〉「気候変動枠組み条約」第3回締約国会議（12月1日～11日）最終日の11日に米国、EU、日本の温室効果ガス排出量削減目標を定めた「京都議定書」が採択される。削減目標値は米国7パーセント、日本6パーセント、EU8パーセント。第5巻―304～305

～　〈ロシア〉森林資源を連邦政府の所有と明記し、地方政府が林政の中心的役割を果たすべきことを盛り込んだ「ロシア連邦森林法典」が制定される。第4巻―42

1998年

2・～　〈スウェーデン〉政府がバルセベック原発1号炉の運転許可を98年6月末で取り消すと発表。1号炉を所有しているシドクラフト社は「決定は無効」と政府を相手に最高裁に訴訟を起こす。第1巻―142

3・～　〈日本〉紙・パルプ業界と商社を中心に100社が海外における森林減少批判に応え、産業植林を支援する

ため、社団法人「海外産業植林センター」を創立。 第8巻―46

3・〜 〈ドイツ〉「土壌保全法」が連邦議会で制定される。 第1巻―264

6・23 〈米国〉環境シンクタンク、世界資源研究所が地球温暖化などにより、地球上のサンゴ礁の58パーセント、中でも東南アジアでは80パーセント以上が危機にあるとする研究結果を発表。 第8巻―113

6・〜 〈国連〉国連欧州経済委員会がデンマークのオーフスで「環境問題に関する情報へのアクセス、意思決定における市民参画、司法へのアクセスに関するオーフス条約」（略称・オーフス条約）を採択。 第1巻―391

6・〜 〈スウェーデン〉15の政策目標と環境・廃棄物政策の原則を盛り込んだ環境法典制定法が制定される。 第1巻―120

7・〜 〈日本〉沖縄県・石垣礁湖のサンゴ礁が3月以降のエルニーニョ現象による海水温上昇で白化現象を起こし、8月にかけて半分以上が死ぬ。 第8巻―112

8・〜 〈中国〉長江、黒竜江、松花江などの主要河川が氾濫、死者４１５０人、経済的損失は２５５０億９０００万元（約３兆８２６３億円）。洪水の原因の一つに森林の大規模伐採が挙げられた。 第7巻―32〜34

9・27 〈ドイツ〉連邦議会選挙の結果、社会民主党がキリスト教民主・社会同盟を53議席上回る298議席を獲得して第1党となる。緑の党は47議席で第3党。 第1巻―311〜312

9・〜 〈スウェーデン〉予防原則に基づき有害化学物質を規制する法律の制定を目指して「化学物質のガイドラインに関する委員会」を設置、新ガイドラインを諮問。99年10月、答申。 第1巻―126

10・27 〈ドイツ〉社会民主党と緑の党の連立政権が成立。両党は政策協定書（20日調印）の中で、19基の原発は期限を明示せず、将来の段階的廃止をうたい、政府が電力会社と1年間、話し合うこと、原子力発電から風力・太陽熱発電などへの転換に努めることなどを盛り込む。 第1巻―315

10・29 〈南アフリカ〉白人政権下で起きたアパルトヘイトによる政治・人権犯罪を調査する「真実和解委員会」（委員長・デズモンド・ツツ大司教）が「アパルトヘイトは人類への罪である」と断罪した最終報告書を発表。 第9巻―454

10・〜 〈スウェーデン〉環境省が予防原則政策の全欧州普及

を狙って毒性化学物質を規制する法案作りに取り組む。　第1巻―127

1999年

1・～〈中国〉江沢民国家主席、朱鎔基首相らの指示により、国務院が「全国生態環境建設計画」を策定、常務会議で採択。計画は約50年をかけて土壌流出や砂漠化防止、生態農業などに力を入れ、環境悪化の形成を逆転させるという内容。　第7巻―80～81

3・1〈国際〉「対人地雷の使用、貯蔵、生産及び移譲の禁止並びに廃棄に関する条約」が発効した。同条約の実現にはNGOの国際的連携が寄与した。　第9巻―440～441

3・～〈ドイツ〉土壌保全法、施行。98年3月、制定。　第1巻―264

3・24〈国際〉北大西洋条約機構（NATO）軍がコソボ紛争でユーゴスラビアのセルビア人勢力への空爆を開始。6月9日まで。空爆により、深刻な環境汚染がもたされた。　第3巻―246～255

4・1〈英国〉「気候変動税」と「気候変動協定」の両制度が同時に実施され、二酸化炭素の企業間取引がロンドンの金融街シティーなどで始まる。「気候変動協定」を締結した事業者団体所属の事業者（企業）が排出削減目標を達成した場合には事業者に課せられる気候変動税の80パーセントが減税される。　第2巻―149、150

4・～〈デンマーク〉政府が1985年に設定した「2000年までに電力生産の10パーセントを風力発電で賄う」との目標が達成される。　第1巻―402

6・23〈フィリピン〉エストラーダ大統領がゴミ焼却を全面禁止する大気浄化法案に署名、法律が即日発効。法律によるゴミ焼却全面禁止はフィリピンが世界で初めて。　第8巻―189

11・30〈スウェーデン〉政府が「2010年までに原発を廃止する」との1980年の国民投票の結果および6月の最高裁判決に基づき、シドクラフト社所有のバルセベック原発1号炉を閉鎖。　第1巻―142

11・～〈中国〉国務院中央経済工作会議が「南水北調計画」を決定、2000年3月の全国人民代表大会で承認。　第7巻―70

11・～〈中国〉ダムの水量調節が統一的に実施され、黄河の断流現象が止まる。　第7巻―55

11・～〈ドイツ〉環境税改革継続法、制定。2000年1月、施行。税収は年金保険料率低減に宛てられた。　第1巻―343

11・～〈英国〉EUが2020年までに埋立て処理する生ゴミの量を削減するよう求める埋立て指令を出し、

英国政府はゴミ焼却炉を150基、建設する計画を立てる。グリーンピース英国支部は焼却せずに「EU埋立て指令」を順守する方法として、生ゴミコンポスト化を中心とするリサイクル計画の強化や効果的な路上ゴミ収集などを提案。英国はゴミのリサイクルと生ゴミのコンポスト化に本格的に取り組む。
第2巻―201、202

12・～ 〈コンゴ民主共和国〉国連の仲介で1998年から続いていた内戦の和平協定が締結された。この内戦の死者は推定300万人。
第9巻―431

2000年～2005年

2000年

1・～ 〈フィリピン〉アロヨ大統領がゴミの分別、リサイクル率引き上げによるゴミの発生量削減を眼目とした「廃棄物環境管理法案」に署名、同法が発効。
第8巻―190

2・～ 〈国際〉ギリシャ、マケドニア、アルバニアが3国にまたがる渡り鳥の重要な中継地プレスパ湖を国際自然公園に指定し、国境を越えて国際協力により効果的な水質の浄化・保全対策を推進することを宣言。2004年、関係3カ国共同のプレスパ湖水質浄化事業が始まる。
第3巻―291

2・～ 〈ニュージーランド〉生物多様性国家戦略が策定される。多くの生物種が生息する森林の破壊を防ぐため、2003～2007年に300万ヘクタール、2009年までに500万ヘクタールの植林を実施する計画を発表。
第8巻―484

3・13 〈ロシア〉ウラジミール・プーチンが大統領就任7日後、大統領令を発令、連邦政府機関の組織を改革。この改革により1991年以降、ロシアの森林行政を所管し、地方政府とともに森林管理に当たってきた森林局と連邦環境保護委員会が廃止され、この2組織が天然資源省に統合される。その結果、森林の保護・管理機能が弱体化した。第4巻―42～44

3・～ 〈ルワンダ〉暫定政府・議会がルワンダ愛国戦線で、ツチ族出身のカガメ副大統領を大統領に選出。カガメは2003年8月の大統領（任期・7年）選に勝利。カガメ政権は国の復興に果たす女性の役割に期待を寄せ、議会議員や行政機関の意思決定に関与する役職者の30パーセントを女性とすることを義務付ける条項を新しい憲法に盛り込む。2008年9月の下院選挙で女性議員が全議席数の56パーセントを占める。
第9巻―374～375

3・～ 〈ドイツ〉再生可能エネルギー法、制定。再生可能エネルギーによって生産された電力を一般の電力料金よりも高い固定価格で買い取ることを電力会社に義務付け、再生可能エネルギーによる発電を免税にした。4月、施行。　第1巻―328

5・17 〈ロシア〉環境ＮＧＯ「環境法研究所」は「環境保護委員会と森林局を廃止するプーチン大統領の法令は違憲であり、無効である」と主張、ロシア最大の環境ＮＧＯ「社会・生態系保護連合」と、地方の支部組織などを代表して最高裁判所に訴訟を提起。この裁判で最高裁は「環境法研究所」の訴えを認めなかった。　第4巻―44

5・〜 〈スウェーデン〉政府が残る原発11基全部を２０２０年までに閉鎖する方針を発表。　第1巻―143

6・11 〈ドイツ〉原発の段階的廃止を政策協定で取り決めた社会民主党と緑の党の連立政権は電力業界4社と協議を重ねた結果、基本合意が成立。合意内容は①稼動中の19基の各原発平均耐用年数を32年とし、総発電電力量をこの運転期間中の発電量に制限する、②再処理用の使用済み核燃料の国外搬出は２００５年7月1日以降、禁止する――など。　第1巻―317〜318

7・10 〈フィリピン〉マニラ首都圏北部のパヤタス地区のゴミ処分場、第2スモーキー・マウンテンで、30メートルの高さに積み重ねられていたゴミが大雨で幅約100メートルにわたって崩れ、ふもとに建っていたバラック約50軒と、そこで暮らしていた300人を超える人たちが生き埋めになった。7月30日までに判明した死者は少なくとも227人、行方不明、約100人。　第8巻―194

9・〜 〈中東〉パレスチナ人の民衆蜂起が起こる。イスラエルは意図的にパレスチナ地区の給水施設を破壊、断水を起こさせる報復措置。2年間に100を超える井戸の破壊が報告される。　第9巻―100

9・〜 〈国連〉国連が世界の貧困を２０１５年までに１９９０年比で半減させることを目指した「ミレニアム開発目標」を掲げる。193の全国連加盟国と23の国際機関が２０１５年までにこの目標を達成することで合意。　第9巻―503

10・18 〈ドイツ〉シュレーダー政権が「国家気候保全計画」を策定。　第1巻―332

10・〜 〈英国〉英国通商産業省が「通商産業省持続可能な開発戦略」の草案を公表、温室効果ガス削減のため、電力供給事業者に電力量の10パーセントを再生可能エネルギーによる発電者から買い上げることを提案。　第2巻―159

11・〜 〈中国〉第16回共産党大会で江沢民は2期10年の任期を終えて党総書記を退き、後任の党総書記に胡錦

濤が就任。　第7巻―239

秋　〈エジプト〉大気汚染によって発生した雲がカイロ都市圏の上空を覆い、多くの呼吸器疾患の患者が発生。これを皮切りにカイロではこの種の雲が7年連続で発生。カイロでは自動車交通量が急増、大気汚染が激化。エジプト環境庁はカイロ首都圏地域の公営バス会社に圧縮天然ガスを燃料とするバスを導入させ、発電所では化石燃料から天然ガス燃料への転換を進めた。　第9巻―208

〜　〈バングラデシュ〉政府のプロジェクトチームが全国約6万村にある井戸計約500万本の砒素濃度を簡易測定器で測定、54パーセントに当たる270万本の井戸の砒素汚染を確認。　第8巻―555

2001年

1・〜　〈EU〉EU委員会が第6次環境行動計画（2001〜2010年）を提案、決定。それまでの行動計画には法的拘束力がなく、加盟国の環境法令履行状況が芳しくなかったことを反省、第6次計画は環境法令履行状況の改善や他の各種政策と環境配慮の統合推進など5点を重点にした。　第3巻―350

1・〜　〈コンゴ民主共和国〉カビラ大統領が警備員に暗殺された。これを機に和平機運が高まり、翌2002年12月、国連の仲介で和平協定が締結され、各国の軍隊はほぼ撤退。1998年の内戦勃発から和平協定の締結までの死者は推定300万人。2003年、暫定政権が成立。　第9巻―431

3・〜　〈中国〉朱鎔基首相が全国人民代表大会で「南水北調計画を国家プロジェクトとして実施し、西部地域の大規模開発を進めよう」と提案、可決された。　第7巻―70

4・30　〈ソ連〉国連欧州経済委員会（UN／ECE）がカザフスタンで行なわれた「平和目的の核爆発」についての調査結果を報告書にまとめ、発表。核爆発は天然ガス液化貯蔵庫の建設や地質調査を目的として32回（9カ所。ソ連全体では153回）行なわれ、放射能汚染地域の合計面積はカザフスタンの国土の大部分に当たるとしている。　第4巻―150〜151

5・25　〈国際〉PCB（ポリ塩化ビフェニール）やDDT、ダイオキシンなどを規制する「残留性有機汚染物質に関するストックホルム条約」がストックホルムで調印された。　第1巻―66、67

5・〜　〈EU〉予防原則に基づき化学物質の新たな管理制度「REACH」（化学物質管理システム）作りに取り組んでいたEUが、スウェーデンの毒化学物質法案を基にして検討することを決める。スウェーデンは議会に提出した法案を取り下げた。

第3巻―393～394

7・～〈ネパール〉政府は「今後2年半でカトマンズからビクラム・テンプー（オート三輪タクシー。排ガスがひどい）を排除する」と発表、テンプー一掃運動を推進。カトマンズ圏の大気汚染が徐々に改善される。 第8巻―340

9・11〈国際〉ニューヨークの世界貿易センタービルとワシントンの国防総省ビルにハイジャックされた民間機3機が乗客を乗せたまま突っ込む同時多発テロ事件が発生。ブッシュ米国大統領は「米国に対する宣戦布告」として対テロ戦争を宣言。アフガニスタンのタリバン政権を攻撃。 第5巻―139～140

11・～〈英国〉グリーンピース英国支部が廃棄物管理会社の支援を基に、ＥＵの「１９９９年・埋立て指令」を順守し、焼却せずにダイオキシンの排出削減目標を達成する方法として、台所ゴミや庭ゴミのコンポスト化を英国の各地方自治体に提案。政府がこれを受け入れ、対策を実施。 第2巻―201～203

12・29〈中国〉人口・計画出産法、制定。翌02年9月1日、施行。 第7巻―208

12・～〈ロシア〉バイカル湖を世界自然遺産に登録したユネスコの専門家グループは、その後もバイカル湖の水質がセルロース・製紙工場の排水などで汚染され続けていることを重視、バイカル湖を「危機にさらされている世界遺産リスト（危機遺産）」に加えるよう勧告する報告書を作成。 第4巻―60

12・～〈国連〉陸地にあったガラパゴスの世界遺産登録地域に新たにガラパゴス海洋保護区全域を加えて登録地を拡大。２００７年6月26日、ユネスコの世界遺産委員会がガラパゴス諸島を緊急に保全策の必要な「危機遺産リスト」に登録。 第6巻―350

～〈ケニア〉モイ政権が西部の集水域として重要なリフトバレー州マウ地区の複合林の法的保護を解除し、約700平方キロメートルの森林を伐採する方針を発表。伐採された森林の一部がモイ大統領や閣僚に譲渡されていたことが後に暴露される。 第9巻―351～352

２００２年

1・～〈シエラレオネ〉10年以上、続いた内戦が終結、国連が革命統一戦線と政府軍民兵ら約4万７０００人を武装解除。内戦による死者は推定7万５０００人。 第9巻―418～419

3・～〈ドイツ〉コージェネレーション法、制定。 第1巻―334

4・～〈アンゴラ〉「アンゴラ全面独立民族同盟」と「アンゴラ解放人民運動」が国連の仲介で和平協定に正式

調印。27年に及んだアンゴラ内戦が終結。アンゴラ内戦による死者は約100万人。戦闘や虐殺から逃れ、国内外に避難生活を余儀なくされた人は内戦終結の時点で約400万人。アンゴラは2010年の新憲法施行により、国内政治は安定。　第9巻—437

8・〜〈国際〉南アフリカのヨハネスブルクで開かれた「持続可能な開発に関する世界首脳会議」で、途上国の貧困問題が「行動計画」と「ヨハネスブルク宣言」に織り込まれる。　第9巻—508

8・〜〈中東〉イスラエルがヨルダン川西岸地区とエルサレムの一部に分離壁の建設を始める。国際司法裁判所は2004年7月、「国際法上、違法である」との判断を示す。　第9巻—60

8・〜〈中国〉「地球環境破壊の要因は先進国にある」とする先進国責任論を唱えていた中国が「国情に合わせて地球温暖化問題に対応していく」と国際社会に約束した。　第7巻—346

9・1〈国際〉ヨルダンとイスラエル両国政府は死海の危機を救うため、紅海から死海まで約180キロにわたりパイプラインを敷設して死海に導水する「死海共同保護事業」を計画、南アフリカ・ヨハネスブルクで開かれた「環境開発サミット」で両国の担当閣僚が共同で発表。しかしパイプラインの建設には巨額の事業費を要するうえ、ユダヤ人入植地の団体がイスラエルの支援体制に加わっていることにパレスチナ自治政府が反発、この事業への連携を拒んだ。　第9巻—105〜106

10・28〈国連〉国連環境計画（UNEP）と米国の環境保護団体「国際サンゴ礁行動ネットワーク」のジェミー・オリバー博士らがグレートバリアリーフ、日本の南西海域、インドネシア、カリブ海など世界約20カ国、430カ所以上でサンゴ礁の白化現象を確認。　第8巻—114

12・〜〈ケニア〉野党勢力「国民虹の連合」（MARC）のムワイ・キバキ元副大統領が大統領に選ばれ、同日の議会選挙でマータイが国会議員に当選、ケニア初の女性環境副大臣に就任した。政府は、この後、「グリーンベルト運動」の植林活動を積極的に支援。　第9巻—355

12・〜〈ドイツ〉北海沖の「洋上風力発電ファーム」の建設が許可される。政府は2025〜30年までの長期計画で約2万〜2万5000メガワットの洋上風力洋上風力発電を計画する。　第1巻—338

2003年

1・〜〈デンマーク〉デンマークの風力発電が全電力消費量の18パーセントを賄うまでに成長。国民1人当た

りの風力による発電能力はデンマークが世界最大。 第1巻―402

1・〜 〈米国〉米国環境保護庁とメキシコ環境自然資源省は両国の国境地域新住民の健康保護と環境保全を目的とする「国境２０１２年計画」を策定。 第5巻―263

2・〜 〈国際〉スーダン西部のダルフール地方で、スーダンの黒人系住民が2つの反政府組織、すなわち人民解放軍（ＳＬＡ）と「正義と平等運動」（ＪＥＭ）を結成して武装蜂起。これに対しスーダン政府側のアラブ系民兵組織「ジャンジャウィード」が黒人を大量虐殺。ダルフール紛争の原因は地球温暖化による干ばつの深刻化にあるとする見方が有力。 第9巻―226

3・20 〈国際〉米国と英国が国連安全保障理事会決議を得られないままイラク戦争の開戦に踏み切り、サダム・フセイン大統領を狙った空爆を開始する。主要目的はフセイン体制の打倒、大量破壊兵器の捜索・発見。テロリストの拘束の三つ。 第9巻―93

4・9 〈国際〉イラク戦争開戦から20日後に首都、バグダッドが陥落、5月1日、ブッシュ大統領がイラク戦争の終結を宣言。米国国務省の行政官ポール・ブレマーの率いる「連合国暫定当局」（ＣＰＡ）が占領統治を始める。 第9巻―93〜94

5・〜 〈アフリカ〉宇宙航空研究開発機構の衛生画像の分析によると、アフリカ第4の湖だったチャド湖の面積が１６００平方キロメートルに激減。１９５０年代末、琵琶湖の面積の45倍だったチャド湖が２００３年に2・4倍に縮小。主な原因は地球温暖化に伴う降雨量の減少や湖水の灌漑利用。 第9巻―308〜310

6・20 〈ドイツ〉「改正再生エネルギー法」が制定される。連邦環境省は電力需要に占める再生可能エネルギーの割合を２０００年の6・25パーセントから２０１０年に21・5パーセントに拡大することを目指す。 第1巻―338

9・29 〈中国〉東京地裁はチチハル事故の訴訟判決で「日本政府には毒ガスの遺棄場所や処理方法の情報を中国に積極的に提供して事故の防止を図る義務があった」として、１９７２年9月の日中共同声明以降、毒ガス兵器の回収・廃棄を放置してきた日本政府の責任を認めた。 第7巻―136〜137

11・13 〈英国〉英国が世界で初めての「廃棄物及び温室効果ガス排出取引法」を制定、女王の裁可を得た。 第2巻―152

〜 〈北朝鮮〉国連環境計画（ＵＮＥＰ）、「国連開発計

画」（UNDP）、北朝鮮の共同作業で北朝鮮の環境の状態や環境政策の動向に関する報告書「北朝鮮の環境の現状」が刊行され、インターネットでも公表される。報告書は①森林火災の頻発や外貨獲得のための木材輸出、財政難のための植林事業への投資の困難、薪消費量の増大、農地の拡大により森林が減少した、②北朝鮮の森林は、もともと急斜面が多いために洪水・土壌浸食が起こりやすい。そのうえ斜面の森林が減ったために干ばつも起こりやすくなった――と分析。 第8巻―393～400

2004年

2・～ 〈国連〉日本の公明党がアナン国連事務総長にメソポタミア湿原の復元・再生への支援要請を行なうとともに、日本が湿原再生を主導するよう求める551万人を超える署名を政府に提出。 第9巻―95

2・～ 〈国際〉国際海事機関（IMO）の「船舶のバラスト管理に関する国際会議」で「船舶のバラスト水及び沈殿物の規制と管理のための条約」が締結される。 第9巻―117

4・～ 〈中国〉日中両国政府は遺棄化学兵器の処理施設を吉林省ハルバ嶺に建設し、焼却処理することで合意。 第7巻―138

5・8 〈中国〉中国が「使用済みペットボトル（廃プラスチック）中に中国側の品質基準に違反する生活ゴミが混入していた」として、日本からの輸入禁止を決める。 第7巻―261

10・9 〈アフガニスタン〉最初の大統領選挙でカルザイが移行政権の大統領（任期5年）に当選。アフガニスタン・イスラム共和国が発足。 第9巻―143

11・～ 〈国際〉国連安全保障理事会がスーダン政府と南部のスーダン人民解放軍に対し年内の和平合意を求める決議を採択。 第9巻―227

12・～ 〈ケニア〉ワンガリー・マータイ博士が世界初の環境保護運動によるノーベル平和賞を受賞。ノーベル賞委員会は「環境、持続可能な発展、民主主義、平和に対する貢献」を挙げた。 第9巻―355

12・～ 〈イラク〉日本は英国、ドイツ両国とともに国連環境計画（UNEP）の「イラク湿原環境管理支援プロジェクト」に湿地復元の援助資金を提供、メソポタミア湿原復元事業に着手。 第9巻―96

2005年

1・9 〈国際〉スーダン政府とスーダン人民解放軍が包括和平協定に調印、22年間、続いたスーダン内戦が終わる。2008年12月現在の死者は30万人、難民は推定約270万人。史上最悪部類の人道危機となる。 第9巻―226～227

3・30 〈国連〉国連が95カ国の科学者、約1300人の協力を得て4年がかりで「地球生態系評価報告書」をまとめ、公表。報告書は①過去20年間に世界のマングローブ林の35パーセント、サンゴ礁の20パーセントが破壊された、②今世紀中に鳥類の12パーセント、哺乳類の25パーセントが絶滅する恐れがある、③生態系の大幅な劣化を食い止めるためには大気中の二酸化炭素濃度を450ppmに抑えるよう努めるべきである――としている。 第8巻―77～78

3・～ 〈アジア〉世界銀行が砒素汚染に関する調査報告書を発行、その中で南アジアと東アジアの地下水の砒素汚染地域に住んでいる人は約6000万人、このうち砒素中毒に罹患している人は約70万人と推定。 第8巻―558

春 〈国際〉世界自然保護基金（WWF）が地球温暖化の進行に関する報告書を発表、その中でヒマラヤと中国のチベット自治区の氷河は過去40年以上の間に6600立方キロメートル以上、減少、今なお年間10～15メートルの速さで加速度的に後退していると記述。 第7巻―352

6・～ 〈アフリカ〉主要国（G8）財務相会議で、アフリカなどの貧困国18カ国が世界銀行や国際通貨基金（IMF）などに負っている債務の完全免除が決まる。 第9巻―508

8・～ 〈米国〉巨大なハリケーン（太平洋の台風に当たる熱帯性低気圧）「カトリーナ」が8月末から9月初めにかけてルイジアナ、ミシシッピーなどの諸州や南西部のメキシコ沿岸地域を直撃。高潮や強風などで死者1800人、被害総額は推計800億ドル（約8兆2500億円）を超えた。ニューオーリンズでは堤防の決壊で街の8割が水没、約48万人の人口の約半数が各地に避難。 第5巻―282～283

9・18 〈ドイツ〉連邦議会選挙が行なわれ、総議席数614のうちキリスト教民主同盟とキリスト教社会同盟を合わせると226議席、社会民主党がそれより4票少ない222議席で、第2党となる。自由民主党61議席、左派新党54議席、緑の党51議席。 第1巻―350

10・10 〈ドイツ〉連立政権樹立に向けたシュレーダー社会民主党党首とメルケル・キリスト教民主同盟党首の党首会談は難航の末、議席数の近い2大政党が大連立を組み、メルケル党首が首相。社会民主党は外相、財務省、法相、労働・社会相、環境相などの有力閣僚ポスト確保で合意。 第1巻―351

11・18 〈カザフスタン〉大アラル海と小アラル海を隔てるダムが完成、小アラル海から大アラル海への水の流出が止まった。大アラルは2010年代末までには枯渇して砂漠化する見通し。半面、小アラルの水量が増え、生息する魚が増加、漁業が復活しつつある。
第4巻―391

12・9 〈タイ〉タイ発電公社と軍事政権がタンルウィン川に5基の大型ダム建設で合意し、覚書に調印。5基は北からタサンダム、ウェイジーダム、ダグウィンダム、ハッジーダムの4基と、テナセリウム川（タニンタリ川）の1基。2007年、タイ、ミャンマー両国が着工。
第8巻―547

〜 〈中国〉井戸水の有毒物質汚染などが原因で発生している「ガン村」が中国全土に100カ所を超えた。ガン村の代表的な地である淮河最大の支流、沙潁河流域の沈丘県周営郷黄孟営村では有毒な汚染水が井戸水に流入、ここから高濃度の硝酸性窒素（消化器系のガンを発症させると言われる）やマンガン（中枢神経系に悪影響を及ぼすとされている）などが検出されている。
第7巻―340〜341

2006〜2015年

2006年

1・1 〈中国〉電力会社に再生可能エネルギーで生産された電力を地域ごとに決められた固定価格で購入することを義務付けたアジア最初の「再生可能エネルギー法」が中国で施行される。この制度は風力発電と太陽光発電に導入。
第7巻―348

1・〜 〈中東〉イランは「核燃料製造のための研究に着手する」と発表。国連安全保障理事会は、イランの核燃料製造は核開発を目的としていると見て、イラン制裁決議を採択。
第9巻―77

1・〜 〈中国〉ハルバ嶺に大型の遺棄化学兵器焼却処理施設が4000億円を投じて着工。07年、稼働。
第7巻―138

2・17 〈フィリピン〉レイテ島のセントバーナードで豪雨による大規模な地滑りが起き、20日までに死者74人、行方不明者約1000人。
第8巻―86

4・27 〈米国〉米国とメキシコは両国国境周辺地域の環境改善計画「国境2012年計画」の進捗状況を報告。それによると、メキシコにおける最初の大気質改善計画の実施、2000トンの有害廃棄物の除去、150万人を対象とする上下水道の改善などが実施された。
第5巻―262〜264

5・〜 〈中国〉三峡ダム堰堤（1994年に着工）の本体が完成。
第7巻―74

7・〜 〈レバノン〉第2次レバノン戦争が始まる。イスラエルが第2次レバノン戦争期間中の7月〜8月に大

量のクラスター爆弾をレバノンに投下。　第9巻―170

7・〜　〈国際〉フセイン元イラク大統領がイラク特別法廷で死刑判決。12月30日、処刑。　第9巻―94

8・19　〈コートジボワール〉経済の中心都市、アビジャンの水源周辺地域などに猛毒産業廃棄物の廃液が投棄され、15人が死亡、10万人が呼吸器疾患や吐き気や頭痛を訴えて病院に駆け込む深刻な有害廃棄物越境移動事件が発生。投棄したオランダの石油・金属商社トラフィギュラ社は、責任を認めないまま、２００７年2月13日、汚染土壌の除去など環境回復の費用として約2億ドル（約232億円）をコートジボワール政府に支払うことで同政府と合意。　第9巻―424〜426

8・〜　〈ブラジル〉アマゾン地域が12月まで記録的な大渇水に見舞われ、幅数キロ、世界一豊富な水量を持つ大河アマゾン川の水位が5〜10メートル低下して干上がる。　第8巻―293〜295

9・8　〈カザフスタン〉ナザルバエフ大統領の呼び掛けで中央アジア非核兵器地帯設置条約締結会議が開かれ、カザフスタン、ウズベキスタン、トルクメニスタン、キルギスタン、タジキスタンの5カ国外相級代表が条約に署名。同年の国連総会でこれが採択された。　第4巻―435〜436

9・18　〈ロシア〉天然資源省がサハリン島（サハリン州）北部海岸で日本を含む外国企業の出資する三つの石油・天然ガス開発プロジェクトのうち、「サハリン2」に対して与えていた石油・天然ガス掘削事業の環境アセスメント結果の承認を取り消すことを決定。事業主体側が「今後は環境法規を順守する」と述べる。　第4巻―45〜46

9・〜　〈中国〉中国は再生可能エネルギー中・長期計画を発表、11月には再生可能エネルギー法を施行。同法はエネルギー消費全体に占める再生可能エネルギーの比率を２０１０年に10パーセント、２０２０年に16パーセント（大規模水力発電を含めると、20パーセント）に、それぞれ引き上げる目標を掲げている。　第7巻―348

11・4　〈ロシア〉国連環境計画（ＵＮＥＰ）の主導で、「カスピ海海洋環境保護のための枠組み条約」の採択会議が開かれ、同条約がロシア、アゼルバイジャン、イラン、カザフスタン、トルクメニスタンの5カ国によって締結される。２００８年の締約会議で、4つの議定書（生物多様性の保全、環境アセスメント、油濁事故、陸上の産業活動に起因する水質汚染）が採択される。　第4巻―70

〜　〈オーストラリア〉干ばつが発生、小麦生産量は前年度より63パーセントも少なかった。日本の海洋研究開発機構の研究チームが2002年と2006年の干ばつの原因を研究した結果、「インド洋の西側で海水温が大きく上昇すると、熱帯低気圧が発生してインド洋上で大雨が降り、降雨後の乾いた空気が気流に乗って東南方向に運ばれ、オーストラリア辺りで下降するために大干ばつが引き起こされる」というメカニズムを発見。「干ばつは地球温暖化の影響」と結論。　第8巻―454～457

2007年

1・1〈EU〉ルーマニアとブルガリアがEUに加盟。EUは27カ国、総人口約5億人に。　第3巻―358

2・2〈国際〉気候変動に関する政府間パネル（IPCC）が「地球温暖化第4次レポート」を発表、①過去20年間に人間の活動によって大気中に排出された二酸化炭素の総量の約80パーセントは石油や石炭などの化石燃料の燃焼、残りの約20パーセントは森林の減少による、②21世紀末には気温が今より最高6・4℃、海面が最大59センチメートルそれぞれ上昇すると報告。　第8巻―75、96、102

2・22〈国際〉ノルウェーが呼びかけたクラスター爆弾禁止に関する国際会議が46カ国の参加を得て首都オスロで開催。23日、「2008年中にクラスター爆弾の使用・製造・移動・備蓄の禁止条約の実現を目指す」という「オスロ宣言」を採択。ノルウェーなどの有志国とNGOが条約交渉（オスロ・プロセス）を開始。　第9巻―171

4・29〈バングラデシュ〉大型サイクロン（940ミリバール、最大瞬間風速80メートル）が襲来、国土の30パーセントが浸水、家屋52万戸を破壊し、死者は約14万人。洪水で被害を受けた人は約8000万人。　第8巻―101

6・1〈EU〉予防原則に基づくEUの新たな化学物質管理システム「REACH」、施行。　第3巻―387

6・16〈国連〉国連の潘基文事務総長が米国の新聞『ワシントン・ポスト』に寄稿した記事の中で、ダルフール紛争（死者推定約30万人、国内避難民が約270万人、周辺7カ国へ逃れた難民が約55万人、国内避難民が約270万人）と地球温暖化との関係について「サハラ以南では世界的な気候変動により、降水量が異常に減少し、干ばつが深刻化した。この生態学的危機がダルフール紛争における殺りくの大きな原因になった」と述べる。　第9巻―228～229

6・26〈国連〉ユネスコ（国連教育科学文化機関）の世界遺産委員会がガラパゴス諸島を緊急に保全策の必要な「危機遺産リスト」に登録。ガラパゴス諸島は

1978年に世界遺産第1号として登録され、2001年12月、それまで陸地にあった登録地域に新たにガラパゴス海洋保護区全域を加えて登録地を拡大。　第6巻―350

6・～　〈中国〉中国政府は京都議定書とは別に独自に「気候変動対策国家プラン」を公布。プランには①燃焼効率の非常に悪い小規模火力発電所を効率のより大きな発電所に集約する、②二酸化炭素を吸収する森林面積を増やす、③先進国との技術面や資金面の協力関係の強化、④再生可能エネルギーの活用を国の重点目標とする――ことなどを目標に掲げた。中国の温室効果ガス排出量は2007年に57億トンに達し、米国を抜いて世界最大の二酸化炭素排出国となる。　第7巻―349～350

7・～　〈中国〉経済協力開発機構（OECD）が中国の環境政策と、大気、水質汚染の実態などを詳細に調査・分析した報告書『中国の環境パーフォーマンス・レビュー』を発表。この中で①中国の一部の都市の大気汚染は世界最悪の部類に入る、②多くの河川、湖沼、沿岸水域の水質汚染の現状は人の健康にとって大きな脅威となるだけでなく、経済成長にとって制約になりかねない、③都市ゴミ、産業廃棄物、危険廃棄物は安全に処理できる量をはるかに超えている。また不法投棄によって人の健康と環境が危険にさらされている――などと批判、中国政府に環境政策と環境の改善を勧告。　第7巻―356～358

7・～　〈アフリカ〉アフリカ統一機構がアフリカ政治の中心的役割を担うことを目指して発展的に解消され、新たにアフリカ連合が成立。　第9巻―278

8・～　〈ギリシャ〉6月末に発生した山火事が南部と中部に拡大、広域の森林が消失。　第3巻―302

9・6　〈中東〉イスラエルがシリア東部ユーフラテス川沿いの砂漠にあるシリアの原子力施設「オシラク原子炉」を空爆。　第9巻―75

10・～　〈国連〉国連環境計画（UNEP）が報告書『第4次地球環境概況』（GEO4）を発表、この中で2025年までに世界全体で水不足になる人の数を18億人、水不足が日常生活に支障をきたすほど深刻になる人の数を世界人口（国連は2025年の世界人口を約82億人と予測）の3分の2に当たる55億人と推定。　第7巻―92～93

11・～　〈オーストラリア〉度重なる大干ばつで京都議定書の批准を拒否しているハワード保守連合政権への国民の批判が高まり、総選挙では野党の労働党が勝利。党首のケビン・ラッドが12月3日、首相に就任。ラッド政権は京都議定書を批准、温室効果ガス

の20パーセント削減を目指して再生可能エネルギーによる電力生産を10倍に拡大するなどの積極政策を実施。 第8巻—457

12・〜 〈中東〉イラク南部メソポタミア湿原の復元・再生事業により、湿原の半分強が破壊前の1970年レベルに回復、植生も急速に増加。約2万2000人が安全な飲料水の提供が受けられるようになった。 第9巻—96

〜 〈中国〉中国の都市ゴミ排出量が米国を抜いて世界最大になる。都市固体廃棄物の排出量は2004〜2030年に2・5倍増加し、2030年には4億8000万トンになる見込み。北京市は第11次5カ年計画（2006〜2010年）の期間中に都市ゴミの処理方法の比率を焼却4、堆肥化3、埋め立て3の割合にする方針。 第7巻—260

2008年

1・〜 〈インドネシア〉スハルト元大統領が死去。スハルトは大統領在任32年間。その死は開発独裁時代の終焉を印象付ける。 第8巻—125〜128

1・〜 〈中国〉中国国家海洋局は「過去30年間に沿海部の気温は0・9℃上昇し、海面は天津で19・6センチ、上海で11・5センチメートル上昇した」と発表。 第7巻—353

3・11 〈中国〉温家宝首相が①国家環境保護総局の環境保護部（日本の環境省に相当）への昇格、②エネルギー行政を新設の国家エネルギー局に集約し、国家エネルギー委員会の新設を柱とする国務院機構改革案を開会中の全国人民代表者大会に提出。 第7巻—255

4・〜 〈ケニア〉発足した連立政権のオディンガ首相はマウ地区の森林保護を宣言、翌09年、政府は森林保護プロジェクトに着手。 第9巻—352

5・30 〈国際〉オスロプロセス・ダブリン（アイルランド）会議で、事実上の即時全面禁止となるクラスター爆弾禁止条約案が参加110カ国（うち保有国は50カ国前後）の全会一致で採択。12月3日、署名。日本政府は福田首相の指示でクラスター爆弾即時全面禁止条約案に同意する方針を決め、代表が署名。 第9巻—172

7・31 〈中東〉国連安全保障理事会は英仏独3カ国が提出したイランに核開発中止を求める決議を賛成14、反対1（カタール）で採択。 第9巻—77

9・〜 〈ルワンダ〉下院選挙では与党、ルワンダ愛国戦線が定数80議席のうち42議席を獲得。この選挙で女性議員が全議席数の56パーセントを占めた。女性が議席の過半数を獲得したのはルワンダが世界で初め

て。　第9巻―374

10・1　〈国際〉世界銀行が世界の推定貧困人口を10～14億人と報告。1981年の5億人と比べて2～2・8倍の増加。

11・15　〈イラン〉アフマディネジャド大統領が「イランは完全な核燃料サイクル技術を獲得した」と発表。2012年2月15日、イラン国営放送は「イランはウラン濃縮に使われる新型の遠心分離器の開発に成功し、自国産の核燃料棒を開発した」と報じた。　第9巻―77、79

12・～　〈オーストラリア〉環境保護団体「ウイルダネス・ソサエティ」などがタスマニア島で行なわれている森林伐採の実態を調査し、同島で伐採された木材から生産され、輸出されたチップの購入に日本の製紙会社が大きく関わっていることなどを報告書にまとめる。　第8巻―467～468

2009年

9・～　〈国連〉国際原子力機関（IAEA）総会でイスラエルの核拡散防止条約加盟を求める決議が採択された。　第9巻―78

11・～　〈国際〉ドイツ政府などの主導でつくられた国際研究グループが世界のサンゴ礁が人類にもたらす経済的恩恵を年間最大で1720億ドル（約15兆5500億円）と試算、「サンゴ礁を死滅から守るためには現在、387ppm（産業革命前に280ppm）にまで高まっている大気中の二酸化炭素（CO_2）濃度を350ppm以下に抑える必要がある」と警告。　第8巻―116～117

12・1　〈国連〉国連食糧農業機関（FAO）が2009年の世界の推計飢餓人口を10億2000万人（前年より1億人の増加）と発表。

12・～　〈アフリカ〉アフリカの難民は約230万人（1950年代末には2万5000人）、国内の避難民は約650万人であると、国際連合難民高等弁務官事務所が推計。　第9巻―512～513

～　〈中国〉政府が再生可能エネルギーを2008～2020年に13倍に増やす計画を決める。中国の太陽電池発電設備容量は2008年に日本を追い越した。　第7巻―348

2010年

5・31　〈オーストラリア〉政府が「日本が行なっている調査捕鯨の実態は純粋な科学調査を想定した国際捕鯨取締条約第8条を拡大解釈した事実上の商業捕鯨であり、違法である」として、国際司法裁判所（ICJ）に提訴。　第8巻―470～471

6・7　〈インド〉ユニオン・カーバイト社工場事故で過失

致死罪に問われた同社幹部の刑事裁判で、地元の地方裁判所はインド人7人に禁固2年の判決を言い渡す。 第8巻―310

6・17 〈国連〉世界182カ国の政府、国際機関、NGO、民間企業などの参加している地球環境基金（GEF）が「緑の壁プロジェクト」に関する初の首脳会議を開き、サハラ砂漠南縁に大規模な森林ベルトを建設するプロジェクトに計1億1900万ドル（約108億円）を支援すると発表。 第9巻―304

7・1 〈ニュージーランド〉温室効果ガス排出量削減のための排出量取引がスタート。酪農など農業への排出量取引は2015年に導入予定。 第8巻―486

8・1 〈国際〉クラスター爆弾禁止条約批准国数が所定の数に達したため、条約が発効。提案から条約発効までの交渉、3年半。世界のクラスター爆弾は85カ国が所持し、子爆弾の総数は推定10億発を超えている。 第9巻―172

9・28 〈ドイツ〉政府が2050年までの気候保護政策の長期的な目標の実現に向けたロードマップ「新エネルギー戦略」を閣議決定した。これは2050年までに①エネルギー生産量の80パーセントを再生可能エネルギーで賄う、②二酸化炭素の排出量を1990年比で80パーセント削減する――などの目標実現に向けたロードマップとしての総合的戦略である。 第10巻―661

9・〜 〈国際〉国際原子力機関（IAEA）年次総会でイスラエルに核拡散防止条約（NPT）への加盟を求める決議が採択された。 第9巻―78

10・〜 〈ソマリア〉雨季にもほとんど雨が降らず、干ばつ被害が深刻化。 第9巻―234

11・29 〈国連〉国連気候変動カンクン会議（国連気候変動枠組み条約第16回締約国会議と京都議定書第6回締約国会合を含む）が始まる。最終日の12月10日、①先進国と途上国の双方が温室効果ガスの削減に取り組む、②削減の効果を国際的に検証する仕組みの導入――の2点が合意された。

〜 〈マリ〉『世界子供白書』特別版2010年によると、マリでは5歳未満児の出生1000人当たり死亡率は194、乳児（1歳未満）の死亡率は103（いずれも2008年）と高い。 第9巻―410

2011年

1・25 〈国際〉「アラブの春」の波がエジプトに押し寄せ、タハリール広場が4万人の大群衆で埋まる。ムバラク政権は機動隊を動員、催涙ガスなどでデモ隊を排除。28日、20万を超える大群衆がタハリール広場を占拠、警官隊が広場から撤退した隙にムバラク政権

与党、国民民主党本部を襲撃、建物が炎上。2月11日、ムバラク政権が崩壊。　第9巻―199～202

3・11〈日本〉東京電力福島第一原発に巨大津波が襲来、1号機から4号機までの各原子炉が全交流電源を喪失。12日から15日までに1号機、3号機、4号機の三つの原子炉建屋でそれぞれ水素爆破、炉心溶融が起こり、運転停止中の2号機の格納容器下部の圧力プール付近でも爆発が生じた。四基の爆発によって大量の放射性物質が環境中に放出されて広大な地域に降り注ぎ、チェルノブイリ原発事故と並ぶ世界の原発史上、最悪のシビア・アクシデント（過酷事故）に発展した。　第10巻―587～592

7・20〈ソマリア〉国連はソマリア南部2地域の状況を「飢饉」と宣言、8月には首都、モガディシオを含む三地域を飢饉発生地域に追加指定。翌12年にかけてソマリアの他、エチオピア、ケニア、ジブチなどの東アフリカ一帯で、過去60年間で最悪と言われるほど深刻な食糧危機が発生。食料支援を必要とする人は少なくとも1200万人（うちソマリアでは約400万人）。　第9巻―234～235

10・26〈国連〉国連人口基金（UNNFPA）が2011年版『世界人口白書』を発表、その中で①世界の人口が10月31日に70億人に達する、②世界推計人口のうちアフリカの人口が15パーセント、約10億人、③アフリカの人口は過去60年間に4・8倍増え、2025年に14億人、2050年20億人、2100年に36億人に達する――と予測。　第9巻―488～489

11・8〈イラン〉国際原子力機関（IAEA）の天野之弥事務局長はイランの核開発疑惑の具体的な裏付けを包括的に示した初めての報告書を35理事国に配布。報告書は「イランの核開発には軍事利用の意図がある」と示唆。イランのアハマディネジャド大統領は2012年2月15日、国営テレビを通じてイランの濃縮ウラン増産態勢や核燃料の国産化計画を発表。　第9巻―132

11・28〈国連〉国連気候変動ダーバン会議が始まる。12月11日、京都議定書を延長2013年～2020年の8年間を第2約束期間とすることなどが決まる。

〈インドネシア〉アブラヤシの栽培農園の面積が700万ヘクタール、パーム油輸出量が2000万トンを超え、マレーシアと肩を並べるまでに増える。　第8巻―30～51

2012年

3・25〈国連〉国連環境計画（UNEP）と国際刑事警察機構がゴリラの生息状況に関する調査報告をまとめ、イアン・レドモンド博士がドーハで開かれたワシントン条約締約国会議で発表。この中で「コンゴ川流域では2020〜2025年にはゴリラが生息できる森林が現在の僅か10パーセントに激減すると推定される」と警告。　第9巻—337

10・〜　〈米国〉ハリケーン「サンディ」が米国・東海岸を襲い、死者183人、被害額約8兆円。ハリケーン「カトリーナ」（2005年8月）の被害経験に学び、事前に住民を避難させた。　第11巻—90

11・26　〈国連〉国連気候変動ドーハ会議が始まる。最終日の12月8日、①京都議定書の第2約束期間（2013年〜2020年）に先進国全体の温室効果ガス排出量を1990年比で18パーセント削減することを目標とする、②新議定書交渉を2015年末までに終了する——ことで合意した。

12・〜　〈カナダ〉カナダ総人口の39パーセントを占めるオンタリオ州で、州内19カ所にあった石炭火力発電所のうち16カ所がこれまでに閉鎖され、同州は石炭火力発電所ゼロの州となる。

12・〜　〈イスラエル〉イスラエルが長年、多額の投資を行なってきた脱塩プラントでの海水の淡水化や下水の農業用水への再利用により、飲料水の85パーセント、農業用水の75パーセントを賄うことができる見通し。2015年までに海水から135万立方メートルの真水を生産する計画。　第9巻—102

2013年

9・4　〈米国・北欧〉米国と北欧5カ国が石炭火力発電所の国外新設への融資を行なわないことで合意し、共同声明を発表した。

10・10　〈国連〉水銀の適正な管理や水銀含有製品の輸出入禁止を盛り込んだ国連環境計画（UNEP）作成の水俣病条約が熊本市で調印。140カ国の首相や閣僚など約1000人が出席。　第10巻—248〜249

11・〜　〈フィリピン〉台風13号がフィリピン・レイテ島を襲い、死者4460人、家屋倒壊24万2600戸の大被害。稀に見る猛烈な暴風と高さ6メートルの高潮のために大被害となった。　第11巻—91

2014年

3・10　〈ロシア〉クリミア半島のロシア編入を決める住民投票を実施。18日、ロシアは編入賛成票が全体投票数の9割以上を占めたとして編入を宣言した。その後、ロシアはウクライナ東部地域の親ロシア派の反乱を支援するなどしたため、ロシアと欧米の間に新たな対立が生まれ、国際政治が不安定化した。　第11巻—168

8・29　〈ロシア〉プーチン大統領が「ロシアは核大国。関わりにならない方がよい」と欧米側を威嚇するかのような発言。一連のプーチン発言により、核廃絶に向けた具体的な軍縮の動きは止まる。

2015年

3・15〈ロシア〉プーチン大統領がクリミア編入によって起こり得るあらゆる事態に対応するため、核兵器の使用を準備させていたと発言した。

4・27〈国際〉「核兵器拡散防止条約」(NPT)の再検討会議が始まる。最終日の5月22日、「中東非核化地帯構想」に関する国際会議開催案をめぐり、会議が決裂。

6・16〈ロシア〉ロシアは年内に大陸間弾道ミサイル(ICBM)を新たに40基以上、配備する計画を明らかにした。これに対し北大西洋機構(NATO)はロシアの脅威を念頭に置いた「即応行動計画」に着手、ロシアと米国・NATO間には冷戦時代に逆戻りさせるかのような事態が続いた。

7・14〈国際〉イラン核問題の包括的解決を目差して13年間、協議を続けてきた米・英・独・仏・中・ロの6カ国とイランは「包括的共同行動計画」で最終合意した。イランは今後10年以上にわたり核開発を大幅に制限し、厳しい監視の下で核武装への道を閉ざすという歴史的な合意である。イランが核兵器を秘密に開発しているとの疑惑は2002年に発覚、イラン側は「核開発の目的が発電など平和利用」と主張し、協議が続けられてきた。合意により、イランに対する経済制裁が解かれる。

8・3〈米国〉オバマ大統領が国内の火力発電所からの二酸化炭素(CO_2)排出量を2030年に2005年比で32パーセント削減することを盛り込んだ地球温暖化対策の最終案を発表した。各州政府はこれに基づき16年9月までに削減計画を策定する。

ムアマル・カダフィー：第9巻-257、258、259
ムウィニ、アリ：第9巻-360、361
ムカバ、ベンジャミン：第9巻-361
ムガベ、ロバート：第9巻-471、472、515
ムセベニ、ヨウェリ：第9巻-365、366
ムベキ、ターボ：第9巻-454、455
ムワイ、キバキ：第9巻-349
メレス：第9巻-377
メンギスツ：第9巻-377
モイ、ダニエル：第9巻-320、323、348、350、351、354
モノモタバ：第9巻-470
モハメド、マガディ：第9巻-231
モブツ：第9巻-428
ラヴァルマナナ、マーク：第9巻-478
ラジョエリナ、アンドリー：第9巻-478
ラチラカ、ディディエ：第9巻-477、478
ラベロマナナ、マーク：第9巻-478
ラマナンツォア、ガブリエル：第9巻-477
リーキー、ルイス：第9巻-339、340、341
リーベック、ヤン・ファン：第9巻-446
ルムンバ、パトリス：第9巻-428、430
ローリングス、ジェリー：第9巻-411
ロベングラ：第8巻-472
ワタラ、アラサワ：第9巻-516
ワンケ：第9巻-395

イスフ、マハマドゥ：第9巻-396
ウフエボワニ：第9巻-424
エンクルマ、フランシス：第9巻-411
オディンガ：第9巻-349、352
オバサンジョ、オルセグン：第9巻-384、390、391
オボテ：第9巻-365
ガウンダ：第9巻-463、464
カガメ、ポール：第9巻-374、375
カサブブ：第9巻-428
カビラ、ジョゼフ：第9巻-431
カビラ、ローラン：第9巻-430、431
カルマル：第9巻-139
キープ、アブドラヒム：第9巻-259
キクウェテ、ジャカヤ：第9巻-361
キバキ、ムワイ：第9巻-349、350
クフォー、ジョン・アジェクム：第9巻-411
ゲイ：第9巻-424
ケニヤッタ、ジョモ：第9巻-348
ゴウォン、ヤクブ：第9巻-384
コニー、ジョゼフ：第9巻-366
サーリーフ、エレン：第9巻-404、405
ザフィ、アルベール：第9巻-477
サレハ：第9巻-258
サロウィワ、ケン：第9巻-387
サンゴール、レオポルド：第9巻-414
シスル、ウォルター：第9巻-450
ジボ、サル：第9巻-396
ジャメ、ヤヤ：第9巻-422
ジョンソン、ルーズベルト：第9巻-400
スティーブンス：第9巻-418
ズマ、ジェイコブ：第9巻-455
スミス、イアン：第9巻-470、471
ソーヤー、エーモス：第9巻-400
タブマン、ウィリアム：第9巻-400
ダレイオス一世：第9巻-125
ツアンギライ、モーガン：第9巻-472
ツツ、デズモンド：第9巻-454
ディオリ、アマニ：第9巻-395
テーラー、チャールズ：第9巻-400、401、402、403、404、405
デクラーク、フレデリック・ウィレム：第9巻-451、452、453
ドウ、サミュエル：第9巻-400
トゥーレ、アマドゥ：第9巻-407
ドスサントス、ジョゼ：第9巻-437、438、515
トルバート：第9巻-400
ナナ、サンディ：第9巻-392
ニエレレ、ジュリウス：第9巻-360
ニラマスフコ：第9巻-375
ヌメイリ、ガファル：第9巻-224
ネト、アゴスティニョ：第9巻-437
ハイレ・セラシエ一世：第9巻-377
バクボ：第9巻-424
バナナ、カナーン：第9巻-471
ハビャリマナ：第9巻-371
ビジムング、パスツール：第9巻-373、374
ブアジジ、モハメド：第9巻-256
フォルスター、バルタザール：第9巻-450
フルウールト、ヘンドリック：第9巻-449
ベデイエ：第9巻-424
ベン・アリ：第9巻-256、259、515
ベンバ：第9巻-431
ボウィー、リーマ：第9巻-401、402、403、404、405
マーク・ラヴァルマナナ、：第9巻-478
マータイ、ワンガリー：第9巻-351、353、354、355、356
マコニ、シンバ：第9巻-472
マンデラ、ネルソン：第9巻-450、451、452、453、454、458
ミルズ、ジョン・アッタ：第9巻-411

ハディ：第9巻-258
パディア：第9巻-202
ハメネイ：第9巻-128、133
バラック、エフード：第9巻-131
ハルグ、モジャーヘデイーネ：第9巻-76
ビン・ラディン、ウサマ：第9巻-139、141、142、260
ブアジジ、モハメド：第9巻-256
ファラオ：第11巻-142
ファルーク：第9巻-48、194
ブーメディエン、ウアリ：第9巻-212
フセイン、イゴン・アリー：第9巻-43
フセイン、サダム：第9巻-72、74、80、81、90、91、92、93、94、95、128、161
フセイン、シャリーフ：第9巻-43
ベギン、メナヘム：第9巻-55、73、74、196、197
ペリーノ、ダナ：第9巻-75
ヘルツォーグ、ハイム：第9巻-188
ペレス、シモン：第9巻-50、51、66、67、68
ヘロデ：第9巻-38、39、40
ベン・アリ、ザイン・アル=アービディーン：第9巻-256、258、259
ベン・ベラ：第9巻-212
ベングリオン、ダヴィッド：第9巻-47、51、66、67、68、70
ベンバ：第9巻-431
ボ・クイ：第5巻-425
ホメイニ、アヤトラ・ルーホッラー：第9巻-126、127、128、130
マホメッド：第9巻-127
マリキ：第9巻-94
マンスリー、アンマール：第9巻-213
ミロー、ロンニ：第9巻-188
ムーサ、アムル：第9巻-201
ムサビ：第9巻-129
ムバラク、ムハンマド・ホスニー：第9巻-189、197、198、199、200、201、260、261、515
ムハンマド六世：第9巻-217
ムルシ、ムハンマド：第9巻-201、202、260、280
メイア、ゴルダ：第9巻-98
モイ、ダニエル：第9巻-320、348、350、351、354
モーセ：第9巻-38
モサデク：第9巻-125
モサド：第9巻-73
モハムド、アッサン・シェイク：第9巻-233
モハメド、アリ・マハディ：第9巻-231、232
モブツ：第9巻-430
ヤコブ：第9巻-37
ユアン・トリン・カオ：第5巻-427
ヨシュア：第9巻-38
ヨセフ：第9巻-37
ラナ、ジャン・バハドゥール：第8巻-333
ラバニ、ブルハヌディン：第9巻-141
ラフサンジャニ、アリ：第9巻-127、128、129
ラベロマナナ、マーク：第9巻-478
ランダール、アーサー：第9巻-69
ランダウ：第9巻-106
リード、オブデン：第9巻-69
リカービ、アブルアミール：第9巻-95
ロウハニ：第9巻-133
ローリングス、ジェリー：第9巻-411
ロスチャイルド：第9巻-43

アフリカ

アナン、コフィ：第9巻-349
アミン、イディ：第9巻-365

アハメド、シェイク・シャリフ：第9巻-233
アフマディジャネド：第9巻-77、78、128、129、133
アブラハム：第9巻-37
アブルフトゥーハ、アブドルメナム：第9巻-201
アミン、ハフィズッラー：第9巻-137、138
アラウィ：第9巻-94
アラファト、ヤセル：第9巻-55、56、57
アリ・サブリ：第9巻-54
アルカディル、アブド：第9巻-211
アレフ：第9巻-133
イブリー、デビッド：第9巻-73
エシュコル、レヴィ：第9巻-71
エチコル：第9巻-68
エルドアン、レジェプ：第9巻-112
エルバラダイ、モハメド：第9巻-77
カダフィ、ムアマル：第9巻-257、258
ガリ、ブトロス：第6巻-285、第11巻-61、214
カルザイ、ハミド：第9巻-143、144
カルマル、バブラク：第9巻-137、138
カルマン、タワックル：第9巻-405
ゲイ：第9巻-424
ケニヤッタ、ジョモ：第9巻-348
ケマル、ムスタファ：第9巻-110
コイララ、ギリジャ・プラサド：第8巻-334
コホバ、バル：第9巻-41
サウル：第9巻-38
サダト、アンワール・アル：第9巻-53、54、55、162、196、197
サレハ、アリ：第9巻-256、258
ザワヒリ：第9巻-166
サンゴール、レオポルド：第9巻-414
サンジャビ：第9巻-126
シャー、ザヒル：第9巻-137
ジャファリ、イブラヒム：第9巻-94
シャフィク、アフマド：第9巻-201
シャミール：第9巻-188
ジャメ、ヤヤ：第9巻-422
シャロン、アリエル：第9巻-75
スティーブンス：第9巻-418
ソロモン：第9巻-38、第11巻-142
タウド、ムハンマド：第9巻-137
ダビデ：第9巻-38、第11巻-142
ダヤン：第9巻-52
タラキ、ヌール：第9巻-137、138
タラバニ、ジャラル：第9巻-94
ダレイオス一世：第9巻-124、125
トリプバン：第8巻-333
トルーバ、モフタファ：第2巻-30、第5巻-271、第11巻-248、249
トン・タツ・ツウン：第5巻-426
ナジブラ：第9巻-139、140
ナセル、ガマル・アブデル：第9巻-48、49、50、54、161、193、194、195、196、277
ナハス：第9巻-193
ヌイメリ、ガファル：第8巻-224、225
ネタニヤフ、ベンヤミン：第9巻-64
バーレ：第9巻-231
パーレビ、ムハンマド・レザー：第9巻-125
パーレビ、モハンマド・レザー：第9巻-125、126、130
ハーン、レザー：第9巻-125
バクチアル、シャブル：第9巻-126、127
バグボ：第9巻-424
バクル：第9巻-73
バザルカン、メフディー：第9巻-127
ハサン二世：第9巻-217
バシル、オマール：第9巻-225、226
ハタミ、モハマド：第9巻 - 129
ハッサン：第9巻－232

マルコス、フェルディナンド：第8巻-22、172、173、174、175、176、177、178、514、515
ミロン：第8巻-501
メガワティー、スカルノプトゥリ：第8巻-130、131
メネセス、ドン：第8巻-435
メルカド：第8巻-187
メンダナ、アルバロ：第8巻-435
ユアン、トリン・カオ：第5巻-427
ユドヨノ：第8巻-131
ユンタ、ヒュー：第8巻-163
ラーマン、アブドゥル：第8巻-146、147
ラーマン、トゥンク・アブドゥル：第8巻-146、147
ラオ、ナラシマ：第8巻-279
ラザク、ナジブ：第8巻-149
ラム、ライ・カン：第8巻-162
ラメシュ：第8巻-292
ラモス、フィデル：第8巻-174、178、179
リン：第8巻-205
レ、カ・フュー：第8巻－205
レ、カオ・ダイ：第8巻-210
レ、ドク・ト：第5巻-419
レメリク、ハルオ：第8巻-491、492
ロハス、マヌエル：第8巻-172
ロン・ノル：第8巻-231、232
ワヒド：第8巻-131
ワンチュック、ウギュン：第8巻-348
ワンチュック、ジクメ・クサル：第8巻-351
ワンチュック、ジクメ・センゲ：第8巻-348、350、351
ワンチュック、ジクメ・ドルジュ：第8巻-348

オセアニア

アボット、トニー：第11巻-64
ウイットラム、ゴフ：第8巻-505
ウェインドルフ、グスタフ：第8巻-464
カマチョ、カルロス：第8巻-507、508、509
カルボ、ポール：第8巻-508
キタロング：第8巻-492
ギラード、ジュリア：第8巻-457、469
クラーク、ヘレン：第8巻-486
ソマレ：第8巻-509
ツキノ4世、テ・ヘウ・ヘウ：第8巻-479
ナイラ、ティカウ：第11巻-96
ナカムラ：第8巻-493
ハワード、ジョン：第8巻-449、450、457、第11巻-64
ベアード：第11巻-64
ベスーン、ピーター：第8巻-469、470
ベトール、ローマン：第8巻-492
ホーク、ロバート：第8巻-506
マグサイサイ、ラモン：第8巻-172
マタヨシ：第5巻-186
メンジース：499
ラッド、ケビン：第8巻-449、450、451、456、457、458、470、471、第11巻-64
レメリク、ハルオ：第8巻-491
ローリング、ウォーレス：第8巻-505
ロンギ、デビッド：第8巻-475、476

中東

アイディード：第9巻-232
アサド、サルハル：第9巻-153
アサド、ハーフェズ：第9巻-114、162、163
アサド、バッシャール：第9巻-163、164、165、166、第11巻-85
アッバス、モハメド：第9巻-57、65
アナン、コフィー：第9巻-95、349

スーチー、アウンサン：第8巻-547、548
スカルノ：第7巻-163、第8巻-124、125、126、130、276、第9巻-277
スチンダ：第8巻-243、244
スハルト：第8巻-25、127、128、129、130、514、515
スラマリット：第8巻-231
スントン：第8巻-243
ソマレ：第4巻-309、第8巻-509
ソンティ：第8巻-244
ターニン：第8巻-243
タクシン（大王）：第8巻-240
タクシン、チナワット：第8巻-244
ダザ、ラウル：第8巻-175
タノム：第8巻-242
ダハル：第8巻-335
タボダー、バブラ：第8巻-550
チャチャイ：第8巻-243
チャワリット、ヨンチャイユット：第8巻-244
チャン、ワイ・シン：第8巻-161
チュアン、リークバイ：第8巻-244
チュラン、カストリ：第8巻-第8巻-161
テ・ヘウヘウ・ツキノ四世：第8巻-479
ディベンドラ：第8巻-335
ティンスラノン、プレム：第8巻-243
デウバ：第8巻-344
デビ、ゴウラ：第8巻-316
ド、ムオイ：第8巻-205
ドゥーム、ジョン：第8巻-501
トン、タツ・ツウン：第5巻-426
ドン、ドク・タン：第5巻-419
ドン、バンミン：第5巻-121、410、419、第8巻-202
ナイラティカウ：第11巻-96
ナジブラ：第8巻-139
ナムギエル、シャプドン：第8巻-348
ニジェール：第8巻-163
ヌオン・チア：第9巻-235
ネルー、ジャワハルラル：第5巻-174、第8巻-273、274、275、276、277、第9巻-277
ネルー、モーティーラール：第8巻-274
ノン、ドク・マイン：第8巻-206
パウチャリ：第8巻-290
バオ・ダイ：第5巻-399、408
バシール、オマール：第8巻-225
バタライ：第8巻-335
ハッタ、モハメッド：第8巻-125
パドマサンバヴァ：第8巻-348
ハリソン、ガウ：第8巻-33
パンヤラチュン、アナン：第8巻-243
ピブーンソンクラーム：第8巻-241
ビレンドラ：第8巻-334、335、345
ファン・バン・ドン：第5巻-419
フセイン、オン：第8巻-147
プラパート：第8巻-242
プリディ：第8巻-241
プレム・ティンスラノン、：第8巻-243
ペトール、ローマン：第8巻-492
ヘルナンデス、フォン：第8巻-187、188
ヘン・サムリン：第8巻-233、234
ボー、グエン・ザップ：第5巻-408、第8巻-199
ボー、バン・キエト：第8巻-205
ホーチミン：第5巻-396、398、399、406、408、435、第8巻-198、199
ポル・ポト：第8巻-231、232、233、234、235
マカパガル、ディオスタード：第8巻-172
マグサイサイ、ラモン：第8巻-172
マハティール、モハマッド：第8巻-33、147、148、149
マヘンドラ：第8巻-333、334
マリローン：第8巻-805

アキノ、コラソン：第8巻-22、24、173、174、178、179、180
アキノ、ペニグノ：第8巻-172、173、178
アシビット：第8巻-245
アナン・パンヤラチュン：第8巻-243
アブドゥル、ハミッド・オマール：第8巻-164
アブドゥル、ラザク：第8巻-147
アブドラ、バダウィ：第8巻-149
イエン、サリ：第8巻-235
イエン、チリト：第8巻-235
ウェインドルフ、グスタフ：第8巻-464
ウギェン・ワンチュック：第8巻-348
ウントゥン：第8巻-125
エコジ：第5巻-180、181
エストラーダ：第8巻-188、189、190、195
エンリレ：第8巻-174
カーン、ヤヒア：第7巻—166
カサノバ：第8巻-184
カナル、ジャラ・ナート：第8巻-336
カマチョ、カルロス：第8巻-507、508
ガルシア、カルロス：第8巻-172
カルボ、ポール：第8巻-508
カルロス一世：第8巻-170
カン・ケ・イウ：第9巻-235
ガンディー、インディラ：第8巻-277、282、286、320
ガンディー、マハトマ：第8巻-271、272、273、274、275、317
ガンディー、ラジブ：第8巻-277、279
キタロング：第8巻-492
ギャネンドラ：第8巻-335
キュー、サムバン：第8巻-232
キュー、サムファン：第9巻-235
ギリジャ・プラサド・コイララ：第8巻-334
グエン、ティ・ゴク・フォン：第5巻-432
グエン、ドク：第8巻-210、第5巻-432
グエン、バン・チュー：第5巻-419
グエン、バン・リン：第8巻-205
グエン、フー・チョン：第8巻-206
グエン、ベト：第8巻-210、第5巻-432
クマール、マダブ：第8巻-336
クリアンサック：第8巻-243
ゴ・ディン・ジェム：第5巻-396、399、407、408、409、410、　第8巻-199、202、364
コイララ、ギリジャ・プラサド：第8巻-334、335
コイララ、ビシュウェシュワール・プラサド：第8巻-334、335
ゴードセー、ナートゥーラーム：第8巻-275
サーベドラ、アルバロ・ド：第8巻-435
サイモン、ジョン：第7巻-140
サガット：第8巻-243
サニヨ、ナデレブ：第11巻-92
サリット、タナラット：第8巻-241、242、514
サロンガ、ホビト：第8巻-175
シアヌーク、ノロドム：第8巻-230、231、234、235
シェカール、チャンドラ：第8巻-326
ジクメ・クサル・ナムギェル・ワンチュック：第8巻-351
ジクメ・ドルジェ・ワンチュック：第8巻-348
シサバンボン：第8巻-220
シャハ、K.C：第8巻-550
ジャパイ：第8巻-301
ジャヤバラン：第8巻 - 160
シン、マンモハン：第8巻-279、280、281
ジンナー、ムハンマド・アリー：第8巻-273、274

李済深：第7巻-145
李宗仁：第7巻-120
李先念：第7巻-175、196、230、231、234
李鵬：第7巻-32、232、234、235、246、248、334
劉霞：第7巻-243
劉暁波：第7巻-242
劉少奇：第7巻-154、155、158、195、225
劉邦：第7巻-96
林伯渠：第7巻-110
林彪：第7巻-146、154、159
林立果：第7巻-159
彭真：第7巻-153、231
彭徳懐：第7巻-146、153、154、157、224、227
溥儀：第7巻-105
袁偉静：第7巻-243
袁世凱：第7巻-98、100、101
趙紫陽：第7巻-228、230、234、239
霍岱珊：第7巻—321、322
鄔滄萍：第7巻-209
鄧頴超：第7巻-231
鄧子恢：第7巻-196
鄧小平：第7巻-146、154、159、160、175、196、202、223、224、225、226、228、229、230、231、232、234、235、236、237、238、239、246、285

韓国、北朝鮮、台湾、モンゴル

キム、ジムヨン：第11巻-39
ダライ・ラマ十四世：第8巻-277
チンギス・ハーン：第8巻-424、426
フビライ・ハーン：第8巻-424
ボグド・ハン：第8巻-424
安重根：第8巻-359
金泳三：第8巻-366、514
金載圭：第8巻-365
金鐘泌：第8巻-365
金正恩：第8巻-367、369
金正恩：第8巻-367、369
金正日：第8巻-364、367、368、369、393
金大中：第8巻-365、366、367
金日成：第8巻-360、367、368
蔣介石：第8巻-400、404
蔣経国：第8巻-406
全斗煥：第8巻-365、366、367、514、515
張俊雄：第8巻-419
陳水扁：第8巻-407、419、420
陳水扁：第8巻-407、419
馬英九：第8巻-420
朴正熙：第8巻-364、365、366、370、514
李俊璋：第8巻-415
李承晩：第8巻-360、362
李登輝：第8巻-406、407
李明博：第8巻-366、384、385
李明博：第8巻-366、384、385
盧武鉉：第8巻-364、366、367
崔寿：第8巻-374
崔冽：第8巻-372、373
盧武鉉：第8巻-366、367
潘基文（パンギブン）：第6巻-43、第7巻-93、第9巻-228、505、第11巻-191
盧泰愚：第8巻-366

東南・南アジア

アウグスチアナ：第8巻-141

ロドリゲス、イサイアス：第6巻-327
ロペスオプラドール：第6巻-108
ワース：第6巻-276
ワイアット、ベン：第8巻-第8巻-494

中国

ダライ・ラマ13世：第7巻-22
ダライ・ラマ14世：第7巻-22
王燦発：第7巻—326、327、328、329
王震：第7巻-231
黄克誠：第7巻-153
温家宝： 第7巻-210、215、239、240、255、346、第8巻-534
華国鋒： 第7巻-174、175、222、224、226
解振華：第7巻-346
乾隆帝：第7巻-98
喬冠華：第7巻-163
曲格平： 第7巻-185、186、187、188、231
胡喬木：第7巻-196、226
胡錦濤： 第7巻-38、146、190、239、240、284、346、350、359
胡績偉：第7巻-243
胡耀邦：第7巻-222、223、230、231
光緒帝：第7巻-97
康生：第7巻-196
江沢民： 第7巻-32、236、237、239、246、248、249、342
項羽：第7巻-96
高崗：第7巻-145
司馬炎：第7巻-164
史念海：第7巻-126
朱徳：第7巻-102、144
朱鎔基：第7巻-32、70、249、287
周恩来：第7巻—109、110、119、121、145、146、159、160、161、162、163、166、167、170、171、172、173、174、175、185、186、195、224、333、 第8巻-276、 第9巻-277
周小舟：第7巻-153
蒋介石： 第7巻-102、119、120、121、第8巻−404
秦の始皇帝：第7巻-96、122
陣桂梯：第7巻-319
陣剣飛：第7巻-307
西太后：第7巻-98
宋慶齢：第7巻-145
張学良：第7巻-109
張作霖：第7巻-109
張春橋：第7巻-175
張聞天：第7巻-153
張瀾：第7巻-145
珍雲：第7巻-154、196
陳雲：第7巻-231、234
陳光誠：第7巻-243
陳伯達：第7巻-196
同治帝：第7巻-98
馬寅初： 第7巻-194、195、196、197、198、199、215、216、217、218、219、332
薄一波：第7巻-196、231
毛沢東： 第7巻—31、58、70、103、119、121、146、154、155、157、158、159、160、161、162、184、170、174、175、195、196、197、198、199、201、202、222、223、227、265、332、333、第8巻-335
楊虎城：第7巻-110
楊尚昆：第7巻-231、234
楊勇：第7巻—55、56、58
葉剣英：第7巻—102、110、175
李鋭：第7巻-242

パエス、ホセ・アントニオ：第6巻-322
バスコ・ダ・ガマ：第6巻-260、261
パストラーナ：第6巻-315
バチスタ、フルヘンシオ：第6巻-199、200、201、202、203
パラゲール、トルヒーヨ：愛6巻-247
バルガス、ピルヒリオ・バルコ：第6巻-314
ビクトレス、メヒア：第6巻-136
ピサール、エルネスト・サンベール：第6巻-314
ピサロ、フランシスコ：第6巻-353、364
ビデラ、ホルヘ：第6巻：417
ピニョーネ、レイナルド・ベニト：第6巻-418
ピノチエット、アウグスト：第6巻-391、392、393、394
フィーリョ、ソアレス：第6巻-295、第11巻-129
フェルナンデス、レオネル：第6巻-250
フォックス、ビセンテ：第6巻-108
フジモリ、アルベルト：第6巻-354、355
フランコ、イタマル：第6巻-284
ブランコ、カステロ：第6巻-264、265、266、432
プレパル：第6巻-237
ベスプッチ、アメリゴ：第6巻-261
ペタンクル、ロム：第6巻-322
ペドロ一世：第6巻-262
ベラウンデ、フェルナンド：第6巻-353、354
ベラスコ、フアン：第6巻-353
ペレス、カルロス・アンドレス：第6巻-322、323
ペロン、フアン：第6巻-201、417
ボアイエ、ジアン：第6巻-232
ホアキン、パラゲール：第6巻-247、248、249、250
ボッシュ、フアン：第6巻-248
ホデル、デービッド：第6巻-146
ボリーバル、シモン：第6巻-312、321、335、364
ボンプラン、エーメ：第6巻-360
マデロ、フランシスコ：第6巻-107
マヌエル一世：第6巻-260
マルティ、ホセ：第6巻-198
マルティン、サン：第6巻-353
ミンク、カルロス：第6巻-453
メサ：第6巻-367
メネム、カルロス：第6巻-418
メヒア、イポリト：第6巻-250
メンデス、シコ：第6巻-272、273、274、275、276、274、275、276、277、278、279、280
モスコソ、フェルナンド：第6巻-138
モラレス、フアン・エボ：第6巻-367、447
モラレス、フランシスコ：第6巻-354
モント、リオス：第6巻-136
ライス、コンドリーサ：第6巻-367
ラゴス、リカルド：第6巻-393
ラブジョイ、トマス：第6巻-442
ランヘル、ホセ・ビセンチ：第6巻 - 325、327
リード、オブデン：第9巻-69
リチャードソン、ギル：第6巻-144
リンコン：第6巻-326
ルイスタグレ、エドゥアルド・フレイ：第6巻-393
ルーベルチュール、トゥサン：第6巻-231
ルーラ・ダルシバ：第6巻-138、284、285、286、287、288
ルーラ、ルイス：第6巻-447
レギア、アウグスト：第6巻-353
レセップス：第6巻-171
レルネル、ジャイメ：第6巻-305

キャベル、チャールズ：第6巻-206
ギル、グラウ：第6巻-397
ギル、リチャードソン：第6巻-144
キルチネル、クリスティナ・フェルナンデス・デ：第6巻-418
キルチネル、ネストル：第6巻-418、445
クアドロス、ジャニオ：第6巻-264
クアルタス、ベリサリオ・ベタンクール：第6巻-314、364
グスマン、アントニオ：第6巻-249
クビチェック：第6巻-263
グラール：第6巻-264、265
クリストフ、アンリ：第6巻-232
ゲバラ、エルネスト・チェ：第6巻-201、202、203、204、211、212、366
コーナブル、バーバー：第6巻-277
コックス、ピーター：第6巻-295
ゴメス、マシモ：第6巻-198
コルテス：第6巻-106
コルビー：第6巻-391
コロール、フェルナンド：第6巻-281、282、284、285、441、第11巻-61
コロン、アルバロ：第6巻-137
サリナス、カルロス：第6巻-108、115
サルネイ、ジョゼ：第6巻-276、280
サン=アルティン、ホセ・デ：第6巻-389
サンタアナ、ペドロ：第6巻-246
サンタンデル、フランシスコ：第6巻-321
サンチェス：第11巻-140
サンチェス、デ・ロサータ：第6巻-366、367
サンチェスセロ、ルイス：第6巻-353
サンディーノ、アウグスト：第6巻-181
シャルドン、カルロス、：第6巻-247
ジョアン、ドン：第6巻-261
セスペデス、カルロス：第6巻-197
セドラ、ラウル：第6巻-236、238
セラ、ジョゼ：第6巻-285
セラノ、ホルヘ：第6巻-136
セレソ、ビニシオ：第6巻-136
ソモサ・ガルシア、アナスタシオ：第6巻-181
ソモサ・デバイレ、アナスタシオ：第6巻-182
ソリス、ファン・デ：第6巻-416
タヴォラ：第6巻-273
ダリワリ：第6巻-74
ダルシバ、ルイス：第6巻-447
チャベス、ウーゴ：第6巻-322、323、324、325、326、355、326、327、328、329、355、367、447、448
ディヴィス、デブラ：第6巻-112、114
デサリーヌ：第6巻-231、232
デバイレ、アナスタシオ・ソモサ：第6巻-182
デュバリエ、ジャン・クロード：第6巻-233
デュバリエ、フランソワ：第6巻-233
デラルア：第6巻-418
デラルア、フェルナンド：第6巻-418、445
デルバイエ：第6巻-172
デレオン、ラミロ：第6巻-137
トゥサン、ルーベルチュール：第6巻-231
トリホス、オマル：第6巻-172
トルイヨ、エルタ・パスカル：第6巻-234
トルヒーヨ、セサル・ガビリア：第6巻-314
トルヒーヨ、ラファエル：第6巻-246、247
トンプキンス、クリス：第6巻-421
ナイフイ、アンリ：第6巻-233
ナンフイ、アンリ：第6巻-233、234
ヌヒムレイク：第6巻-94
ヌレット、ジョーゼフ：第6巻-236
ネーフ、マンフレッドマックス：第6巻-397
ネベス、タンクレド：第6巻-280
ノリエガ、マヌエル：第6巻-172、173

86、87、88、89、90、91、95、97、98、99、100、148、154、第6巻-181
ルメイ、カーチス：第8巻-494
レーガン、ロナルド：第3巻-31、第4巻-260、261、262、264、261、264、265、330、第5巻-26、52、82、124、125、126、127、128、129、130、131、132、246、247、248、249、250、252、254、319、429、441、454、485、第6巻-68、182、第9巻-75
ローゼンバーグ、エセル：第4巻-201、202、217
ローゼンバーグ、ジュリアス：第4巻-201、202、217
ローランド、シェリー：第1巻-56、57、第2巻-156、157、第5巻-264、265、266、267、269、275
ロジャース、ポール：269
ロックフェラー、ジョン：第11巻-106
ワーグナー、ウイリアム：第5巻-389
ワース：第6巻-276
ワイアット、ベン：第8巻-494
ワイジン、アレン：第7巻-165
ワトソン、ロバート：第6巻-295

中南米

アジェンデ、サルバドル：第6巻-390、391、392、393、394
アブリル、プロスペル：第6巻-234
アラナ、カルロス：第6巻-135
アリスティド、ジャン・ベルトラ：第6巻-234、236、238
アルスー、アルバロ：第6巻-137
アルフォンシス、ラウル：第6巻-418
アルベンス、ハコボ：第6巻-135
アレクサンドル：第6巻-236
アレクシ：第6巻-237
アレパロ、フアン・ホセ：第6巻-134
アンダーソン：第6巻−74
イサベラ：第6巻-262
イトゥルビア、アウグスティン：第6巻-107
イパニョス、カルロス：第6巻-390
ヴァルガス、ジェトゥリオ・ドルネレス：第6巻−263
ウビコ、ホルヘ：第6巻-133、134
ウリベ、ペレス・アルバロ：第6巻-316
エイルウィン、パトリシオ：第6巻-393、395
エステンソロ、パス：第6巻-365、366
エストラーダ：第5巻-304
エンダラ：第6巻-172、173
オイギンス、ベルナルド：第6巻-389
カストロ、フィデル：第6巻-198、200、201、202、203、204、205、206、207、208、210、211 ～ 215、222、366、第11巻-164
カストロ、ラウル：第6巻-201、203、204
カブラル、ペドロ：第6巻-261
ガブリエラ、マリア：第6巻-327
カベジョ：第8巻-327
ガリビア、セサル：第6巻-312
ガルシア、アラン：第6巻-354、355
ガルシア、フェルナンド・ロメオ・ルーカス：第6巻：135,136
カルデナス、ラサロ：第6巻-107
カルデラ、ラファエル：第6巻-323
カルデロン：第6巻-108
カルドゾ、フェルナンド・エンリケ：第6巻-284
カルモナ：第6巻-326、327
カレラ、ホセ・ミゲル：第6巻-389
カレラス、エンリケ：第6巻-206

ブラウアー、デービッド：第5巻-39、第11巻-209
ブラウン、レスター：第5巻-333、334、335、第7巻-36、37、第11巻-80、243 、244
フランク、ジェームズ：第5巻-150
フランクリン、ベンジャミン：第6巻-49
ブリスク、ハンス：第4巻-307
ブルーイット、ウイリアム：第5巻-56、57、58
フルブライト、ジェームズ：第5巻-413
フレールノア：第11巻-97
ブレマー、ポール：第9巻-94
フロイド、プライス：第11巻-97
ペイガン：第5巻-365、366
ヘイズ、デニス：第5巻-444、445
ヘイデン、マイケル：第9巻-76
ベーカー、ドナルド：第5巻-182
ヘーゲル：第5巻-309
ペドロ：第6巻-262
ヘミングウェイ、アーネスト：第9巻-312
ペリーノ、ダナ：第9巻-75
ホイットマン、クリスティン：第5巻-307、308、309、311
ホイットマン(EPA)：第5巻-263
ホートン：第5巻-130
ボール、ジョージ：第5巻-416
ホプキンス、ジョン：第10巻-574
ホリー、メイベル：第5巻-223
マーシャル、ジョージ：第3巻-343
マギー、ジョン：第7巻-116
マクナマラ：愛5巻-410、411、413、414、416
マクノートン：第5巻-414
マコウスキー：第5巻-61
マスキー、エドマンド：第5巻-214、215
マタヨシ、ジェームズ：第5巻-186
マッカーサー、ダグラス：第5巻-402、403、404、405、第7巻-132、第8巻-361、362、363、第10巻-549
マッカーシー、ジョゼフ：第4巻-216、217、第5巻-103、104、105、106
マッカーシー、レイモンド：第5巻-269
マッキンリー、ウイリアム：第6巻-198
ミッチェル、ジョージ：第5巻-254
ミューア、ジョン：第5巻-30、32、33、34、35、36、37、38、39、440、第11巻-209、210
ミュラー、パウル：第5巻-340
ミュラー、ボビー：第9巻-440
メイ、アラン：第4巻-201
メドウズ、デニス：第11巻-210
モリーナ、マリオ：第2巻-156、第5巻-264、266、269、275
ヤコヴィッツ：第5巻-388
ユードル、スチュアート：第5巻-57
ライス、コンドリーナ：第6巻-366
ライス、スーザン：第11巻-84
ライリー、ウイリアム：第5巻-252
ラッケルズハウス：第5巻-219、233、239、240
ラドフォード：第5巻-408
ラブジョイ、トーマス：第6巻-442
ラムズフェルド、ドナルド：第5巻-140、141、第9巻-90、91
ラングフォード：第5巻-41、42
ランダール、アーサー：第9巻-69
リード、オブデン：第9巻-69
リンカーン、エイブラハム：第5巻-18、19
ルーズベルト、セオドア：第5巻-35、36、37、38、71、第6巻-170、第11巻-206
ルーズベルト、フランクリン：第4巻-184、185、186, 第5巻-54、71、82、

第5巻-56、158、168、205、206
ドーン、グスタフ：第5巻-41
トルーマン、ハリー：第4巻-184、185、186、187、188、189、190、191、192、193、194、195、197、198、214、215、第5巻-83、98、99、100、101、102、105、148、150、152、155、156、158、188、205、401、402、403、404、第8巻-360、362、363、364、406、494、第9巻-46
トレイン、ラッセル：第5巻-218
ニクソン、リチャード：第5巻-45、59、82、117、118、119、120、121、214、215、216、217、218、219、220、236、237、241、399、418、484、485、第6巻-391、第7巻-165、166、167、168、169、第8巻-202、203、406、487
ネーダー、ラルフ：第5巻-138、366、474
ノイバウト：第5巻-427
ノーブル、ジョン：第5巻-34
ハーゲンシュミット、A：第5巻-226
ハーシュバーガー、ジョン：第5巻-355
バーフォード：第5巻-130
バーンズ、ジェームズ：第4巻-191、215、第5巻-149
バーンバウム：第5巻-427
ハインツ：第6巻-256
パウエル、コリン：第5巻-140、第9巻-90、92
バック、パール：第7巻-179
バルーク、バーナード：第4巻-196
ハンセン、ジェームズ：第1巻-59、第3巻-364、第5巻-288、289、290、291、第8巻-75、第9巻-75、第11巻-54、113、230、231、232
ハンター、ジミー：第5巻-55
バンディ：第5巻-413、414
バンフォード、アン：第5巻-270
ハンフリー、ヒューバート：第5巻-418
ビアード、ダニエル：第5巻-455
ピアリー、ロバート：第6巻-46
ヒストー、シリー：第5巻-55
ヒッケル：第5巻-358
ヒッペル、デビッド：第8巻-400
ファイファー、エグバート：第5巻-426
ファリス、スティーヴン：第11巻-98
フーバー、ハーバート：第5巻-82、84、85、96
フェシュバック、ミュレイ：第4巻-17
フォード、ジェラルド：第5巻-82、117、120、121、第9巻-71、130
フォールブルックス：第5巻-392
ブッシュ、ジョージ（子）：第3巻-371、376、378、第5巻-26、60、83、137、138、139、140、141、142、143、278、306、307、308、309、310、311、312、313、314、316、318、319、323、324、325、327、329、330、331、359、437、480、487、488、第9巻-90、91、92、93、95、第11巻-189、190
ブッシュ、ジョージ（父）：第1巻-62、第4巻-127、130、268、269、270、271、272、273、276、第5巻-83、129、131、132、133、134、247、251、252、253、254、290、291、295、297、478、486、第6巻-69、第7巻-236、第11巻-214
フラー、バックミンスター：第11巻-210
フライシャー：第5巻-309
ブラウアー、キャロル：第5巻-374

巻-251、252、253、254、255、256、455、456、第5巻-82、108、109、110、111、112、113、114、115、340、345、346、435、第6巻-205、第8巻-202、第9巻-70、71、240、第11巻-168、169、170
ケネディ、ロバート：第4巻-255、257
ゲバウアー、トーマス：第9巻-440
ケメニー、ジョン・G：第5巻-467
ケルシー、フランシス：第5巻-387、388
ゴア、アル：第5巻-137、138、299、303、304、305、306、319、320、335、336、337、338、486、487、第6巻-276、第11巻-240、241、242
ゴーサッチ：第5巻-249
ゴールド、ハリー：第4巻-201
ゴールドマーク、ピーター：第11巻-246
ゴールドマン、マーシャル：第4巻-144
コナード：第5巻-181
コルビー：第6巻-391
コルボーン、テオ：第5巻-351、352
ゴンバーグ、ヘンリー：第9巻-69
サンジョール、ウイリアム：第5巻-373
シヴィングストン、：第5巻-19
シェクター、アーノルド：第5巻-376
シェワルツェネッガー、アーノルド：第5巻-317、331
シャープ：第5巻-414
ジャクソン：第5巻-214、215
ジャクソン、アンドリュー：第5巻-17
シャラー、ジョージ・B：第9巻-338、339
シュルツ、ジョージ：第4巻-262、264、265、267
ジョージ、スーザン：第9巻-513、514
ショップ、ウイリアム：第11巻-13
ジョンソン、カール：第1巻-52
ジョンソン、リンドン・B：第5巻-82、113、115、116、117、183、399、411、412、413、414、415、416、417、418、第6巻-264、第8巻-202、498、第9巻-71
ジョンソン、ロバート：第5巻-35
シラード、レオ：第4巻-184、第5巻-150、202
スタンリー、ヘンリー・モートン：第9巻-274、279、283
スタンリー、モートン：第9巻-274、279、283
スチーブンソン、ロバート：第5巻-345、346
スティムソン、ヘンリー：第4巻-189、190
ストローズ：第5巻-160
スポック、マジョリー：第5巻-391
スミル、ヴァーツラフ：第7巻-179
ソーンバーグ：第5巻-467
ダーマン、リチャード：第5巻-252
ダイアモンド、ジャレド：第8巻-67、68、71、72、第11巻-229、230
ダレス、アレン：第5巻−205、206
ダレス、ジョン・フォスター：第4巻-252、第5巻-170、407、第6巻-208
チェイニー、ディック：第5巻-140、141、307、308、488、第9巻-90、91
チューダ、トマティ：第5巻-156、第8巻-494
ツァイドラー、オトマール：第5巻-340
デイトリー：第6巻-83
テーラー、マクスウエル：第5巻-413、414
テネット、ジョージ：第5巻-140、141、第9巻-90、91、92
デュカキス、マイケル：第5巻-251
テラー、エドワード：第4巻-184、215、

106、107、108、111、159、435、第6巻－205、第7巻-132、第8巻-364、第9巻-69、第10巻-570、571、572
アインシュタイン、アルバート：第4巻-182、183、184、198、第5巻-154、202、203、204、207、208、209、210、211
アチソン、ディーン：第5巻-205、401
アリソン、ジョン：第5巻-164
アンダーソン、ウォーレン：第8巻-309
アンドラス：第5巻-52、73
イーストマン、マックス：第4巻-84
ヴァンビューレン、マーティン：第5巻-17
ヴィアナ：第5巻-366
ウィグナー、E.：第4巻-184
ウィスナー、ジェローム：第5巻-345
ウィリアムズ、ジョディ：第9巻-440、442
ウィルキー、ウェンデル：第5巻-92
ウェインスタン：第5巻-431
ウォーターソン、アシュレー：第7巻-140
ウォシュ、バーン：第5巻-41
ウォルド、ジョージ：第5巻-465
ウッド、ウイリアム：第5巻-58
エシュコル：第9巻-71
エッシュ、マーヴィン：第5巻-269
エマーソン、ラルフ：第4巻-266
エルバラダイ、モハメド：第9巻-77
オッペンハイマー、ロバート：第4巻-217、第5巻-148、149、158、204、205、206、207、208
オバマ、バラク：第5巻-27、45、59、83、143、144、145、193、194、196、198、199、200、201、279、326、327、329、330、332、490、491、492、493、494、495、第6巻-216、327、第9巻-64、78、143、144、第11巻-71、97、191
カーソン、マリア：第5巻-391
カーソン、レイチェル：第1巻-25、85、第2巻-187、第5巻-113、214、336、337、340、341、343、344、345、346、348、390、391、392、393、394、440、第11巻-103、209、210
カーソン、レジャー：第5巻-391
カーター、ジェームズ：第5巻-52、54、82、123、124、128、365、367、368、441、454、466、467、469、第8巻-37、第9巻-55、226
カーボウ、ジーン：第5巻-182
キーリング：第6巻-31
キッシンジャー、ヘンリー：第5巻-419、第6巻-391、第7巻-132、166、167、168、第9巻-54、196、471
ギブス、ロイス・マリー：第5巻-363、364、365、366、367、368、376、446
キャンベル、カート：第11巻-97
キャンベル、チャールズ：第6巻-206
キング、マーチン・ルーサー：第5巻-110、112、116、122
クオモ、マリモ：第5巻-477、478
クライバーン、ヴァン：第4巻-267
グリーングラス、デービッド：第4巻-201
クリストファー、ウォーレン：第8巻-493
クリフォード、クラーク：第5巻-416
クリントン、ウイリアム：第5巻-134、135、136、137、138、305、486、第6巻-216、第9巻-163、165
クリントン、ヒラリー：第6巻-329
ケアリー：第5巻-366
ケテル、ブラック：第5巻-19
ケネディ、ジョン・F：第1巻-25、第4

ボターニン：第4巻-133
ポドゴルヌイ、ニコライ：第3巻-75
ホドルコフスキー：第4巻-133
ボルディン：第4巻-135
ポレターエフ：第4巻-159
ポンネル、エレーナ：第4巻-241
マレンコフ、ゲオルギー：第3巻-148
ミカイロフ、ビクトール：第4巻-236
ミコヤン、アナスタス：第3巻-148、149、150
ミンドヴク：第4巻-409
メドベージェフ、ジョレス：第4巻-106、290
メドベージェフ、ドミトリー：第4巻-139、140、427、第5巻-175、176、427
メニシコフ：第4巻-151
メルカデル：第4巻-87
モロトフ、クリスチャビン：第4巻—190、191、194、204
ヤコブレフ、アナトリー：第4巻-201
ヤコブレフ、アレクサンドル：第4巻-275
ヤゾフ：第4巻-120
ヤナーエフ、ゲンナジー：第4巻-120、121
ヤブロコフ、アレクセイ：第4巻-170、171、298、301、302、308、309、353
ヨシコフ：第4巻-349
ラスプーチン、グリゴリー：第4巻-383
ラフモノフ、クリャブ：第4巻-441
ラブロフ：第4巻-140
リガチョフ：第4巻-324
ルイコフ：第4巻-87
ルイシコフ、ニコライ：第4巻-324、326
ルイバリスキー：第4巻-305、306
ルカシェンコ、アレクサンドル：第4巻-410
ルツコイ：第4巻-132
レーニン、ウラジミール：第4巻-76、77、78、79、81、82、83、84、85、86、87、96、97、第6巻-201
レフ、アナトリー：第4巻-201
レメショフ：第4巻-386
ロマノフ：第4巻-305、306
ワシレンスキー：第4巻-212
ワレントフ：第4巻-248
〔ウクライナ（独立後）〕
クチマ、レオニード：第4巻-405
クラフチュク：第4巻-401
ヤヌコビッチ、ビクトル：第4巻-399
ユーシェンコ、ビクトル：第4巻-399、428
〔中央アジア（同）〕
カリモフ、イスラム：第4巻-437
ナザルバーエフ、ヌルスルタン：第4巻-120、234、235、433、435
ナビエフ、ラフモン：第4巻-441
ラフモノフ、エモマリ：第4巻-441

カナダ

アンダーソン：第6巻-74
スティーブン、ハーパー：第6巻-80
ストロング、モーリス：第6巻-84
ダリワリ：第6巻-74
ダレール、ロメオ：第9巻-374
トルドー、ピエール：第6巻-68
ヌヒムレイク：第6巻-94
ヒッシャー：第6巻-
ヒムライト：第6巻-83
ベアード：第6巻-80、第11巻-64
マルルーニ、ブライアン：第11巻-68、69
ラム、バニー：第6巻-83

米国

アイゼンシュタット：第5巻-304
アイゼンハワー、ドワイト：第5巻-25、82、

307
タマラ：第4巻-424
チェルニャーエフ、アナトリー：第4巻-118
チェルネンコ、コンスタンチン：第4巻-97、109、110、385
チェルノムイルジン、ヴィクトル：第4巻-307
チクラートフ：第4巻-136
チジョフ：第4巻-305
デュース、ビクトル：第4巻-149
テルヤトニコフ：第4巻-319
ドゥダーエフ、ジョハル：第4巻-128
ドストエフスキー、フョードル：第6巻-201、435
トハチェスキー：第4巻-87
ドブルイニン、アナトリー：第4巻-255、256、257、第6巻-210
トラービン、セルゲイ：第4巻-224、225、226、227、451、452、第4巻-190
トルストイ、レフ：第4巻-266
トロツキー、レフ：第4巻-77、87、88
ナビエフ：第4巻-441
ニコライ二世：第4巻-14
ニヤドフ：第4巻-443、444
バイエルス、ルドルフ：第4巻-205
ハイバリスキー：第4巻-308
パシリエフ：第4巻-386
ハスブラートフ：第4巻-132
パブロフ、ワレンチン：第4巻-120
ハリトン：第4巻-213
ビシュネフスキー：第4巻-306
ピャタコフ：第4巻-87
ピョートル一世：第4巻-14
ブーゴ：第4巻-120
プーチン、ウラジミール：第4巻-18、40、42、43、44、134、135、136、137、138、139、276、402、461
フォーミン：第4巻-351
フォンキン：第8巻-208
ブハーノフ、ピョートル：第4巻-201、202
ブハーリン、ニコライ：第4巻-87
フメリニツキー、ボグダン：第4巻-398
ブラビーク：第4巻-319
フリードマン：第4巻-133
プリマコフ、エヴゲニー：第4巻-135
ブリュハーノフ：第4巻-351
ブルガーニン、ニコライ：第3巻-228、第9巻-51、67
フルシチョフ、ニキータ：第3巻-182、228、　第4巻-91、93、94、95、96、97、98、99、100、101、102、103、106、107、108、109、240、241、245、246、247、250、251、252、253、254、255、256、257、258、259、379、380、　第5巻-175、176、　第6巻-207、208、210、211、第11巻-164、166
ブレジネフ、レオニード：第3巻-29、73、75、76、77、80、　第4巻-99、103、104, 105、106、107、108、109、225、226、227、380、381、382、387、451、452、　第5巻-122、第9巻-138
ベリヤ、ラヴレンチー：第4巻-87、91、190、200、204、210、212、　第5巻-152
ベリャエフ：第4巻-171
ベルドイムハメドフ：第4巻-444
ベレゾフスキー：第4巻-133
ベレゾフスキー、ボリス：第4巻-133、135
ペンコフスキー、オレグ：第4巻-247、248、250、251
ベンチャノフ、ウラジミール：第4巻-219、220

グシェフ、ボリス：第4巻-229
グシンスキー：第4巻-133
グスタフ：第4巻-149
グリシン：第4巻-109
クリャブ、ラフモノフ：第4巻-441
クリュコフ、アレクサンドル：第4巻-47
クリュチコフ：第4巻-120
クルチャトフ、イーゴリ：第4巻-190、198、199、200、202、203、204、206、208、209、212、213
グロムイコ、アンドレー：第4巻-257、第5巻-155
コスイギン、アレクセイ：第3巻-74、75、77、第4巻-382
ゴルバチョフ、ミハエル：第1巻-118、第3巻-32、34、160、161、320、322、325、336、364、　第4巻-43、56、57、97、107、109、110、111、112、113、114、115、116、117、118、119、120、121、122、123、124、125、126、127、129、130、132、153、154、157、158、160、177、218、230、241、244、245、260、261、262、263、264、265、266、267、268、269、270、271、272、273、274, 275、276、277、278、323、324、328、329、330、340、352、353、354、385、387、388、396、425、456、457、461、　第5巻-128、132、177、290、292、第9巻-140、第11巻-56、217、228
ゴルボフ：第4巻-151
コワリ、ジョルジュ：第4巻-207、217
サーカシビリ：第4巻-140、427
サカサ、フアン：第6巻-181
サハロフ、アンドレイ：第4巻-106、210、212、213、239、240、241、242
サベリン：第4巻-349
ザルイギン：第4巻-383、386
サンディーノ、アウグスト：第6巻-181
シェワルナゼ、エドアルド：第4巻-119、127、261、265、271、272、273、274、275、425、426、　第5巻-292、第11巻-53、56、226
シチェルビナ、ボリス：第4巻-323
シニャフスキー：第4巻-106
ジノビエフ：第4巻-87
シャトロフ：第4巻-351
ジューコフ、ゲオルギー：第4巻-218
ジュガーノフ、ゲンナジー：第4巻-133
シュマリノフ、D：第4巻-383
スースロフ、ミハイル：第4巻-99、100
スターリン、スベトラーナ：第4巻-84
スターリン、ナジェーダ：第4巻-84、85
スターリン、ヨシフ：第3巻-72、73、146、149、182、228、324、第4巻-80、81、82、83、84、85、86、87、88、89、90、91、92、93、94、95、96、97、142、186、189、190、191、193、194、195、198、199、202、204、206、212、376、378、379、432、第5巻-152、第7巻-140
ズミトレンコ：第4巻-218
スモレンスジー：第4巻-133
スレイメノフ、オルジャス：第4巻-231、232、233、234
ゼリドビッチ、ヤコブ：第4巻-210、213
ソルジェニーツィン、アレクサンドル：第4巻-106
ソロトコフ、アンドレイ：第4巻-296、297
ソロビヨフ：第4巻-307
ダニロフタニリャン：第4巻-171、172、

ピエトロフスキー、アンドルジェイ：第3巻-49
フィリッポス二世：第3巻-316
フェルディナンド、フランツ：第3巻-224、341
フサーク、グスタフ：第3巻-78、79、80、151
フサーク、グスタフ：第3巻-78、79、80
フス、ヤン：第3巻-71、109
ブラウ、フレーダ・マイスナー：第3巻-138
プリンツィプ、ガブリロ：第3巻-224
ブルカン、シルビウ：第3巻-204
ヘルディナンド、フランツ：第3巻-224、341
ポジュガイ、イムレ：第3巻-157、158、159
ホッジャ、エンヴェル：第3巻-284、285
ボパ：第3巻-205
ボレスワラ一世：第3巻-26
マコベー、モニカ：第3巻-219、220
マサリク、トーマス：第3巻-341
マサリク、トマシュ：第3巻-109、110
マジル、ドミトル：第3巻-204、206
マゾビエツキ：第3巻-34
ミェシコ一世：第3巻-24
ミリタル、ニコラエ：第3巻-204
ミレア：第3巻-204
ミロシェビッチ、スロボダン：第3巻-229、231、232、234、236、237、238、239、240、246、247、277、 第4巻-105
ムラジッチ、ラトコ：第3巻-233、234、239
ムラデノフ、ペトル：第3巻-183、184
ヤケシュ、ミロシュ：第3巻-80
ヤルゼルスキ、ヴォイチェフ：第3巻-29、30、31、32、34
ユーゴフ：第3巻-182
ユーシェンコ、ヴィクトル：第4巻-398、399、428
ラディチ、スティエバン：第3巻-224
ランスベルギス：第4巻-117
ルカーチ、ヤーノシュ：第3巻-160
レフ、ワレサ：第3巻-28
ロマン：第3巻-204
ワイダ、アンジェイ：第4巻—90
ワレサ、レフ：第3巻-28、31、32、33、34

ロシアと旧ソ連

アーベン：第4巻-133
アガンベギャン：第4巻-386
アラシバイ、バイルモザイフ：第4巻-390
アレクサンドル、アナトリー：第4巻-349
アレクサンドル三世：第4巻-14
アレクサンドル二世：第4巻-14
アンドロポフ：第4巻-97、109、110
イリイニチーナ、マリア：第4巻-86
イリイン：第4巻-334
ウォローニン：第4巻-407
エゴロフ、ニコライ：第4巻－226
エジョフ：第4巻-88
エメリャネンコ、アレクサンドル：第4巻-297
エリツィン、ボリス：第1巻-54、第4巻-118、119、120、121、122、123、124、125、126、127、129、130、131、132、133、134、135、136、298、420、第9巻-131
カーメネフ、レフ：第4巻-87
ガガーリン、ユーリー：第4巻-98
ガムサフルディア：第4巻-275
ガルシア、アナスタシオ・ソモサ：第6巻-181

イーヴァンス：第3巻-336
イリエスク、イオン：第3巻-204
ヴァイナー、ハレイド：第3巻-335
ヴァーツラフ1世：第3巻-70
ヴァルガ、ヤノーシュ：第3巻-154、155
ヴェブラ、E：第3巻-330
ウラニツキ：第3巻-160
オタカル2世：第3巻-70
カーゼル、ゲオルゲ：第9巻-313
ガウリク、ラドスラブ：第3巻-64
ガスタルク：第3巻-204
カダル、ヤーノシュ：第3巻-151、157
カチンスキ、レフ：第4巻-428
カラジッチ、ラトヴァン：第3巻-234、236
カラバチャノフ、アレクサンダー：第3巻-190
カラビッチ：第3巻-239
カレル4世：第3巻-71
キーライ、カーロイ：第3巻-206
クーデンホーフ、カレルギー：第3巻-340、344
クーデンホーフ、ハインリッヒ：第3巻-340
クーデンホーフ、リヒャルト：第3巻-340、341、342、343、344、348
クセノポン：第3巻-317、第11巻-196
クライスキー、ブルー：第3巻-135
クラウス、バーツラフ：第3巻-88
クルスティチ：第3巻-234
グロース、カーロイ：第3巻-157、159
コシュトニッツァ：第3巻-238、239
ザトペック：第3巻-74
ジェレフ：第3巻-184
ジフコフ、トドル：第3巻-182、183、189
ジュカノビッチ：第3巻-240
ジュース、エドアルト：第11巻-204
シュテファニク、ミラン：第3巻-110
スタンレスク：第3巻-204
スニブス、：第3巻-336
スボダダ、ルドビク：第3巻-74、77、78、第4巻-104、105
ゼマン：第3巻-88
タディチ：第3巻-235
チェルベンコフ：第3巻-182
チトー、ヨシップ・ブロズ：第3巻-19、226、228、229
チャウシェスク、エレナ：第3巻-205
チャウシェスク、ニコライ：第3巻-198、199、200、202、203、204、205、206、208、215、218、219、220
チャフラスカ、ベラ：第3巻-74
ディミトロフ、ゲオルギー：第3巻-182
テオフラトス：第3巻-317
テケシュ、ラースロー：第3巻-202
デジ、ゲオルゲ：第3巻-199
トビッチ、プラダッタ：第3巻-240
ドプチェク、アレクサンドル：第3巻-73、74、75、76、77、77、78、80、81、82
ナジ、イムレ：第3巻-146、148、149、150、158、161、162
ニエルシュ、レジエ：第3巻-157、161
ネーメト、ミクローシュ：第1巻-240、241、第3巻-157、158、159、160、161、162
ノボトニー、アントニーン：第3巻-72、73、74
ハーイエク、イジー：第3巻-78
ハイダー、イエルク：第3巻-140、142
パシェスク、トライアン：第3巻-219、220
パトチカ、ヤン：第3巻-78
パパドプロス：第3巻-305
ハベル、バーツラフ：第3巻-73、78、81、82、83、84
パラフ、ヤン：第3巻-78

290、第11巻-201、202
ダーウィン、ロバート：第6巻-368
ダウギル、ウエズレイ：第2巻-180
チャーチル、ウインストン：第3巻―343、344、 第4巻-186、187、188、194、195、第7巻−140
チャールズ一世：第2巻-214
チャールズ皇太子：第8巻-24
チャールズ二世：第2巻-117
ニコルソン、マックス：第2巻-179
ニューサウスウェールズ：第8巻-475
バーフォード、アン：第5巻-128
パーマン、フィリップ：第9巻-341
パイエルス、ルドルフ：第4巻-205
バルフォア、アーサー：第9巻-43
ハンター、ロバート：第2巻-177、178、第11巻-206
ビーヴァー、ヒュー：第2巻-121
ピール：第9巻-45
ヒル、オクタヴィア：第2巻-177
ファーマン、ジョセフ：第1巻-58、第2巻-156、157、 第5巻―271、272、第6巻-38、39、40、第11巻-178
フィリップ、アーサー：第8巻-449
ブレア、トニー：第2巻-148、212、第11巻-184、185
フンボルト、アレクサンダー：第6巻-359、360、361
ベケット、マーガレット：第2巻-189、190、212
ヘンリー八世：第2巻-213
ボールディング、ケネス：第11巻-210
ホワイト、ギルバート：第11巻-202、203
ポンティング、クライブ：第11巻-232、233
マーシャル、コリン：第2巻-174
マーシャル、ジョン：第8巻-435
マーシャル卿：第2巻-148、149、第11巻-184
マイケル、アラン：第2巻-172
マウントバッテン、ルイス：第8巻-273、274
マッケルロイ、マイケル：第5巻-267
マルサス、トーマス・ロバート：第7巻-196、第11巻-205、206
ミーチャー、マイケル：第2巻-148、第11巻-189
メイジャー、ジョン：第2巻-147
モーレイ：第2巻―205
モリーナ、マリオ：第1巻-56、57、第2巻-156、157
ラッセル、バートランド：第5巻―210
ラティエンス、E：第8巻-270
ラブロック、ジェームズ：第11巻-242
ランバート、ジーン：第2巻-210
リーキー、メアリー：第9巻-288
リーキー、リチャード：第9巻-288
リーキー、ルイス：第9巻-339
リヴィングストン、ケン：第2巻-153、第9巻-274、282、283
リットン、ヴィクター：第5巻-93、94、105、106
ルーカス、キャロライン：第2巻-210
レイ、ジョン：第2巻-125
レヴェット、ウイリアムズ：第2巻-213
ローズ、セシル・ジョン：第9巻-470
ローンズリイ、コンラド：第2巻―182
ローンズリイ、ハードウイック：第2巻-177
ワット、ジェームズ：第11巻-106
ワトソン、ロバート：第6巻-295

中・東欧

アレクサンドロス：第3巻−316、317、第4巻-422、440、443、第9巻-31、125

パパドプロス：第3巻-305
バローゾ、ジョゼ・マヌエル：第11巻-187
ピサロ、フランシスコ：第6巻-364
フィーニ、ジャンフランコ：第2巻-373
プラトン：第3巻-314、315、316、317、第11巻-195、196、197、200
フランチェスカト、グラツィア：第2巻-376
ブロディ、ロマーノ：第2巻-373、374
ベスプッチ、アメリゴ：第5巻-16、第6巻-261
ペッチェイ、アウレリオ：第1巻-30
ベルタッツィ、アルベルト：第2巻-357
マゼラン、フェルディナンド：第8巻-170
マヌエル、ロハス：第8巻-172
マルテリ：第2巻-345
マンサー、ブルーノ：第8巻-34
ミュラー、パウル：340,343
ムッソリーニ、ベニト：第9巻-276
メセネス、ドン：第8巻-435
メンダナ、アルバロ・デ：第8巻-435
モイゼス、バリリー：第8巻-43
モカレリ、パオロ：第2巻-356
モンタナーリ、アルマンド：第2巻-367
ユリウス、セウェルス：第9巻-41
ラオ、フィー・カン：第8巻-41
ラファエロ、サンテイ：第11巻-196、201
リボルダ、ピットリオ：第2巻-358
ルッテリ、フランチェスコ：第2巻-372
ロンチ、エド：第2巻-374
ワーグナー、ウイリアム：第5巻-389

英国

アーウィン卿：第8巻-273
アトリー、リチャード：第7巻-140
イアン、スミス：第9巻-471
イヴリン、ジョン：第2巻-117
ヴィクトリア、アレクサンドリナ：第8巻-271、435、475
ウイリアムズ、ジョディ：第9巻-440、442
ウイルソン、ハロルド：第2巻-162
ウエイカム、：第2巻-174
ウォフシー、スティーブン：第5巻-267
エリザベス一世：第2巻-213、214、第11巻-199
エルトン、チャールズ：第11巻-204
カレンダー：第6巻-30
クック、ジェームズ：第8巻-434. 435、437、449
グドール、ジェーン：第9巻-338、339、340、341、363
クラーク、クリス：第9巻-152
クランプ、ウイリアム：第2巻-180
コックス、ピーター：第6巻-295
サッチャー、マーガレット：第2巻-135、143、157、158、173、174、194、第5巻-273
ジェームズ一世：第2巻-214
シューマッハー、エルンスト：第11巻-211
スコット、ロバート：第6巻-46、47
スターン、ニコラス：第11巻-187
スタンリー、ヘンリー・モートン：第9巻-274、279、283
スティーア、アルフレッド：第2巻-180
スペンサー、ハーバート：第11巻-201、202
スミス、アンガス：第2巻-119
スミス、ジョージ：第9巻-32
セシル、ウイリアム：第2巻-213、214、第11巻-199
ソロー、ヘンリー：第11巻-203
ダーウィン、チャールス：第5巻-66、第6巻-339、346、347、368、369、370、371、372、374、376、377、378、379、380、第9巻-25、288、

298
シラク、ジャック：第2巻-243、259、280、284、第8巻-502
タスマン、アベル：第8巻-474
デカルト、ルネ：第11巻-200
テマル：第2巻-262
ドゴール、シャルル：第2巻-258、266、第8巻-500、501、第9巻-211
ドラノエ：第2巻-238
ドロール、ジャック：第3巻-353
ナポレオン一世（ボナパルト）：第2巻-236、第6巻-262
ナポレオン三世（ルイ）：第2巻-237
パシュロナルカン、ロズリーナ：第2巻-240、243、288、290
バルダリ：第2巻-255
バルトー、アラン：第2巻-261
ブリアン、アリスティード：第3巻-342
ブルラ、イヴ：第2巻-261
ブロンク：第5巻—311
ヘール、ファン：第2巻-53
ボーパン：第2巻-239
ポンピドー、ジョルジュ：第2巻-234
ボンプラン、エーメ：第5巻-360
マンスーリ、アンマール：第9巻-213
ミシャロン、ビタル：第2巻-269
ミッテラン、フランソワ：第2巻-259、267、277、第8巻-502
ミヨン、シャルル：第2巻-259
ムッソリーニ、ベニート：第3巻-283
メスメル、ピエール：第2巻-274
ユーゴー、ヴィクトル：第2巻-240
ラロンド、ブリス：第2巻-278
リベール：第5巻-296
ルパージュ、コリンヌ：第2巻-280
ルベルス、ルドルフス：第2巻-29、30
ルペルティエ：第2巻-252
レオポルド二世：第9巻-275
ロカール、ミシェル：第2巻-277、280
ロワイヤル、セゴネール：第2巻-278、279、300

南欧、ギリシャ、スイス

アリストテレス：第3巻-315, 316、317、第11巻-199、200、201、205
イサベラ：第6巻-262
ヴァスコ・ダ・ガマ：第6巻-260
ウェスパシアヌス：第9巻-39、40
ガスペリ、アルチーデ：第3巻-344
カプラル、ペドロ・A：第6巻-261
カルロス一世：第8巻-170
クセノポン：第3巻-317、第11巻-196
クラクシ、ペッティノ：第2巻-346、372
コホバ、バル：第9巻-41
コルテス：第6巻-106
コロンブス、クリストファー：第6巻-56、194、197、229、230、245、430、432
サーベドラ、アルバロ・ド：第8巻-435
ジョアン三世：第6巻-261
セウェルス、ユリウス：第9巻-41
ソクラテス：第3巻-314、315、317、第11巻-196
ダ・ガマ、バスコ（ヴァスコ）：第6巻-260
ダレーマ：第2巻-374、375
ディアス、ディエゴ：第9巻-476
ティトス：第9巻 - 39、40
ドン・ジョアン六世：第6巻-261
ナッタ：第2巻-345
ナポレオン：第6巻-262
ネロ、クローディア：第9巻-39
パウロ2世、ヨハネ：第3巻-30、31、32
バタージャ：第2巻-347
ハドリアヌス：第9巻-40、41、42

シュタイナー、アヒム：第9巻-304
シュペングラー、オスワルド：第3巻-343
シュミット、ヘルムート：第1巻-196、216、第10巻-659
シュレーダー、ゲルハルト：第1巻-312、313、316、317、350、351、 第5巻-310
ツァイドラー、オトマール：第5巻-340
ツィンマーマン、フリードリッヒ：第1巻-216、217
テプファー、クラウス：第1巻-127、209、299、300、341、第3巻-392、第8巻-57
トリッティン、ユルゲン：第1巻-293、300、316、317、325、 第2巻-323、325、第9巻-252
ハルトコプフ、ギュンター：第1巻-186
ビスマルク、オットー・フォン：第9巻-274
ヒトラー、アドルフ：第3巻-17、226、第4巻-183、185、第5巻-96、第11巻-107
フィッシャー、ヨシュカ：第1巻-58、302、303、306、312、315、第3巻-363
フェル、ハンス：第1巻-339
フックス、クラウス：第4巻-201、202、203、205、206、207、213、217、218
ブラント、ウイリー：第1巻-185、186、188、195、196、210、 第3巻-393、第10巻-660
フンボルト、アレクサンダー・フォン：第6巻-359、360、361
ベートーベン、ルードヴィッヒ・ヴァン：第3巻-324
ヘッケル、エルンスト：第11巻-203、204
ベラー、マティアス：第11巻-117
ホーネッカー、エーリッヒ：第1巻-242、第3巻-163
マイヤー、ミヒャエル：第1巻-210、211
マタール、ヴォルフガング：第1巻-287、第10巻-626、628
マルクス、カール：第6巻-201、第11巻-202
メビウス、カール：第11巻-204
メルケル、アンジェラ：第1巻-300、351、第3巻-376、408
ラ・フォンテーヌ、オスカー：第1巻-342、343
リュトケ、ハンス：第1巻-205、206、第11巻-217
ルター、マルティン：第3巻-109
ワイトナー、ヘルムート：第2巻-132

フランス、ベネルクス

ヴィシー：第9巻-211
ヴェシュテール、アントワーヌ：第2巻-277、280
ヴォワネ、ドミニク：第2巻-251、257、280、281、282、283、284、298、299、第4巻-356
エッフェル、アレクサンドル：第2巻-237
オスマン、ジョルジュ=ウージェーヌ：第2巻-237
オラン：第2巻-290
オランド、フランソワ：第11巻-227
クストー、ジャック：第1巻-53、第2巻-259
ゲマール、ヘルヴェ：第2巻-290
コッシェ、イヴ：第2巻-284
コペン、イヴ：第2巻-243
ジスカールデスタン、ヴァレリー：第2巻-263、266
シューマン、ロベール：第3巻-344、345
ジョスパン、リオネル：第2巻-243、284、

※人名はアイウエオ順に列記した。日本人は割愛した。

北欧

アストローム：第1巻-85
アムンゼン、ロアルド：第6巻-46、47、48
アルナソン、ブラギ：第2巻-100
イェンセン、ソレン：第1巻-27、97
イプセン、ヘンリク：第1巻-159
エウゲニス、ヴァーミング：第11巻-204
エグネル、ハンス：第1巻-80
エリクソン、エリク：第1巻-80、81
オーデン、スバンテ：第1巻-80、81、83、84、152、第2巻-129
オッテルリンド、グンナル：第1巻-95
グスタフ、アドルフ：第1巻-79
サンドバーグ、エヴァ：第1巻-127
シュミット、ハンス：第1巻-390、418
スミス、ロバート：第1巻-80、141
ドウ、キルスチン：第11巻-98
トム、ダウニング：第11巻-98
ナンセン、フリジョフ：第6巻-45
ネス、アルネ：第11巻-18
ノルゴー、ヨーン：第1巻-396
ハーヴィスト、ペッカ：第1巻-374
ハッシ、サツ：第1巻-375、378
ビルト、カール：第1巻-141
ブルントラント、グロ：第1巻-34、173、174、175、182、 第2巻-22、27、413、第11巻-179、181、226
ペーション、ヨーラン：第1巻-119、141、146
マイヤー、ニールス：第1巻-394
ラーション：第1巻-110
ラスムセン、アナス：第1巻-404
ランダース、ヨルゲン：第11巻-237、238、239
リッポネン、パーヴォ：第1巻-377、378
ルンデン、ウルフ：第1巻-81
ロスビー、カール・グスタフ：第1巻-80、81
ロンボルグ、ビヨン：第1巻-405

西ドイツ、統一ドイツ

アデナウアー、コンラッド：第1巻-195、196、第3巻-344、345
ヴァルマン、ヴァルター：第1巻-209
ヴィルヘルム二世：第9巻-275
ウルブリヒト、ヴァルター：第3巻-76
ウルリッヒ、ベルンハルト：第1巻-214
エアハルト、ルードヴィッヒ：第1巻-195
エンゲルス、フリードリッヒ：第1巻-22、第2巻-124、第11巻-202
カール（チャールズ）大帝：第1巻-352、第11巻-123、197
キージンガー、クルト：第1巻-195
クラウゼヴィッツ、カール・フォン：第11巻-153
グルール、ヘルベルト：第1巻-202、203
ゲバウアー、トーマス：第9巻-440
ケリー、ペトラ：第1巻-205、第11巻-183
ゲンシャー、ハンス：第1巻-186、第3巻-160
コール、ヘルムート：第1巻-196、209、216、223、265、321、341、 第3巻-160、第11巻-117、118、183
シェーア、ヘルマン：第10巻-660、第11巻-118

>> >人名索引

あとがき

『世界の環境問題』シリーズ全十一巻は二〇〇六年に第1巻「ドイツと北欧」の刊行から始まり、九年がかりで完結した。一九八三年に『ドキュメント・クロム公害事件』を出してから三十二年間に書いた環境問題の本は、全部で三十五冊。書いた本全部を積み重ねると、一一〇センチメートルになった。これまでの執筆活動の歩みを振り返ってみたい。

筆者が地球環境問題や世界各国の環境問題を本に書いて見ようと思い立ったのは、新聞の環境問題報道を担当していた一九八〇年である。執筆の動機は、カーター米国大統領の指示（一九七七年五月）で米国政府の環境問題諮問委員会と国務省を始め十三の政府機関が総力を挙げて作成した報告書『西暦二〇〇〇年の地球』の衝撃と、当時の環境庁がこの報告書発表を受けて取った敏速かつ積極的な取組み姿勢への共感であった。

『西暦二〇〇〇年の地球』は、世界の人口、環境、天然資源の現状を報告するとともに、放置すれば人類の未来に暗い影を落とすことになると警告、世界に波紋を投げかけた。かねて地球環境問題に対する取組みの遅れを心配していた環境庁官房国際課長田中勉氏は新聞で『西暦二〇〇〇年の地球』の公表を新聞報道で知ると、とっさにある構想を発案した。

それは、一九八二年五月、国連人間環境会議から十周年を記念してナイロビで開かれる国連環境会議（正式名称は国連環境計画＝UNEP＝管理理事会特別会合）で、日本が地球環境問題への国連の取組みについて積極的な提言を行ない、国際社会に貢献する必要があるというプロジェクトであった。

田中課長が鯨岡兵輔環境庁長官に、このことを進言すると、鯨岡長官は強い関心を示し、大来佐武郎元外相（経済企画庁総合計画課長時代に「国民所得倍増計画」の策定に携わったエコノミスト）を座長とする環境庁長官の私的懇問機関「地球規模の環境問題に関する懇談会」を設置することが決まり、早速二人が首相官邸に鈴木善幸首相を訪ね、『西暦二〇〇〇年の地球』の持つ意味を説明した。鯨岡長官が鈴木首相に懇談会設置の指示を求めると、首相は黙ってうなずいた。

鈴木首相の指示というお墨付きを得た格好で発足した「懇談会」は一九八二年四月八日、審議結果を「地球的規模の環境問題への国際的取組み」にまとめた。この報告書は超長期的な地球環境保全対策を検討するため、トップレベルの協議の場を国連に設置するよう提言した。

田中氏が『西暦二〇〇〇年の地球』の発表に積極的に反応した背景は、その経歴にある。彼は経済企画庁時代に国連環境計画と経済協力開発機構環境委員会に出向した経験があるうえに、大来佐武郎氏が有力メンバーである国際的な研究・提言グループ「ローマクラブ」日本委員会の一員で、「ローマクラブ」の著した『成長の限界』の日本語版翻訳の仕事にも関わった。日本の時宜を得た対応は田中氏個人の経験に負うところが大である。

五月十日、国連会議がケニアの首都ナイロビで開かれ、鯨岡氏の後継の原文兵衛環境庁長官が十一日の各国代表演説に登壇した。原長官は地球の環境保全策を長期的かつ総合的な視点から検討して、将来の環境政策の指針を指示する特別委員会を国連に設置するよう提案した。懇談会の報告書に基づく、この提案が曲折を経てグロ・ブルントラント・ノルウェー首相を委員長とする「環境と開発に関する世界委員会」（ＷＥＣＤ）の設置となって実現した。そして同委員会の二年四カ月間におよぶ審議結果が一九八七年四月、『われら共有の未来』（Our Common Future）と題する報告書にまとめられ、世界各国で翻訳出版された。

『われら共有の未来』の提言を一言で表わせば、「持続可能な開発」であり、一九九二年六月の地球サミットを経て地球環境問題の重要なコンセプトとして定着した。これが「持続可能な開発」が誕生するまでの歴史的経過の概略である。

一九八〇年代後半になると、フロンによるオゾン層破壊や地球温暖化、商業伐採による熱帯雨林の急減などの地球環境問題が一挙に燃え上がった。取材対象は広がる一方だったが、年ごとに進行して行く地球環境の劣化と破壊の爪痕をドキュメントとして書き残さなければならないという意欲が湧いてきた。私は「持続可能な開発」の概念が生まれた経緯を取材して受けた感銘を基に日本と世界の環境問題・環境行政の歴史と現状を書くことを心に決め、長い間に集めた環境問題に関する資料や膨大な取材メモを使って執筆を始めた。

こうして、まず『ドキュメント　日本の公害』第1巻を一九八七年に出し、一九九〇年三月、定年

（五十五歳）で報道の仕事から離れるまでに第４巻まで書き進めた。一九九二年六月、ブラジル・リオデジャネイロで開かれた地球サミットにはフリーの環境ジャーナリストとして取材に出かけ、『ドキュメント　日本の公害』第12巻・地球環境の危機にまとめた。第13巻が一九九六年に出てシリーズが完結、これが日本の公害・環境問題の歴史の初の通史となった。

日本の公害・環境史の刊行が完結すると、直ちに『世界の環境問題』シリーズの現地取材・調査と執筆に着手した。極めて大きく、かつ重要なテーマに応える本が自分に書けるのか。不安はあったが、向こう見ずに、敢えてこのプロジェクトに取り組んだ。その理由は次のようなものだった。世界の環境問題をこのような観点に立って書いた本は、今の時代と社会に求められているのではないか、とすれば、困難であっても誰かが書く必要がある。誰も書かないのであれば、長い間、環境問題の取材と執筆に携わって来た自分が書かなければならない——そう考えた。ある種、使命感に似た気持ちに駆り立てられたのである。

執筆の狙いをどこに置くか。各国別環境問題の記述を軸にして地球環境問題の全体像を明らかにすることを狙った本が世界のどこかで出版されていれば、それを参考にしたいと思い、洋書輸入会社が毎月、発行している出版図書案内を長い間、取り寄せて調べたが、そのような視点で書かれた類書は一冊も見つからなかった。おそらく、そのような図書は、どこにもないのだろう。大事なことなのに、なぜ誰も書かないのか、不思議に思っている。

やむなく、筆者は地球環境問題が危機的様相を深めるに至った歴史的経過を明らかにし、現状を具体的に報告するという独自の手法を編み出した。地球環境の現状は各国別の環境問題の総体である。

各国別に環境問題の歴史と現状を丹念にフォローして行くことによって、危機的様相を深めている地球環境問題の全体像を浮かび上がらせることができるのではないかと考えたのである。

方針が決まると、重要な環境問題を抱える国二十カ国ほどを訪れて取材し、資料を収集した。一番、強く印象に残っているのは、川の流入が途絶えて湖水が干上がり、砂漠化して行くカザフスタンとウズベキスタンにまたがるアラル海の現地取材である。二〇〇五年八月、京都大学大学院の教授と院生のアラル海研究に同行させてもらってのテント生活だったが、日中は四五℃、夜明け頃には零度近くなる気温の変動の激しさは、七〇歳の体に応えた。それでも、世界で四番目に大きかった湖が十分の一に縮小されていく現場を見ることができ、貴重な経験となった。

『世界の環境問題』シリーズの執筆には、それまでに書いた『ドキュメント　日本の公害』第12巻・地球環境の危機（一九九五年）を始め、『地球環境「破局」』（一九九六年）、『こうして……森と緑は守られた　自然保護と環境の国ドイツ』（一九九九年）、『どう創る循環型社会　ドイツに学ぶ』（同）、『資料「環境問題」環境問題編』（二〇〇〇年）など既刊の自著や環境専門誌の連載記事が役立った。『世界の環境問題』第10巻・日本の終章のコラムでは『なぜドイツは脱原発を選んだのか』執筆のための調査・取材が大いに活かされた。

こうして、『世界の環境問題』第10巻・日本は『ドキュメント　日本の公害』全13巻を全面的に書き直し、その後に起こった新たな出来事を追加することにより、書き上げた。十三巻が一冊に圧縮され、読みやすくなったと思う。

『世界の環境問題』シリーズは筆者にとって一九八三年以降、三十二年間の環境の本の執筆活動（三十五冊の出版）の集大成である。高度成長期の日本の激甚な公害と、その克服の対策および地球環境破壊の進行ぶりをドキュメント風に書くことに大きな充足感を味わった。国内の公害・環境問題も地球環境問題も激動した時代に、これをフォローする仕事に巡り合い、八十の坂を越えるまでそれを書き続けることができたのは、幸運なことであったと自分では考えている。

最大の悩みは海外諸国の取材や資料の収集に要する費用がかさむことである。地球環境の危機が叫ばれる昨今の状況の中、この種の大きなテーマに基づく調査研究プロジェクトは本来、研究機関が年間予算を組み、スタッフをそろえて計画的に実施すべきものだと思う。それを個人がなけなしの貯金をはたいて行なうことには、無理がある。借金のやり繰りをし、執筆活動に献身的に協力してくれた妻、敦子に心から感謝している。

しかし環境問題の執筆活動の三十二年間は苦しいことばかりではなかった。いくつかの大学のゼミナールでは多くの学生が筆者の著書を引用文献に使ってくれた。著書が縁で外国の大学院に留学、環境政策を専攻する学生も何人か現われた。筆者の著書（三十三冊）は全国の大学で、学生の環境問題の卒業論文作成に、かなり多く利用されているように思われる。地球環境が危機的様相を深めつつある今、次代を担う若い世代がこの問題を扱った著書を読んでくれていることには生きがいさえ覚える。これが様々な困難を乗り越える心の支えとなった。

日頃、残念に思っていることがある。それは、日本では地球温暖化が環境と人々の日常生活にもたらす影響についての危機意識が世界平均と比べて著しく低いことである。二〇一五年六月六〜七日に国連気候変動枠組み条約事務局が七九カ国計一万人を対象に実施した質問形式による意識調査を集計

した結果に、このことがはっきり表われた

「地球温暖化対策が生活の質を高める」という回答がフランスは八一パーセント、米国、中国、インド世界平均で六六パーセントと多かったのに対し、日本は僅か一七パーセントにすぎなかった。そして「温暖化対策は生活の質を脅かす」と答えた人が実に六〇パーセントを占めた。地球温暖化の被害について「とても心配している」と「ある程度心配している」と回答した人の合計は九割を超えているのに、対策の実施や、その効果に対する理解は極めて低い。

日本は温室効果ガスを少なからず排出して経済を維持発展させ、今もその延長線上にある。したがって温室効果ガス濃度をここまで悪化させた責任の一端は米国、欧州諸国と並んで日本にもある。にも拘らず、日本政府は二〇三〇年の温室効果ガス削減目標をEUの削減目標（一九九〇年比四〇パーセント）の半分以下に当たる二〇一三年比二六パーセント減（一九九〇年比では一八パーセント）と決めた。地球温暖化問題への取組みで、日本は「世界のお荷物」的な存在になっている。二〇一三年十一月には国際環境NGO「気候アクション・ネットワーク」から温暖化対策に遅れた国に贈る「化石賞」の第一位、「特別化石賞」に選ばれた。これは、日本が温室効果ガスを少なからず出しながら、その責任を逃れていると見られているためである。

日本と対照的な国の一つが英国である。英国は現在、低炭素社会実現のための政策を推進し、着実に成果を挙げている。英国の温暖化対策のベースになったのは、本書第7章で詳述したとおり、経済学者ニコラス・スターン卿がブレア政権の依頼に基づき作成し、二〇〇六年十月三十日、首相に提出した、いわゆる「スターン報告」である。この「スターン報告」は地球温暖化が孕んでいる恐るべき危険性について、次のように警告している。

「気候変動のリスクは非常に深刻かつ全地球規模でのリスクであり、世界規模での緊急の対策を要する。気候変動を無視すれば、経済発展が著しく阻害されるリスクがある。このリスクは、二度の世界大戦や二十世紀の世界恐慌に匹敵する」

英国は「スターン報告」を基に先進的な気候変動法の制定や省庁改編などを断行、二〇五〇年までに温室効果ガスを一九九〇年比八〇パーセント削減する見通しを確保した。日本政府も、英国のような正しい認識に立って現実を直視し、積極果敢に温室効果ガス削減対策を推進してもらいたい。

日本は強い政治的意思さえあれば、温暖化対策面で国力・経済力・ステイタスにふさわしい貢献ができるはずである。たとえば日本には風力発電や太陽光発電、地熱発電など再生可能エネルギーの潜在資源が極めて豊富にある。再生可能エネルギーを積極的に増やし、その分だけ石炭火力発電をゼロに近づけることである。

地球環境問題が危機的様相を見せ、現代文明が崩壊の兆しさえ現われている今、日本は経済大国としての責任感を持ち、もっと積極的に温室効果ガスの排出を減らし、世界が直面している危機の克服に貢献していかなければならないのではないか。

本シリーズが崖っぷちに立つ現代文明の危機の実相と、この危機を形づくっている世界各国の環境問題の歴史と現状の理解の増進に役立つことを願っている。

『ドキュメント　日本の公害』（全十三巻）に続き、本書シリーズ全十一巻を無事、完結に漕ぎつけさせることができたのは、ひとえに緑風出版の高須次郎氏のお蔭である。よい編集者に巡り合い、生涯の仕事を成し遂げることができたのは、この上ない喜びであり、幸せなことでもある。心より、感謝の意を表明する。

二〇一五年九月三十日

著者

［著者略歴］

川名　英之（かわな　ひでゆき）

環境ジャーナリスト
千葉県生まれ。1959年 東京外国語大学ドイツ語科卒、毎日新聞社に入社、1963～1964年、ウイーン大学へ文部省交換留学。社会部に所属し、主に環境庁･環境問題を担当。1985年に編集委員。89年に立教大学法学部非常勤講師。90年、毎日新聞社を退職し、環境問題の著述に専念。この間、津田塾大学国際関係学科などの非常勤講師。
［主な著書］ 日本の公害・環境問題の歴史の初の通史『ドキュメント 日本の公害』全13巻(緑風出版､1987～96年)。『ドキュメント クロム公害事件』(同、1983年)。『「地球環境」破局』（紀伊国屋書店、96年)。『検証・ダイオキシン汚染』（緑風出版、98年)、『どう創る循環型社会』（同、99年)。『こうして…森と緑は守られた　自然保護と環境の国ドイツ』(三修社､99年)。『資料「環境問題」地球環境編』（日本専門図書出版、2000年)。『検証・ディーゼル車公害』（緑風出版、2001年)、『杉並病公害』(緑風出版、2002年)､『検証･カネミ油症事件』（緑風出版、2005年)。
世界各国の環境問題の歴史と現状をまとめた『世界の環境問題』（全11巻)。第1巻「ドイツと北欧」（緑風出版、2006年)、第2巻「西欧」（同、2007年)、第3巻「中・東欧」（同、2008年)、第4巻「ロシアと旧ソ連邦諸国」（同、2009年)、第5巻「米国」（同、2009年)、第6巻「極地･カナダ･中南米」（同、2010年)、第7巻「中国」（同、2011年)、第8巻「アジア･オセアニア」（同、2012年)、第9巻「中東・アフリカ」（同、2014年)、第10巻「日本」（同、2014年)『なぜドイツは脱原発を選んだのか　巨大事故･市民運動･国家』（合同出版、2013年)、『核の時代70年』（緑風出版、2015年)
［主な共著］『紙面で勝負する！ー「読者のための新聞」への討論』(晩聲社、1979年)、『市民のための環境講座　上』（中央法規出版、1997年)、立川涼・ダイオキシン・環境ホルモン対策国民会議編著『提言・ダイオキシン緊急対策』（かもがわ出版、1999年)、化学物質問題市民研究会編『“奪われし未来”を取り戻せ　有害化学物質対策――NGOの対策』（リム出版新社、2000年)、止めよう！ダイオキシン汚染・関東ネットワーク編・発行『今　なぜカネミ油症か――日本最大のダイオキシン被害』（2000年)、『人とわざわい　持続的幸福へのメッセージ』上巻（エス・ビー・ビー、2006年）など。

JPCA 日本出版著作権協会
http://www.e-jpca.jp.net/

*本書は日本出版著作権協会（JPCA）が委託管理する著作物です。
本書の無断複写などは著作権法上での例外を除き禁じられています。複写（コピー）・複製、その他著作物の利用については事前に日本出版著作権協会（電話03-3812-9424, e-mail：info@e-jpca.jp.net）の許諾を得てください。

世界《せかい》の環境《かんきょう》問題《もんだい》
―第11巻　地球環境問題と人類の未来―

2015年11月10日　初版第1刷発行　定価3600円＋税

著　者　川名英之 ©
発行者　高須次郎
発行所　緑風出版
〒113-0033　東京都文京区本郷2-17-5　ツイン壱岐坂
［電話］03-3812-9420　［FAX］03-3812-7262［郵便振替］00100-9-30776
［E-mail］info@ryokufu.com［URL］http://www.ryokufu.com/

装　幀　斎藤あかね
制　作　R 企 画　印　刷　中央精版印刷・巣鴨美術印刷
製　本　中央精版印刷　用　紙　大宝紙業・中央精版印刷　E1000

〈検印廃止〉乱丁・落丁は送料小社負担でお取り替えします。
本書の無断複写（コピー）は著作権法上の例外を除き禁じられています。なお、複写など著作物の利用などのお問い合わせは日本出版著作権協会（03-3812-9424）までお願いいたします。
Hideyuki KAWANA© Printed in Japan
ISBN978-4-8461-1515-9　C0336

◎緑風出版の本

■全国どの書店でもご購入いただけます。
■店頭にない場合は、なるべく書店を通じてご注文ください。
■表示価格には消費税が加算されます。

ドキュメント日本の公害

四六判上製
全一三巻

川名英之著

揃え５０２２５円

水俣病の発生から地球環境危機の今日まで現代日本の公害史をドキュメントとして描いた初めての通史！　公害・環境事件に第一線記者として立ち会い続けて20年、膨大な取材メモ、聞き書きノートや資料をもとに書き下ろした大作。

第一巻　公害の激化　四六五頁　３０００円／第二巻　環境庁　六一〇頁　３８００円／第三巻　薬害・食品公害　四〇九頁　２８２５円／第四巻　足尾・水俣・ビキニ　四九六頁　３４００円／第五巻　総合開発　三七〇頁　３０００円／第六巻　首都圏の公害　四六六頁　３５００円／第七巻　大規模開発　五四一頁　４５００円／第八巻　空港公害　四六九頁　４２００円／第九巻　交通公害　五五三頁　４８００円／第十巻　飲料水・海水汚染　六〇五頁　４９００円／第十一巻　環境行政の岐路　五四八頁　４８００円／第十二巻　地球環境の危機　四九〇頁　４３００円／第十三巻　アジアの環境破壊と日本　三五四頁　３２００円

世界の環境問題

四六判上製
全一一巻

川名英之著

惑星地球の危機が叫ばれて久しい。京都議定書が発効し、環境政策は待ったなしの状況だ。たが、世界各国の環境破壊と対策は、はたして進んでいるのだろうか？　本シリーズは世界各国の環境問題の歴史と現状を総括する大作。

第一巻　ドイツと北欧　四六五頁　３２００円／第二巻　西欧　四六五頁　３２００円／第三巻　中・東欧　四四八頁　３２００円／第四巻　ロシアと旧ソ連邦諸国　四九六頁　３４００円／第五巻　米国　五二八頁　３５００円／第六巻　極地・カナダ・中南米　四九二頁　３８００円／第七巻　中国　三八八頁　３５００円／第八巻　アジア・オセアニア　六〇八頁　４０００円／第九巻　中東・アフリカ　五四八頁　３８００円／第十巻　日本　６９２頁　４２００円